国家级技工教育规划教材
全国技工院校环境保护与检测类专业教材

现代仪器分析

主　编　邱星群　伍国杰
编　者（以姓氏笔画为序）
伍国杰（广西工业技师学院）
刘　蔚（北京市工业技师学院）
李小丽（中山市技师学院）
李炜宁（广西工业技师学院）
邱星群（广东省粤东技师学院）
主　审　李椿方（北京市工业技师学院）
贺攀科（河南化工技师学院）

中国劳动社会保障出版社

图书在版编目(CIP)数据

现代仪器分析/邱星群，伍国杰主编. --北京：中国劳动社会保障出版社，2024
全国技工院校环境保护与检测类专业教材
ISBN 978-7-5167-6313-1

Ⅰ.①现… Ⅱ.①邱…②伍… Ⅲ.①仪器分析-技工学校-教材 Ⅳ.①O657

中国国家版本馆 CIP 数据核字(2024)第 102063 号

中国劳动社会保障出版社出版发行
（北京市惠新东街 1 号 邮政编码：100029）
*
北京市科星印刷有限责任公司印刷装订 新华书店经销

787 毫米×1092 毫米 16 开本 22 印张 405 千字
2024 年 7 月第 1 版 2024 年 7 月第 1 次印刷
定价：55.00 元

营销中心电话：400-606-6496
出版社网址：http://www.class.com.cn

总前言

为了深入贯彻党的二十大精神和习近平总书记关于大力发展技工教育的重要指示精神，落实中共中央办公厅、国务院办公厅印发的《关于推动现代职业教育高质量发展的意见》，推进技工教育高质量发展，全面推进技工院校工学一体化人才培养模式改革，适应技工院校教学模式改革创新，同时为更好地适应技工院校环境保护与检测类专业的教学要求，全面提升教学质量，我们组织有关学校的一线教师和行业、企业专家，在充分调研企业生产和学校教学情况、广泛听取教师意见的基础上，吸收和借鉴各地技工院校教学改革的成功经验，组织编写了本套全国技工院校环境保护与检测类专业教材。

总体来看，本套教材具有以下特色：

第一，坚持知识性、准确性、适用性、先进性，体现专业特点。教材编写过程中，努力做到以市场需求为导向，根据环境保护与检测行业发展现状和趋势，合理选择教材内容，做到"适用、管用、够用"。同时，在严格执行国家有关技术标准的基础上，尽可能多地在教材中介绍环境保护与检测行业的新知识、新技术、新工艺和新设备，突出教材的先进性。

第二，突出职业教育特色，重视实践能力的培养。以职业能力为本位，根据环境保护与检测类专业毕业生所从事职业的实际需要，适当调整专业知识的深度和难度，合理确定学生应具备的知识结构和能力结构。同时，进一步加强实践性教学的内容，以满足企业对技能型人才的要求。

第三，创新教材编写模式，激发学生学习兴趣。按照教学规律和学生的认知规律，合理安排教材内容，并注重利用图表、实物照片辅助讲解知识点和技能点，为学生营造生动、直观的学习环境。部分教材采用工作手册式、新型活页式，全流程体现产教融合、校企合作，实现理论知识与企业岗位标准、技能要求的高度融合。部分教材在印刷工艺上采用了四色印刷，增强了教材的表现力。

本套教材配有习题册和多媒体电子课件等教学资源，方便教师上课使用，可以通过技工教育网（http://jg. class. com. cn）下载。另外，在部分教材中针对教学重点和难点制作了演示视频、音频等多媒体素材，学生可扫描二维码在线观看或收听相应内容。

本套教材的编写工作得到了北京、河南、浙江、山东、江苏、江西、四川、广西、广东、海南等省（自治区、直辖市）人力资源社会保障厅及有关学校的大力支持，教材编审人员做了大量的工作，在此我们表示诚挚的谢意。同时，恳切希望广大读者对教材提出宝贵的意见和建议。

本书前言

企业生产主要采用电化学分析技术、光学分析技术和色谱分析技术，对微量或痕量组分进行分析。现代仪器分析方法发展非常迅速，逐步应用于工业分析、环境检测、药物分析、食品检验、化妆品检验等领域。

现代仪器分析具有灵敏度高、操作简便、自动化程度高、试样用量少、应用广泛等优点。但现代仪器分析也有一些局限性，如仪器比较复杂、价格昂贵，某些仪器对工作环境要求较高，相对误差常在百分之几。

本教材主要供技工院校环境保护与检测类专业学生使用，也适用于工业分析与质量检验专业、化学检验专业、食品加工与检验专业、化妆品制造与营销专业高级技工班学生使用。本教材内容结合化学检验工国家职业标准要求，选取适合技工院校学生的理论知识和操作技能，共包括紫外-可见分光光度分析技术、原子吸收分光光度分析技术、电感耦合等离子体发射光谱分析技术、气相色谱分析技术、高效液相色谱分析技术、气质联用分析技术 6 个模块，每个模块都设置了与环境检测有关的应用，以提高学生对现代仪器分析技术的掌握水平。

本教材由邱星群、伍国杰主编，李小丽、刘蔚、李炜宁参与编写工作。其中，邱星群负责模块 3、5、6 的编写，伍国杰负责模块 1、2 的编写，李小丽负责模块 4 的编写，李炜宁负责全书“思政小课堂”的编写，刘蔚负责模块 6“气质联用仪的应用”内容的编写，北京市工业技师学院的薛晶晶负责思政资料的搜集和整理。全书由邱星群统稿，李椿方、贺攀科主审。

在本教材编写过程中，北京市工业技师学院的李椿方、刘影在资料搜集方面给予了很大帮助，广东省粤东技师学院的林昕嫣对插图的绘制进行了指导，林佳胜（汕头博飞检测技术有限公司）、曾升（广州化兴科创仪器设备有限公司）等企业技术人员也提供了技术支持，在此谨向所有给予支持的朋友表示衷心的感谢。

由于编者水平有限，书中错漏难免，恳请读者批评指正。

编者

2024 年 5 月

目 录

1

紫外-可见分光光度分析技术

紫外-可见分光光度法是利用物质分子对紫外-可见光（一般认为波长在 200～780 nm）辐射的选择性吸收来进行微量、痕量分析测定的方法。该分析方法灵敏度和准确度高，操作简便，仪器简单，分析快速，一般仅需要几分钟。紫外-可见分光光度分析技术应用广泛，可用于大部分无机离子和部分有机物的定性和定量分析。

本模块所包含的学习任务来自企业工作任务，对接了世界技能大赛化学实验室技术项目标准和国家职业技能标准。通过学习，学生可掌握紫外-可见分光光度法相关的理论知识和操作技能。

建议课时：24 课时。

1.1 认识紫外-可见分光光度计

学习目标

1. 了解光的性质及基本特征，能举例说明物质颜色产生的原因。
2. 理解光吸收定律。
3. 掌握紫外-可见分光光度计基本组成部件的名称及功能。
4. 掌握紫外-可见分光光度计工作原理。
5. 培养科学、规范、安全意识。

思政小课堂-1

安全生产　规范操作

2020 年 2 月，某公司烯草酮车间发生爆炸事故，造成 5 人死亡、10 人受伤，直接经济损失约1 200万元。发生爆炸事故的原因是烯草酮工段操作人员未严格执行操作规程，未严格执行关键操作活动的检查和确认，错误地将丙酰三酮加入氯代胺储罐内，导致两种化学试剂在储罐内发生反应并放热，热量积聚使物料温度迅速升高而发生分解和爆炸。

企业要牢固树立安全意识和标准意识，加强员工安全生产和标准操作方面的培训和监督管理，促进企业实现安全化、规范化、制度化、标准化生产。

安全生产事关人民福祉，事关经济社会发展大局。2021 年 9 月 1 日，修正后的《中华人民共和国安全生产法》正式实施，加强了各参与主体在安全生产全过程中的安全生产责任，为安全生产装上了法治的“阀门”。

思政目标：培养学生安全意识和规范意识。

思考：如何避免此类事故再次发生?

一、任务分析

1. 任务流程的确定

认识紫外-可见分光光度计任务流程如图 1-1 所示。

图 1-1　认识紫外-可见分光光度计任务流程

2. 任务实施的准备

（1）相关的国家标准

《单光束紫外可见分光光度计》（GB/T 26798—2011）、《双光束紫外可见分光光度计》（GB/T 26813—2011）。

（2）相关文件

对应品牌的紫外-可见分光光度计使用说明书或者操作规程。

（3）仪器

紫外-可见分光光度计、石英吸收池或玻璃吸收池。

3. 任务重点、难点的分析

任务重点：紫外-可见分光光度计基本组成部件的名称及功能。

任务难点：单色器的工作原理。

二、相关知识

1. 光的性质

光是一种电磁波，具有波动性和粒子性。光是一种波，因而具有波长（λ）和频

率（v）；光也是一种粒子，因而具有能量（E）。它们之间的关系是

$$E = hv = h\frac{c}{\lambda} \tag{1-1}$$

式中 E——能量，eV；

h——普朗克常数（6.626×10^{-34} J·s）；

v——频率，Hz；

c——光速，真空中约为 3×10^{10} cm·s^{-1}；

λ——波长，nm。

从式（1-1）可知，不同波长的光能量不同，波长越长，能量越小；波长越短，能量越大。

2. 光的基本特征

具有同一种波长的光称为单色光，含有很多波长的光称为复合光，白光就是复合光。凡是能被人类肉眼感觉到的光称为可见光，其波长为 400~780 nm。波长为 200~400 nm 的紫外线或波长为 3×10^3~3×10^4 nm 的红外线均不能被人的眼睛感觉到，所以这些光是看不到的。

将两种适当颜色的单色光按一定强度比例混合可成为白光，这两种单色光称为互补色光（见图 1-2）。日光等白光是由一对对互补色光按照适当的强度比例混合而成的。

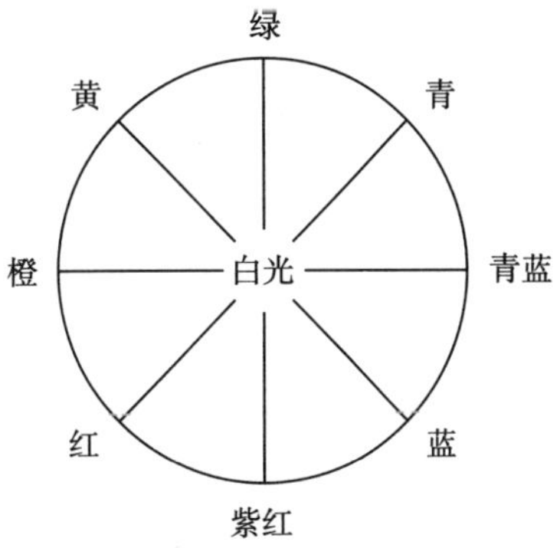

图 1-2 互补色光

3. 物质颜色的产生

当一束白光通过某透明溶液时，如果该溶液对可见光区各波长的光都不吸收，即入射光全部通过溶液，则看到的溶液是透明无色的；如果该溶液对可见光区各波长的光全部吸收，则看到的溶液呈黑色；如果该溶液选择性地吸收了可见光区某波长的光，则该溶液即呈现出被吸收光的互补色光的颜色。例如，当一束白光通过 $KMnO_4$ 溶液时，该溶液选择性地吸收了 500~560 nm 的绿色光，其他色光两两互补成白光而通过，只剩下紫红色光未被互补，所以 $KMnO_4$ 溶液呈现紫红色。由此可见，物质的颜色是基于物质对光的选择性吸收，而物质呈现的颜色则是被物质所吸收光的互补色。

4. 光吸收定律——朗伯-比尔定律

（1）光吸收定律的含义

光吸收定律是紫外-可见分光光度法的理论依据，它由朗伯（S. H. Lambert）定律和比尔（Beer）定律联合而成，因此又称朗伯-比尔定律。

当一束平行单色光垂直射入均匀、透明的吸光物质的稀溶液时，溶液对光的吸收程度与溶液浓度及液层厚度的乘积成正比，即

$$A = kbc \tag{1-2}$$

式中 A——吸光度；

k——比例常数，有两种表达形式，即摩尔吸光系数 ε 和质量吸光系数 a；

b——透光液层厚度；

c——吸光溶液的浓度。

当溶液的浓度以物质的量浓度（$mol \cdot L^{-1}$）表示，液层厚度以厘米（cm）表示时，相应的比例常数 k 称为摩尔吸光系数，以 ε 表示，单位为 $L \cdot mol^{-1} \cdot cm^{-1}$。摩尔吸光系数的物理意义：浓度为 1 $mol \cdot L^{-1}$ 的溶液，于厚度为 1 cm 的吸收池中，在一定波长下测得的吸光度。

当溶液浓度以质量浓度（$g \cdot L^{-1}$）表示，液层厚度以厘米（cm）表示时，相应的比例常数 k 称为质量吸光系数，以 a 表示，单位为 $L \cdot g^{-1} \cdot cm^{-1}$。质量吸光系数适用于摩尔质量未知的化合物。

应用朗伯-比尔定律的条件如下：

1）必须使用单色光。

2）吸收发生在均匀的介质中。

3）在吸收过程中，吸光物质互相不发生作用。

（2）偏离光吸收定律的主要因素

1）入射光非单色光引起偏离。光吸收定律成立的前提是入射光为单色光。实际上，一般单色器所提供的入射光并非纯单色光，而是由波长范围较窄的光带组成的复合光。而溶液对不同波长光的吸收程度不同（吸光系数不同），因而导致了对光吸收定律的偏离，如图 1-3 所示。

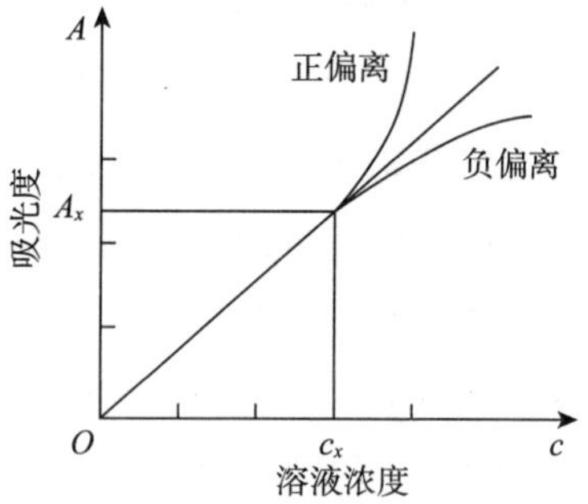

图 1-3 偏离光吸收定律

2）溶液的化学因素引起偏离。溶液中的吸光物质因离解、缔合，形成新的化合物，将改变吸光物质的浓度，导致偏离光吸收定律，因此，测量前的化学预处理工作是十分重要的，要控制好显色反应条件和溶液的化学平衡等，以防止产生偏离。

3）比尔定律的局限性引起偏离。比尔定律只适用于浓度小于 0.01 $mol \cdot L^{-1}$ 的稀溶液，否则将导致偏离。为此，在实际工作中，待测溶液的浓度应控制在 0.01 $mol \cdot L^{-1}$ 以下。

5. 紫外-可见分光光度计结构

在紫外光区及可见光区用于测定溶液吸光度的分析仪器称为紫外-可见分光光度计。

紫外-可见分光光度计由光源、单色器、吸收池、检测器和信号显示器五大部件组成，如图 1-4 所示。

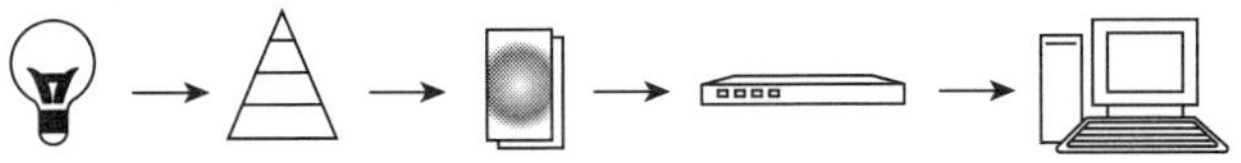

图 1-4 紫外-可见分光光度计基本组成部件

紫外-可见分光光度计工作原理：光源发出的光经过单色器，可获得一定波长的单色光，单色光照射到吸收池后，部分光被吸收池吸收，透过的光经检测器将光强度变化转变为电信号变化，并经调制放大后，显示或打印出吸光度 A（或透射比 τ），完成测定。

（1）光源

光源的作用是供给符合要求的入射光。紫外-可见分光光度计对光源的要求：在使用波长范围内提供连续的光谱，具有足够的辐射强度，有良好的稳定性，使用寿命长。实际应用的光源一般分为可见光光源和紫外光光源。

钨灯是最常用的可见光光源，它可发射波长为 325~2 500 nm 的连续光谱。因卤钨灯具有较长的寿命和较高的发光效率，所以目前常用卤钨灯代替钨丝灯。

紫外光光源多为气体放电光源，如氢、氘、氙放电光源等，其中应用最多的是氢灯及氘灯，适宜使用的波长范围为 185~375 nm。由于受石英窗吸收的限制，通常紫外光区波长的有效范围为 200~375 nm。

（2）单色器

单色器的作用是把光源发出的连续光谱分解成单色光，并能准确方便地“取出”所需要的某一波长的光。单色器是紫外-可见分光光度计的核心部件。

单色器主要由色散元件、狭缝和透镜系统组成。色散元件是棱镜和反射光栅或两者的组合，能将连续光谱色散成为单色光。狭缝和透镜系统主要用于控制光的方向，调节光的强度和“取出”所需要的单色光。狭缝对单色器的分辨率起重要作用，并对单色光的纯度在一定范围内起着调节作用。

根据色散元件的不同，单色器可分为棱镜单色器和光栅单色器。

1）棱镜单色器。棱镜单色器利用不同波长的光在棱镜内折射率不同，将复合光色散为单色光。常用的棱镜由玻璃或石英制成，可见分光光度计可以采用玻璃棱镜，紫外-可见分光光度计采用石英棱镜。

2）光栅单色器。光栅的色散原理以光的衍射现象和干涉现象为基础。光栅单色器的分辨率比棱镜单色器的分辨率高（可达±0.2 nm），工作波长范围也比棱镜单色器宽等，因此，目前生产的紫外-可见分光光度计大多采用光栅作为色散元件。

紫外-可见分光光度计光栅和棱镜原理如图 1-5 所示。

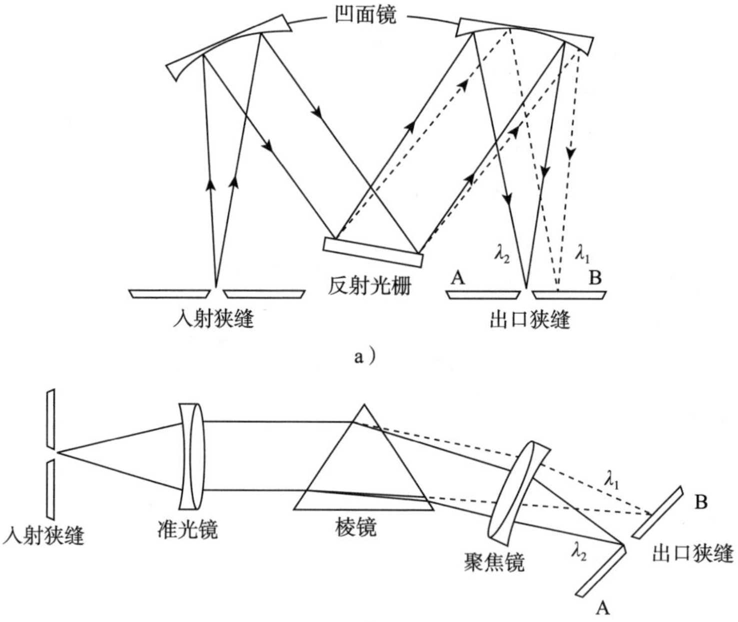

图 1-5 紫外-可见分光光度计光栅和棱镜原理

a）光栅原理 b）棱镜原理

需要指出的是，无论何种单色器，出射光光束常混有少量与仪器所指示波长不同的光波，即杂散光。杂散光产生的主要原因是光学部件和单色器内外壁的反射，以及大气或光学部件表面尘埃的散射等。为了减少杂散光，单色器用黑色罩壳封起来，通常不允许随意打开罩壳。

（3）吸收池

吸收池又称比色皿，是用于盛放待测液并决定透光液层厚度的器件。吸收池一般为长方体，其底及两面为毛玻璃，另两面为光学透光面，如图 1-6 所示。根据光学透光面的材质，吸收池有玻璃吸收池和石英吸收池两种。玻璃吸收池用于可见光区测定。若在紫外光区测定，则必须使用石英吸收池。紫外-可见分光光度计常用的吸收池规格有 0.5 cm、1.0 cm、2.0 cm、3.0 cm、5.0 cm 等，使用时根据实际需要选择。

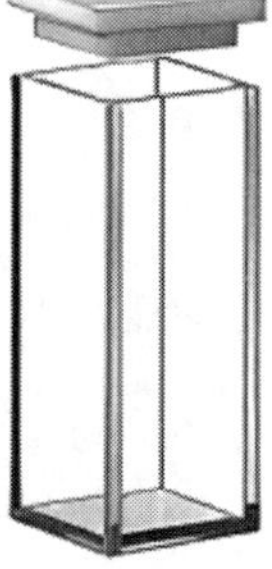

图 1-6 吸收池

（4）检测器

检测器又称接收器，是基于光电效应原理制成的。其作用是对透过吸收池的光做出响应，并把它转变成电信号输出，其输出电信号大小与透过光的强度成正比。常用的检测器有光电池、光电管及光电倍增管等。

1）光电池。光电池是由 3 层物质构成的薄片，表层是导电性能良好的可透光金属薄膜，中层是具有光电效应的半导体材料（如硒、硅等），底层是铁片或铝片。硒光电池结构如图 1-7 所示。

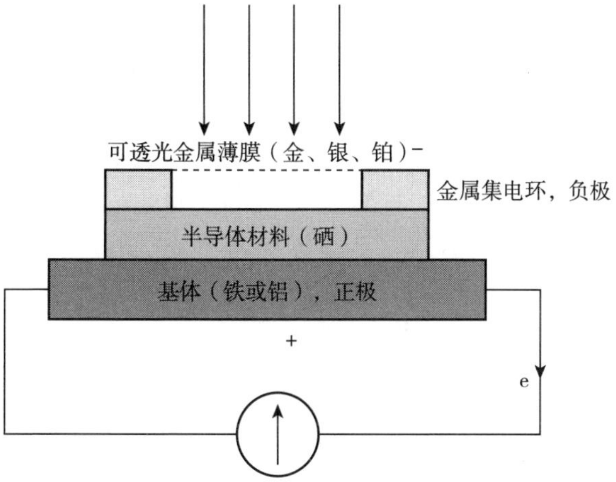

图 1-7 硒光电池结构

由于半导体材料的半导体性质，当光照到光电池上时，由半导体材料表面逸出的电子只能单向流动，使金属薄膜表面带负电，底层铁片或铝片带正电，线路接通就有光电流产生。光电流大小与光电池受到光照的强度成正比。

常用的光电池是硒光电池和硅光电池。光电池内阻小，不能用一般的直流放大器放大，因而不适于对较微弱光的测量。光电池受光照持续时间太久或受强光照射会产生“疲劳”现象，失去正常的响应，因此一般不能连续使用 2 h 以上。

2）光电管。光电管在紫外-可见分光光度计中应用广泛，由阳极和光电阴极组成，其结构如图 1-8 所示。光电管一般可分为蓝敏和红敏两种，前者可用波长范围为 210~625 nm，后者可用波长范围为 625~1 000 nm。与光电池比较，它具有灵敏度高、光敏范围广和不易疲劳等优点。

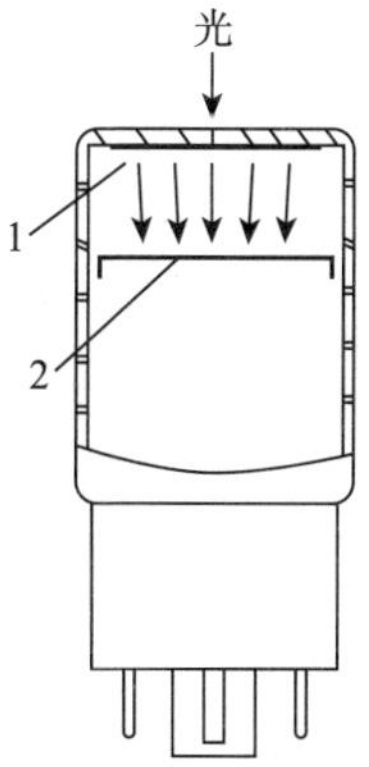

图 1-8 光电管结构
1—光电阴极 2—阳极

3）光电倍增管。光电倍增管实际上是加上多级倍增电极的光电管，是检测微弱光信号最常见的光电元件。光电倍增管外壳由玻璃或石英制成，阴极表面涂有光敏物质，在阴极和阳极之间装有一系列次级电子发射极，即电子倍增极等。在阴极和阳极之间施加直流高压（约 1 000 V），当辐射光子撞击阴极时发射光电子，该电子被电场加速并撞击第1倍增极，撞出更多的二次电子，依此不断进行，最后阳极收集到的电子数将是阴极发射电子数的 $1\times10^5 \sim 1\times10^6$ 倍。光电倍增管结构如图1-9所示。

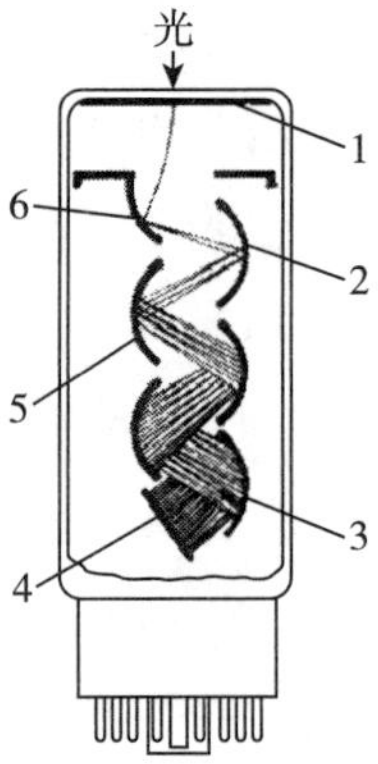

图1-9 光电倍增管结构

1—光电阴极 2—第2倍增极 3—第 n 倍增极 4—阳极 5—第3倍增极 6—第1倍增极

光电倍增管的输出电流随外加电压的增加而增加，且极为敏感，这是因为每个倍增极获得的增益取决于加速电压，因此，必须严格控制光电倍增管的外加电压。暗电流越小，质量越好。

（5）信号显示器

由检测器产生的电信号经放大等处理后，经信号显示器，以一定方式显示出来，以便于计算和记录。常用的信号显示器主要有直流检流计、电位调零装置、数字显示和自动记录型装置。

6. 紫外-可见分光光度计的类型

紫外-可见分光光度计按光路可分为单光束式及双光束式两类，按测量时提供的波长数又可分为单波长分光光度计和双波长分光光度计两类。不同类型紫外-可见分光光度计工作原理如图1-10所示。

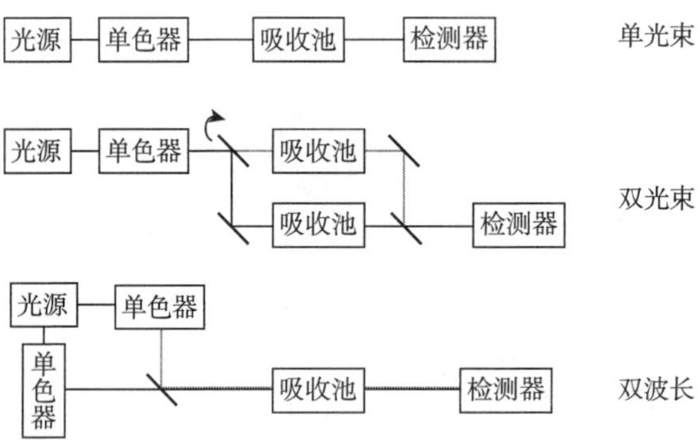

图1-10 不同类型紫外-可见分光光度计工作原理

（1）单光束紫外-可见分光光度计

单光束是指从光源发出的光，经过单色器等一系列光学元件，通过吸收池，最后到达检测器上时，始终为一束光。光束只能交替通过参比溶液、样品溶液，光路中有一个吸收池和一个光电转换器。工作时，一条光路先通过参比溶液，再通过样品溶液进行光强度的测量。

单光束紫外-可见分光光度计的特点是结构简单、价格低，主要适用于定量分析，测量结果受电源的波动影响较大，容易给测量结果带来较大的误差。对要求较高的质量检验行业，如食品、药品等检测行业，不适宜使用单光束紫外-可见分光光度计。

（2）双光束紫外-可见分光光度计

双光束紫外-可见分光光度计的光路设计基本上与单光束紫外-可见分光光度计相似，区别是双光束紫外-可见分光光度计在单色器与吸收池之间增加了旋转切光器，其作用是以一定的频率把一束光交替分为强度相等的两束光，一路通过参比溶液，另一路通过样品溶液，然后由检测器交替接收参比信号和样品信号。

双光束紫外-可见分光光度计能够连续改变波长，自动比较样品溶液与参比溶液的透光强度，自动消除光源波动引起的误差，尤其适用于必须在较宽波长范围内获得复杂的吸收光谱曲线的分析。

（3）双波长紫外-可见分光光度计

双波长紫外-可见分光光度计采用两个单色器，可以将光源发出的光分离出波长不同的两束单色光，通过切光器，将两束光以一定的时间间隔交替照射到装有样品溶液的同一个吸收池中，由检测器检测溶液在两个不同波长处的透射比或吸光度，再根据光吸收定律定量计算。

双波长紫外-可见分光光度计不需要参比溶液，不仅能测量高浓度样品、多组分混合样品，而且测定混浊样品时比单波长仪器更灵敏，更有选择性。

三、任务实施

1. 查阅仪器使用说明书

对照实验室的紫外-可见分光光度计，仔细查阅仪器使用说明书，确定紫外-可见分光光度计的类型。

2. 写出仪器组成部件名称及功能

认真观察紫外-可见分光光度计，开展小组讨论，在表 1-1 中填写仪器基本组成部件名称及功能。

表 1-1　　紫外-可见分光光度计基本组成部件名称及功能

基本组成部件名称	功能

3. 画出仪器工作原理图

根据实验室现有紫外-可见分光光度计的类型，查阅使用说明书，正确画出仪器工作原理图。

4. 结束工作

任务完毕，整理实验台，做好实验室卫生工作。

四、任务测评

对认识紫外-可见分光光度计任务进行评价，完成表 1-2。

表 1-2　　认识紫外-可见分光光度计任务评价

评价指标		评价要素	配分	得分
专业能力	认识仪器	自主查阅资料，正确判断紫外-可见分光光度计的类型	10	
		通过小组讨论，理解仪器使用说明书内容	10	
	组成部件名称及功能	正确写出仪器基本组成部件的名称	20	
		正确写出仪器基本组成部件的功能	20	
	仪器工作原理	能正确画出仪器工作原理图	20	
通用能力和职业素养		不迟到，不早退，不旷工，不偷懒	4	
		能够自主学习，查阅相关书籍，充分利用网络资源，有效获取信息	4	
		能够积极和老师及同学沟通，积极发言	4	
		能够与组员合作，主动帮助同学，较好地完成组长分派的任务	4	
		实验场所始终保持整洁，仪器设备摆放整齐有序，不乱扔垃圾	4	
合计			100	

思考与练习

一、判断题

（　　）1. 波长越长，能量越小；波长越短，能量越大。

（　　）2. $CuSO_4$ 溶液呈现蓝色是因为它吸收了白光中的黄色光波。

（　　）3. 当一束平行单色光垂直入射吸光物质的稀溶液时，溶液对光的吸收程度与溶液浓度及液层厚度的乘积成正比。

（　　）4. 石英吸收池只能用于紫外光区测定。

二、选择题

1. 人眼能感觉到的光称为可见光，其波长范围是（　　）。

A. 400~780 nm　B. 400~780 μm　C. 200~380 nm　D. 200~780 nm

2. 当一束白光通过紫色 $KMnO_4$ 溶液时，（　　）色光被溶液吸收。

A. 绿　B. 紫　C. 黄　D. 蓝

3. （　　）不是紫外-可见分光光度计的基本组成部件。

A. 光源　B. 单色器　C. 分解池　D. 检测器

4. 常用的检测器不包括（　　）。

A. 光电池　B. 光电管　C. 光电倍增管　D. 晶体管

5. 双波长紫外-可见分光光度计的优点有（　　）。

A. 需要参比溶液　B. 灵敏度高，可测量低浓度试样

C. 可测量多组分混合样品　D. 不可测定混浊样品

1.2 使用紫外-可见分光光度计

学习目标

1. 理解紫外-可见分光光度分析专业术语。
2. 了解紫外-可见分光光度计控制面板按键名称及其作用。
3. 理解紫外-可见分光光度计操作流程。
4. 掌握紫外-可见分光光度计使用方法。
5. 培养标准和安全意识，树立民族自豪感和自信心。

思政小课堂-2

功在当代　惠泽千秋

侯德榜（1890 年 8 月 9 日—1974 年 8 月 26 日），男，福建闽侯人，著名科学家，杰出化学家，侯氏制碱法的创始人，中国重化学工业的开拓者，近代化学工业的奠基人之一，是世界制碱业的权威。

侯德榜曾言："勤能补拙，勤俭立业。"在侯德榜的技术指导下，我国在 19 世纪 20 年代建立了亚洲第一大碱厂，生产出"红三角"牌碱。1932 年，侯德榜将《纯碱制造》公之于世，使其被中外化工学者所共享。1937 年，侯德榜主持建成我国第一座兼产合成氨、硝酸、硫酸和硫酸铵的联合企业，开创了我国化肥工业的新纪元。1943 年，侯德榜首先在实验室完成连续生产纯碱和氯化氨的联合制碱工艺。此法被世人称为"侯氏制碱法"，为世界制碱技术开辟了一条新途径，并得到了国际学术界的重视。1955 年，侯德榜被选为中国科学院学部委员（今中国科学院院士）。

侯德榜打破了索尔维集团 70 多年对制碱技术的垄断，发明了世界制碱领域最先进的技术，并为我国的化工事业奋斗终身。他犹如一块坚硬的基石，与众人一起，托起了中国现代化学工业的大厦。

思政目标：树立学生的民族自豪感和自信心。

思考：请说说你选择本专业的原因和打算。

一、任务分析

1. 任务流程的确定

使用紫外-可见分光光度计任务流程如图 1-11 所示。

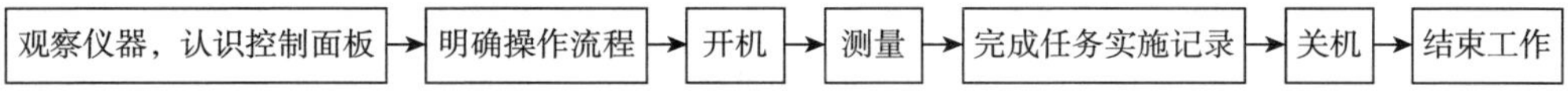

图 1-11　使用紫外-可见分光光度计任务流程

2. 任务实施的准备

（1）相关的国家标准

《化学试剂　分子吸收分光光度法通则（紫外和可见光部分）》（GB/T 9721—2006）、《分子吸收光谱法　术语》（GB/T 8322—2008）。

（2）相关文件

紫外-可见分光光度计使用说明书。

（3）仪器

紫外-可见分光光度计、石英吸收池或玻璃吸收池、配套仪器（烧杯、容量瓶、吸量管等）。

3. 任务重点、难点的分析

任务重点：紫外-可见分光光度计的使用步骤。

任务难点：紫外-可见分光光度计工作站参数设置。

二、相关知识

1. 紫外-可见分光光度分析专业术语及定义

（1）吸收峰（λ）

吸收峰指吸收光谱中吸收值最大处的波长，单位为 nm。

（2）吸收光谱

吸收光谱指待测溶液浓度和吸收池厚度不变时，吸光度（或吸光度的任意函数）对应波长（或波长的任意函数）的曲线。

（3）透射比（τ）

透射比指透射辐射（光）通量和入射辐射（光）通量之比。

（4）吸光度（A）

吸光度是透射比倒数的对数（以 10 为底），即

$$A=\lg\frac{1}{\tau}=-\lg\tau \tag{1-3}$$

2. 紫外-可见分光光度计的一般使用步骤

紫外-可见分光光度计的种类和型号繁多，但操作方法基本一致（详见各仪器的使用说明书）。下面简略概括紫外-可见分光光度计的一般使用步骤。

（1）开机

1）检查线路连接是否正确，各旋钮及开关是否在起始位置。

2）检查干燥剂是否受潮，当部分变色硅胶变为淡粉色时，应更换新的干燥剂。

3）检查样品室内是否有异物或吸收池。

4）将光闸置于关闭状态（参见使用说明书）。

5）接通电源并打开仪器开关，仪器开始自检及预热（一般 10~30 min）。

（2）光谱扫描

1）将参比溶液和样品溶液分别置于吸收池中，垂直放入样品室。

2）调整仪器的参数，设置测量波长。

3）将参比溶液置于光路中，调整仪器示值 A 为 0（或 τ 为 100%）。

4）将样品溶液置于光路中，读取并记录当前仪器吸光度示值。

5）改变测量波长，重复 3）~4）操作步骤。以一定波长间隔，测量设定波长范围内所有波长的吸光度值。

6）根据测得的吸光度和对应的波长绘制吸收曲线，完成光谱扫描。

7）对于带有工作站的紫外-可见分光光度计，可在参数设置中直接设定测量波长的范围。测定时，先以参比溶液进行全波长范围的基线背景校正，再以样品溶液测定全波长范围扣除背景后的吸光度值（自动扣除），自动绘制吸收曲线。

（3）定量测定

1）设置定量测定方式：光度测量、定量测定、浓度直读等。

2）根据选择的定量测定方式设置相关参数，选定测量波长。

3）将参比溶液置于光路中，调整仪器示值 A 为 0（或 τ 为 100%）。

4）将样品溶液置于光路中，读取并记录当前仪器吸光度示值。

5）更换其他样品溶液，重复 3）~4）操作步骤，直至所有溶液测量完成。

6）根据所选定量测定方式计算定量结果。

7）对于带有工作站的紫外-可见分光光度计，可以直接进行校准曲线的绘制及数据处理、打印报告等操作。

（4）测量结束

1）取出吸收池，洗净晾干后保存。

2）关闭仪器开关，拔下电源插头。

3. 紫外-可见分光光度计使用注意事项

1）在开机前将样品室内的干燥剂取出，仪器自检过程中禁止打开样品室盖。

2）吸收池内溶液以皿高的 2/3～4/5 为宜，不可过满，以防液体溢出腐蚀仪器。测定时应保持吸收池清洁，应用擦镜纸擦干池壁上的液滴，切勿用手接触透光面。

3）将吸收池放入样品室时应注意方向相同。实验结束后将吸收池中的溶液倒尽，然后用纯水①或有机溶剂冲洗吸收池至干净，倒立晾干。

4）断开电源，将干燥剂放入样品室内，盖上防尘罩，做好使用登记。

三、任务实施

任务实施部分以 T6 系列紫外-可见分光光度计（见图 1-12）为例。

图 1-12 T6 系列紫外-可见分光光度计

1. 观察仪器，认识控制面板

根据 T6 系列紫外-可见分光光度计的使用说明书，对照仪器，说出紫外-可见分光光度计控制面板按键名称及其作用。

2. 明确操作流程

根据 T6 系列紫外-可见分光光度计的使用说明书，归纳操作要点，画出紫外-可见分光光度计操作流程图。

3. 开机

打开稳压电源，等待 5～10 s，待稳压电源稳定后打开仪器主机电源，此时仪器开始自检，等待 3～5 min，确认仪器各部分正常后进入操作界面。

备注：T6 系列紫外-可见分光光度计属于精密仪器，一定要保证电源电压为 220 V，并有良好的地线。仪器自检是保障仪器正常使用和测量数据准确的关键，在自检过程中不能关闭电源，以免造成不必要的损坏。如果突然停电，一定要及时断开仪器主机电源，关闭稳压电源开关，以免突然来电对仪器造成损坏。

4. 测量

（1）测量准备

自检完成后在主菜单界面下，按“ENTER”（确认输入或设置）键进入光度测量

① 纯水应符合《分析实验用水规格和试验方法》（GB/T 6682—2008）中三级水要求。

界面。在光度测量界面按“GOTO λ”（设置波长）键，输入测量波长后按“ENTER”键确认，仪器自动调整波长。

（2）参数选择

按“SET”（设置参数）键进入参数设置界面，主要设置样品池个数。选择“样品池设置”，按“ENTER”键确认进入样品池设置界面。选择“样品池数目”，连续按“ENTER”键选择所需要的数目（主要根据使用的吸收池数量而定。假如有 2 个吸收池，依次放在 1、2 号样品池内，则设定数量为 2）。设定完成后按“RETURN”（返回上一界面）键，返回参数设置界面；再按“RETURN”键，返回光度测量界面。

（3）测量

按“START”（启动测量）键，进入测量界面（如果提示“参数改变是否需要打印”，根据需要选择，然后进入测量界面），在 1 号样品池放入空白溶液，依次在以后的样品池中放入样品，并关闭样品池盖，按“AUTO ZERO”（自动校零）键进行校零，然后按“START”键进行测量。仪器屏幕依次显示测量结果。

测量工作完成后如果需要打印，请按“PRINT”（打印）键。如果不需要打印，请记录好测量结果，按“RETURN”键，返回光度测量界面，再按“RETURN”键，返回仪器主界面。

5. 完成任务实施记录

记录使用紫外-可见分光光度计任务实施的过程和结果，完成表 1-3。

表 1-3　　使用紫外-可见分光光度计任务实施记录

<table>
<tr><td>记录编号</td><td></td><td>实施日期</td><td></td></tr>
<tr><td>仪器型号</td><td></td><td>仪器编号</td><td></td></tr>
<tr><td>标注控制面板按键名称及其作用</td><td colspan="3">
</td></tr>
<tr><td>绘制紫外-可见分光光度计操作流程图</td><td colspan="3"></td></tr>
</table>

续表

操作注意事项	
实施过程出现的问题及反思	

6. 关机

返回仪器主界面后，先断开仪器主机电源，然后断开打印机电源，最后关闭稳压电源开关。检查仪器内的吸收池是否已取出，放入干燥剂。

7. 结束工作

任务完毕，填写仪器使用记录表，清理实验台，整理实验室卫生。

四、任务测评

对使用紫外-可见分光光度计任务进行评价，完成表1-4。

表1-4　　使用紫外-可见分光光度计任务评价

评价指标		评价要素	配分	得分
专业能力	观察仪器，认识控制面板	正确说出紫外-可见分光光度计控制面板按键名称及其作用	10	
	明确操作流程	紫外-可见分光光度计操作流程图表述清晰，操作顺序正确	10	
	开机	开机顺序正确	10	
	测量	自检操作正确	10	
		参数设置正确	10	
		不用手触及吸收池透光面，不用滤纸等粗糙物品擦拭透光面	5	
		空白溶液和样品溶液放置位置正确	5	
		正确校零并测量样品吸光度	10	
	记录	任务实施记录表书写认真，无缺项，字迹端正，无涂改	5	
		能及时记录实施过程中出现的问题，提出合理的建议和意见，不抄袭，不空项	5	

续表

评价指标	评价要素	配分	得分
通用能力和职业素养	不迟到，不早退，不旷课，不偷懒	2	
	能够自主学习，查阅相关书籍，充分利用网络资源，有效获取信息	2	
	能够积极和老师及同学沟通，积极发言	2	
	能够与组员合作，主动帮助同学，较好地完成组长分派的任务	2	
	善于反思，主动分析原因并总结经验	3	
	实验过程中穿戴工作服、电绝缘鞋、安全帽等劳动防护用品，严格遵循电气安全操作规程	3	
	实验场所始终保持整洁，仪器设备摆放整齐有序，不乱扔、乱倒固体废弃物和液体废弃物	3	
	实验结束后关闭电源，罩好仪器防尘罩，正确填写仪器使用记录	3	
合计		100	

思考与练习

一、判断题

(　　) 1. 紫外-可见分光光度计需预热 10~30 min，再进行分析检测。

(　　) 2. 将样品溶液置于光路中，调整仪器示值 A 为 0（或 τ 为 100%）。

(　　) 3. 将吸收池放入样品室时应注意方向相同。

(　　) 4. 实验结束后应将吸收池洗净晾干。

(　　) 5. 实验结束后，应敞开紫外-可见分光光度计，让其散热。

二、选择题

1. 关于紫外-可见分光光度计开机操作，不正确的是（　　）。

A. 检查线路、旋钮及开关

B. 检查样品室内是否有异物或吸收池

C. 检查光闸是否置于关闭状态

D. 打开仪器开关，开始进行参数设置

2. 为防止单色器受潮，必须及时更换干燥剂。当部分变色硅胶变为（　　）时，应更换新的干燥剂。

A. 蓝色　　B. 大红色　　C. 白色　　D. 淡粉色

3. 为了减少对单色光的反射，吸收池的光学玻璃面必须（　　）光束方向。

A. 垂直于　　B. 平行于　　C. 倾斜于　　D. 无要求

4. 关于吸收池的使用，正确的是（　　）。

A. 手拿吸收池的透光面

B. 吸收池中一般应装满样品

C. 吸收池一定要洁净，池壁上不能有液滴

D. 一定要使用玻璃吸收池

5. 关于紫外-可见分光光度计使用，不正确的是（　　）。

A. 开机后立刻按“ENTER”键进入光度测量

B. 将参比溶液置于光路中，调节仪器示值 A 为 0（或 τ 为 100%）

C. 样品溶液不应洒落在样品池内

D. 注意防尘

1.3 调校紫外-可见分光光度计

学习目标

1. 理解吸收池鉴别和选择的方法。
2. 掌握紫外-可见分光光度计的调校方法。
3. 培养正确的职业理想和精益求精的工匠精神。

思政小课堂-3

中国梦 国投梦 罗钾梦

李守江，男，1966年出生，山东济南人，国投新疆罗布泊钾盐有限责任公司党委书记、总经理。他用16年时间，克服常人无法想象的种种困难，打造出了世界上最大的硫酸钾“航母”，2016年被中宣部授予“时代楷模”称号。

李守江带领团队在“死亡之海”罗布泊反复试验，最终研究出了国际先进、国内领先、拥有自主知识产权的硫酸钾生产工艺技术。年产120万吨硫酸钾项目的建成，标志着我国在利用盐湖卤水资源提取硫酸钾的核心技术和大型设备国产化方面取得了重大突破，保障国家粮食安全和钾肥可靠供应。李守江还不断提升品牌价值，不断创新高质量发展，助力新疆脱贫攻坚，维护稳定，实现民族团结、百姓增收致富。

展望未来，李守江说：“我们的使命是要把‘罗布泊’牌钾肥从‘罗钾’变成‘中国钾’，最终变成‘世界钾’，真正将‘罗钾’打造为世界级的硫酸钾‘航母’。”

思政目标：培养学生正确的职业理想。

思考：你如何把“中国梦”和“职业梦”联系起来？

一、任务分析

1. 任务流程的确定

调校紫外-可见分光光度计任务流程如图 1-13 所示。

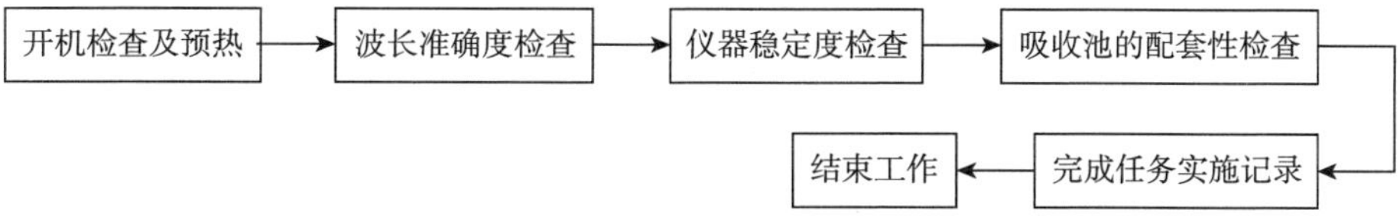

图 1-13 调校紫外-可见分光光度计任务流程

2. 任务实施的准备

（1）相关国家标准

《紫外、可见、近红外分光光度计检定规程》（JJG 178—2007）。

（2）相关文件

紫外-可见分光光度计使用说明书。

（3）仪器

紫外-可见分光光度计、镨钕滤光片、石英吸收池或玻璃吸收池。

3. 任务重点、难点的分析

任务重点：波长准确度检查。

任务难点：吸收池的配套性检查。

二、相关知识

紫外-可见分光光度计的调校包含检查波长准确度、仪器稳定度、吸收池的配套性、噪声和漂移、透射比示值误差和重复性、杂散光等内容，本任务重点学习前 3 项。

1. 波长准确度检查

在可见光区检查波长准确度的方法是使用溶液或滤光片标准物质。在紫外光区检查波长准确度比较实用的方法是使用苯蒸气的吸收光谱曲线。

使用溶液或滤光片标准物质时，选取仪器的透射比或吸光度测量方式。在测量的波长点用空气作空白调整仪器透射比为 100%，插入挡光板调整透射比为 0，然后将标准物质垂直置于样品光路中，读取标准物质的吸光度测量值。重复上述步骤，在波长检定点附近单向逐点测出标准物质的透射比或吸光度，求出相应的透射比谷值或吸光度峰值波长 λ。连续测量 3 次，与溶液或滤光片的标准波长对比，判断波长准确度。

用苯蒸气的吸收光谱曲线时，可使用充满苯蒸气的吸收池，绘制苯蒸气的吸收光谱，与标准光谱曲线对比，判断波长准确度。

2. 仪器稳定度检查

稳定度可分为暗电流稳定度和光电流稳定度。通过透射比示值最大变化判断仪器稳定度。

在紫外-可见分光光度计接受元件不受光的情况下，调整仪器零点，使透射比为0，观察 3 min，记录透射比示值最大变化，即暗电流稳定度。

在紫外-可见分光光度计接受元件受光的情况下，于仪器波长范围两端内缩 10 nm 处，调整透射比为 100%，观察 3 min，记录透射比示值最大变化，即光电流稳定度。

3. 吸收池的配套性检查

一般，通过吸收池透射比偏差判断吸收池的配套性。对于石英吸收池，装纯水在 220 nm 处测定，或装 30 $mg \cdot L^{-1}$ 的重铬酸钾溶液在 350 nm 处测定；对于玻璃吸收池，装 30 $mg \cdot L^{-1}$ 的重铬酸钾溶液在 400 nm 处测定，或装纯水在 600 nm 处测定。

三、任务实施

本次任务是调校紫外-可见分光光度计，目的是通过调校仪器掌握波长准确度、仪器稳定度和吸收池的配套性等检验方法，撰写原始记录，归纳得出仪器调校结论。

任务实施过程中注意排除事故隐患，做好防护措施。

1. 开机检查及预热

（1）外观检查

1）仪器标志上应有下列内容：名称、型号、编号、制造厂名、出厂日期、工作电源电压、频率。国产仪器应有制造生产许可标志及编号。

2）仪器各紧固件均应紧固良好，各调节旋钮、按键和开关均能正常工作，电缆线的接插件均能紧密配合且接地良好。

3）仪器应能平稳地置于工作台上，样品架定位正确。

4）检查吸收池。吸收池不得有裂纹，透光面应清洁，无划痕和斑点。石英吸收池上标有一个“Q”字样，玻璃吸收池上标有一个“G”字样。如果没有字样标识，可将紫外-可见分光光度计的波长设定为 250 nm，样品室不放任何物品，调零，然后将清洗干净的吸收池置于吸收池架一侧，吸光值小于 0.07 Abs 的吸收池为石英材料，反之为玻璃材料。

（2）开机预热

检查仪器后，连接电源，打开仪器电源开关，开启吸收池样品室盖，取出样品室内的遮光物，预热 20~30 min。

2. 波长准确度检查

（1）粗检

可用谱线校正法校验波长是否准确。

在吸收池中置一白纸挡住光路，沿720 nm至420 nm方向转动波长调节旋钮，每隔10 nm遮光观察并记录出口狭缝射出的光线颜色。根据调整的波长范围，观察所得到的颜色，并进行对比，判断波长的准确性。在460 nm附近，白纸上为蓝色斑；在600 nm附近，白纸上为黄色斑。若相符，说明该仪器分光系统基本正常。若相差甚远，应调节光源位置。

吸收光颜色和对应波长范围见表1-5。

表1-5　吸收光颜色和对应波长范围

吸收光颜色	紫色	蓝色	绿蓝色	蓝绿色	绿色	黄绿色	黄色	橙色	红色
波长范围/nm	400~450	450~480	480~490	490~500	500~560	560~580	580~610	610~650	650~760

（2）细检

可见光区波长准确度检验：取出白纸片，在吸收池架内垂直放入镨钕滤光片，以空气为参比，盖上样品室盖，将波长调至500 nm，将参比调为吸光度为0.000，用样品槽拉杆将镨钕滤光片推入光路，读取吸光度值。依次在500~540 nm波段每隔2 nm测一次吸光度值。记录各吸光度值和对应的波长示值，查出吸光度最大时对应的波长示值（λ_{max}）。

当λ_{max}与529 nm相差小于或等于3 nm时，为合格。

当λ_{max}与529 nm相差大于3 nm时，则需要调节仪器的波长刻度校正螺钉。反复测量529 nm±5 nm处的吸光度值，直至529 nm处对应的吸光度值最大为止，取出滤光片放入盒内。

当λ_{max}与529 nm相差大于10 nm时，需要重新调整光源位置，或者检修单色器的光学系统（应由计量部门或者生产厂家检修，不可擅自打开单色器）。

注意：每改变一次波长，都应重新确定空气参比的零点。

紫外光区波长准确度检验：在吸收池滴一滴液体苯，盖上吸收池盖，待苯挥发充满整个吸收池后，从波长230 nm调至260 nm，每隔2 nm测一次吸光度值。记录吸光度值和对应的波长，测绘苯蒸气的吸收光谱，观察实测结果与苯的标准光谱曲线是否一致。如果测定结果和苯的标准光谱曲线不一致，表示仪器波长有误，可按照使用说明书进行调整。

3. 仪器稳定度检查

用零点调节器将仪器调至零点，观察3 min，读取透射比的变化，即为暗电流稳定度。在200 nm和790 nm处，调零点后，盖上样品室盖，调节透射比为100%，观察

3 min，读取透射比的变化，即为光电流稳定度。

一般，暗电流稳定度要求透射比示值最大变化小于 0.2，光电流稳定度要求透射比示值最大变化小于 0.5。

4. 吸收池的配套性检查

在仪器所附的同一光径吸收池中装纯水，于 220 nm（石英吸收池）、600 nm（玻璃吸收池）处，将一个吸收池的透射比调至 100%，测量其他各池的透射比值，其差值即为吸收池的配套性。透射比的偏差小于 0.5%的吸收池可配成一套。

5. 完成任务实施记录

记录调校紫外-可见分光光度计任务实施过程和结果，完成表 1-6。

表 1-6　　调校紫外-可见分光光度计任务实施记录

<table>
<tr><td colspan="11">外观检查</td></tr>
<tr><td>仪器名称</td><td colspan="2"></td><td colspan="2">仪器型号</td><td colspan="2"></td><td colspan="2">仪器编号</td><td colspan="2"></td></tr>
<tr><td>仪器零部件完好程度</td><td colspan="2"></td><td colspan="2">吸收池类型</td><td colspan="2"></td><td colspan="2">吸收池外观完好程度</td><td colspan="2"></td></tr>
<tr><td>调校温度</td><td colspan="2"></td><td colspan="2">调校湿度</td><td colspan="2"></td><td colspan="2">调校日期</td><td colspan="2"></td></tr>
<tr><td colspan="11">检查和校正仪器波长准确度</td></tr>
<tr><td>波长/nm</td><td></td><td></td><td></td><td></td><td></td><td></td><td></td><td></td><td></td><td></td></tr>
<tr><td>吸光度 A</td><td></td><td></td><td></td><td></td><td></td><td></td><td></td><td></td><td></td><td></td></tr>
<tr><td colspan="11">结论：</td></tr>
<tr><td colspan="11">检查暗电流稳定度</td></tr>
<tr><td colspan="11">3 min 内最大漂移：</td></tr>
<tr><td colspan="11">结论：</td></tr>
</table>

续表

检查光电流稳定度				
3 min 内最大漂移：				
结论：				
检查吸收池配套性				
编号	1	2	3	4
透射比/%				
结论：				

6. 结束工作

工作完毕后，断开电源。取出吸收池，清洗后晾干，装入比色皿盒中保存，在样品室内放入干燥剂，盖好样品室盖，罩好仪器防尘罩。

四、任务测评

对调校紫外-可见分光光度计任务进行评价，完成表 1-7。

表 1-7　　调校紫外-可见分光光度计任务评价

评价指标		评价要素	配分	得分
专业能力	外观检查	仔细检查仪器标志是否齐全	4	
		正确判断仪器各紧固件、调节旋钮、按键和开关的状态	5	
		仔细检查电缆线的接插件接地状态	4	
		正确判断吸收池外观是否正常	5	
	开机预热	按照连接电源—打开电源开关—开启吸收池样品室盖—取出样品室内的遮光物—预热的正确顺序进行开机预热	5	
	波长准确度检查	按照 720 nm 向 420 nm 方向正确转动波长调节旋钮	4	

续表

评价指标		评价要素	配分	得分
专业能力	波长准确度检查	根据光斑颜色判断仪器分光系统是否正常	4	
		正确记录各吸光度值和对应的波长示值，无涂改	4	
		根据计算结果，选择应采取的措施	5	
		在每一次波长改变时，重新确定空气参比的零点	5	
	仪器稳定度检查	光电流稳定度检查方法正确	5	
		暗电流稳定度检查方法正确	5	
		通过实验数据，正确判断稳定度	5	
	吸收池的配套性检查	没有损坏吸收池	5	
		不用手触及吸收池透光面，不用滤纸等粗糙物品擦拭透光面	5	
		根据吸收池透射比偏差值，正确判断吸收池配套性检查是否成功	5	
	填写任务实施记录	原始记录表无缺项，字迹端正，不潦草	5	
通用能力和职业素养		不迟到，不早退，不旷课，不偷懒	2	
		能够自主学习，查阅相关书籍，充分利用网络资源，有效获取信息	2	
		能够积极和老师及同学沟通，积极发言	2	
		能够与组员合作，较好地完成组长分派的任务	2	
		善于反思，主动分析原因并总结经验	3	
		实验中穿戴工作服、电绝缘鞋、安全帽等劳动防护用品，严格遵循电气安全操作规程	3	
		实验场所始终保持整洁，仪器设备摆放整齐有序，不乱扔、乱倒固体废弃物和液体废弃物	3	
		实验结束后关闭电源，罩好仪器防尘罩，正确填写仪器使用记录	3	
合计			100	

思考与练习

一、判断题

(　　) 1. 在可见光区检查波长准确度的方法是使用溶液或滤光片标准物质。

(　　) 2. 用白纸粗检波长准确度，在 500 nm 附近，白纸上为蓝色斑。

(　　) 3. 石英吸收池上标有一个“Q”字样，玻璃吸收池上标有一个“G”字样。

(　　) 4. 紫外光区波长准确度检验，需将波长从 230 nm 调至 260 nm，每隔 2 nm 测一次吸光度值。

(　　) 5. 一般，暗电流稳定度要求透射比示值最大变化小于 0.5。

二、选择题

1. 在紫外光区检验波长准确度的方法是用（　　）来检查。

A. 苯蒸气　　B. 低压石英汞灯　　C. 镨铷滤光片　　D. 以上 3 种都是

2. 在吸收池的配套性检查中，透射比的偏差小于（　　）的吸收池可配成一套。

A. 0.50%　　B. 0.10%　　C. 0.20%　　D. 5.00%

3. 石英吸收池和玻璃吸收池进行配套检查时，装入纯水后分别调节的波长是（　　）。

A. 220 nm　440 nm　　B. 200 nm　520 nm

C. 220 nm　600 nm　　D. 200 nm　620 nm

4. 在波长为 250 nm 条件下检测吸收池，吸光值小于（　　）Abs 的吸收池为石英材料。

A. 0.01　　B. 0.02　　C. 0.05　　D. 0.07

5. 在 500～540 nm 波段进行波长准确度检查时，λ_{max} 与 529 nm 相差小于（　　）nm 为合格。

A. 2　　B. 3　　C. 4　　D. 5

1.4 维护与保养紫外-可见分光光度计

学习目标

1. 了解紫外-可见分光光度分析工作环境要求。
2. 掌握紫外-可见分光光度计日常维护与保养方法。
3. 理解紫外-可见分光光度计故障原因并能够排除故障。
4. 培养爱护公物的素养，树立成本意识，提高专业认同感和责任感。

思政小课堂-4

不忘初心　永葆热爱

丁奎岭，1966年出生，教授，博士生导师，有机化学家，中国科学院院士。他15岁考上大学，24岁获博士学位，29岁成为当时河南省最年轻的正教授，47岁当选中国科学院院士。1998年，丁奎岭到中国科学院上海有机化学研究所工作，专门从事手性催化研究。在漫长的研究过程中，曾经的研究热门又转成冷门，但丁奎岭因为热爱，始终坚守自己的研究领域，潜心钻研，终于结出了累累硕果。

丁奎岭提出并成功实践了手性催化剂设计的新概念和新方法，建立了“组合不对称催化”方法和催化机制；提出了手性催化剂“自负载”概念；发展了具有特色骨架的新型手性配体与催化剂，为多类非天然氨基酸衍生物和药物中间体等的合成提供了高效方法；将基础研究与实际应用紧密结合，多项专利成果授权企业使用并实现了产业化。

丁奎岭一直怀揣着“通过合成创造价值，用合成的分子影响和改变世界”的梦想，砥砺前行，为国家增添亮眼的“绿色”。唯有热爱，才能够不忘初心。唯有热爱，才能够坚持使命！

思政目标：提高学生的专业认同感和责任感。

思考：请说说丁奎岭为什么始终坚守自己的研究领域？

一、任务分析

1. 任务流程的确定

维护与保养紫外-可见分光光度计任务流程如图 1-14 所示。

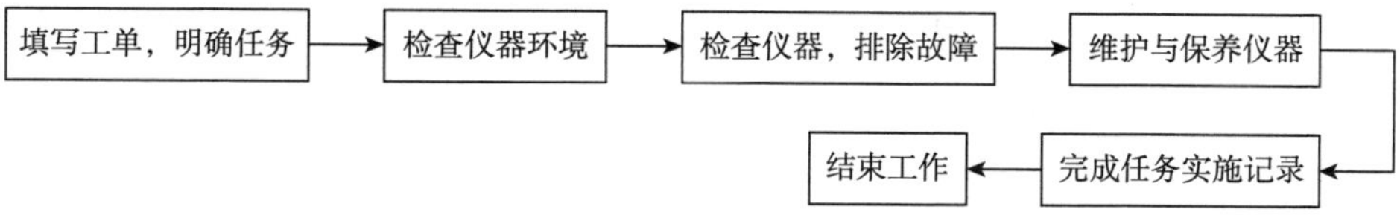

图 1-14　维护与保养紫外-可见分光光度计任务流程

2. 任务实施的准备

（1）相关文件

紫外-可见分光光度计使用说明书。

（2）仪器

紫外-可见分光光度计、光源灯、电器维修设备及工具。

（3）试剂

肥皂水、乙醇、纯水、干燥剂。

3. 任务重点、难点的分析

任务重点：紫外-可见分光光度计日常维护与保养。

任务难点：分析紫外-可见分光光度计故障原因并排除故障。

二、相关知识

1. 仪器环境及使用注意事项

1）仪器应放置在干燥的房间内，使用温度为 5~35 ℃。

2）仪器应放置在坚固平稳的工作台上，且应避免强烈或持续振动。

3）室内照明不宜太强，且避免日光直射。

4）电风扇不宜直接吹向仪器，以免影响仪器的正常使用。

5）全部整机系统应可靠接地，尽量远离高强度的磁场、电场及发射高频波的电气设备。

6）供给仪器的电源为 220 V±22 V，频率为 49.5~50 Hz，并应装有良好的接地线。宜使用 100 W 以上的稳压器，以加强仪器的抗干扰性能。

7）避免在有腐蚀性气体的场所使用。

2. 仪器工作异常处理

（1）仪器检查

1）当发现仪器工作异常时，应该认真观察异常现象并记录。

2）当仪器提示操作错误时，应该仔细检查操作方法是否有误，参数设置是否匹配，样品是否正确，光源是否点亮等。确认无误后，再操作几次，如果几次操作均提示操作错误，仪器可能出现故障，应通知生产厂家解决。

3）当仪器运行时出现死机现象，应该查看仪器的安装环境是否与仪器使用说明书中“安装条件”的有关条款不一致。如果确认一致，仪器可能出现故障，应通知生产厂家解决。

（2）仪器常见故障及其原因、排除方法

紫外–可见分光光度计常见故障及其原因、排除方法见表 1–8。

表 1–8　紫外–可见分光光度计常见故障及其原因、排除方法

常见故障	原因	排除方法
仪器无法调节透射比为“100%”	光能量不够	增加灵敏度倍率挡位，或更换光源灯
	吸收池架未落位	调整吸收池架使其落位
	光电转换部分老化	更换部件
	吸收池在吸收池架中的位置不一致或其表面有液滴，导致透射比“100%”点经常变动	用擦镜纸将吸收池表面擦干净，然后将其置于比色槽的左边，上面用定位夹定位
仪器数字显示不稳定[①]	预热时间不够	延长预热时间
	光电管内的干燥剂失效，使微电流放大器受潮	更换或烘烤干燥剂
	环境振动过大、光源附近空气流速大、外界强光照射	改善工作环境
	光电管、电路等其他原因	通知生产厂家解决
光源不亮	—	更换新的氘灯或钨灯[②]，更换保险管
灯泡发黑、亮度明显减弱或不稳定	—	更换新的氘灯或者钨灯[②]

续表

常见故障	原因	排除方法
吸光度测定值结果出现负值	—	正确使用参比溶液进行空白测定，调整吸收池在吸收池架中的位置或光学玻璃面朝向
样品信号重现性差	—	正确配制标准溶液，确保溶液均匀；修理推拉式吸收池架的定位碰珠，确保吸收池重复推拉后仍在同一位置

①部分仪器由于老化等原因，长时间处于工作状态时，也会出现数字显示不稳定的情况。

②更换方法是断开仪器电源，卸下仪器上罩，卸去灯室上盖，取下损坏的灯泡，更换新的氘灯或者钨灯。安装过程中注意不要触摸氘灯发光孔正对的玻璃窗，以免沾上污物，影响测量。如果玻璃窗有污物，可用干净细木棍缠上脱脂棉蘸清洁乙醇轻轻擦净，然后用干脱脂棉擦干。氘灯、钨灯所有连线应接触良好，相应紧固螺钉应紧固牢靠，否则会影响仪器性能指标。

3. 仪器日常保养方法

（1）清洁干净

1）使用过程中，如果将溶液洒落在仪器外壳上，应立即用湿毛巾擦拭干净，禁止使用乙醇、汽油、乙醚等有机溶剂擦洗仪器。

2）每次使用后应检查样品室是否积存溢出的溶液。应经常擦拭样品室，以防废液腐蚀部件或光路系统。

（2）防潮、防尘

1）仪器严重受潮时，可打开光电管暗盒，用吹风机将其吹干，并更换干燥剂。

2）仪器使用完毕应盖好防尘罩，可在样品室内放置变色硅胶防潮，开机时取出。

（3）其他

1）久置不用时，应定期通电驱潮。

2）使用中若用不到紫外波段，可在仪器自检结束后关闭氘灯，以延长其寿命。

三、任务实施

1. 填写工单，明确任务

领取维护与保养紫外-可见分光光度计任务工单（见表 1-9），开展小组讨论，明确任务要求、时间、需领取的工具和设备。

表 1-9　　维护与保养紫外-可见分光光度计任务工单

工作任务		工单编码	
工作性质	□委托维保　□定期维保　□日常维保　□其他维保		
任务下达部门		任务下达时间	

续表

仪器名称及型号		仪器编码	
仪器存放地点		仪器维护与保养地点	
仪器现状		仪器数量/台	□1 □2 □3 □4 □5 □6 □7 □8
任务完成时限/h	□1 □2 □4 □6 □8 □24 □其他＿＿＿＿		
任务质量要求			
需领取的工具、设备、试剂	□旋具 □万用表 □电烙铁 □钳子 □吹风机 □卤钨灯 □氘灯 □变色硅胶 □乙醇 □脱脂棉 □其他＿＿＿＿		
维保人员签字		技术员签字	

2. 检查仪器环境

观察紫外-可见分光光度分析实验室环境，检查实验室环境是否符合仪器工作环境要求，若有不符合工作环境要求的内容，将其记录下来，汇总给技术员。

3. 检查仪器，排除故障

在老师的指导下，检查紫外-可见分光光度计是否存在故障。若仪器有故障，将其记录下来，小组根据仪器故障分析原因，采取解决措施排除故障。

4. 维护与保养仪器

清理仪器外壳和样品室。取出仪器底部的防尘滤网，用清水冲洗干净，晾干后使用。

5. 完成任务实施记录

记录紫外-可见分光光度计维护与保养任务实施过程，完成表1-10。

表1-10　紫外-可见分光光度计维护与保养任务实施记录

工作任务			
仪器型号		仪器编码	
仪器所属部门		仪器保管员	
维护与保养日期		维护与保养人员	
仪器存在的主要问题			
维护与保养项目	**仪器要求**		**维护与保养记录**
温度/湿度	15～35 ℃/45%～80%		
工作环境	实验室整洁、通风，无强磁场、静电及其他电磁干扰		

续表

维护与保养项目	仪器要求	维护与保养记录
干燥	仪器内变色硅胶保持干燥，颜色为蓝色	
样品室	样品室干净，没有积存的溶液或固体粉末	
光源灯	光源灯表面透明，灯光明亮，无闪烁现象	
调节透射比为 0 和 100%	能够正常并稳定调节透射比到 0 和 100%	
数字显示屏	数字显示正常，无跳动	
其他		

备注：已达标的维护与保养项目，记录标识为“√”。没有达标的维护与保养项目，记录标识为“×”。

6. 结束工作

按照企业“7S”（整理、整顿、清扫、清洁、素养、安全、节约）要求清理实验现场，保持仪器分析实验室安全、整洁。

四、任务测评

对维护与保养紫外-可见分光光度计任务进行评价，完成表 1-11。

表 1-11 维护与保养紫外-可见分光光度计任务评价

评价指标		评价要素	配分	得分
专业能力	实验室工作环境	正确判断温度、湿度等条件是否符合要求	5	
		指出实验室工作环境是否通风	5	
		指出实验室工作环境是否存在强磁场和电场的干扰	5	
		指出实验室工作环境是否整洁	5	
	仪器故障判断	能判断仪器能否正常使用	10	
		能分析仪器故障原因	10	
	仪器维护与保养措施	仪器维护与保养措施选择得当	10	
		仪器维护与保养操作规范，没有造成仪器二次损坏	10	
	仪器维护与保养效果	仪器干净，无污染物	4	
		仪器保持干燥，无受潮现象	4	
		仪器光源灯明亮，光源稳定	4	
		能稳定调节透射比为 0 和 100%	4	
		仪器数字显示稳定	4	

续表

评价指标	评价要素	配分	得分
通用能力和职业素养	不迟到，不早退，不旷课，不偷懒	4	
	主动与他人合作，通过有效沟通发现问题，积极思考并提出解决措施	4	
	实验中穿戴工作服、电绝缘鞋、安全帽等劳动防护用品，严格遵循电气安全操作规程	4	
	实验场所始终保持整洁，仪器设备摆放整齐有序，不乱扔、乱倒固体废弃物和液体废弃物	4	
	实验结束后关闭电源，罩好仪器防尘罩，正确填写仪器使用记录	4	
合计		100	

思考与练习

一、判断题

(　　) 1. 紫外-可见分光光度计应放在日光直射的位置，保持干燥。

(　　) 2. 使用乙醇擦洗紫外-可见分光光度计上的脏污。

(　　) 3. 久置不用的紫外-可见分光光度计，应定期通电驱潮。

(　　) 4. 每次使用后将干净的吸收池置于样品室中，以防丢失。

(　　) 5. 仪器使用完毕可在样品室内放置变色硅胶防潮，开机时取出。

二、选择题

1. 吸收池表面有液滴时，可能导致（　　）。

A. 无法关上样品室盖

B. 光源闪烁

C. 无法开机预热

D. 紫外-可见分光光度计无法调节透射比为 100%

2. 紫外-可见分光光度计光能量不够时，可采取（　　）的措施。

A. 降低灵敏度倍率挡位　　B. 更换光源灯

C. 更换吸收池　　D. 更换光电管

3. 紫外-可见分光光度计数字显示不稳定时，可采取（　　）的措施。

A. 延长预热时间至 30 min 左右　　B. 提高标准溶液的浓度

C. 打开后盖板，使用吹风机直接吹　　D. 反复联机自检

4. 更换紫外-可见分光光度计灯泡，正确的操作是（　　）。

A. 打开电源，卸去灯室上盖，更换灯泡

B. 用手牢牢拿着氘灯发光窗口，避免破损

C. 用乙醇轻轻擦净氘灯发光窗口的污物

D. 氘灯的紧固螺钉不要拧紧，避免受热膨胀

5. 防止紫外-可见分光光度计受潮，不可采取（　　）的措施。

A. 吹风机吹干　　B. 电烤箱烘干

C. 更换干燥剂　　D. 定期通电

1.5 紫外-可见分光光度计的应用
——尿素中铁含量的测定

学习目标

1. 能查阅与检测项目有关的国家标准，并从中获取信息。
2. 掌握显色条件的选择方法。
3. 掌握尿素中铁含量测定方法。
4. 掌握尿素中铁含量测定原始数据的处理方法。
5. 培养团队合作、沟通协调的能力，增强文化自信和爱国主义情怀。

思政小课堂-5

文化自信　科技支撑

中华文明源远流长、博大精深，是中华民族独特的精神标识，是当代中国文化的根基。文物，是历史的见证者，也是文化传承的载体。三星堆遗址是一处古蜀文化遗址，被誉为“长江文明之源”。专家对三星堆遗址样品使用^{14}C年代检测方法进行了分析，初步判定三星堆4号坑距今3 000~3 200年，属于商代晚期。

正是有了先进科学仪器设备对文物进行鉴定和分析，才能将这些承载着不同历史的艺术品立体地呈现在我们眼前，拓展了我们对中华文明的认知，激励着我们追寻中华文明起源，坚定文化自信！

思政目标：增强文化自信和爱国主义情怀。

思考：结合本专业，请说说你将如何传承中华文明？

一、任务引入

某化肥生产企业分析测试中心接到检测尿素中铁含量的通知，化学检验员将采用紫外-可见分光光度法，使用紫外-可见分光光度计，检测送检尿素中铁含量，用以判断企业生产的尿素中铁含量是否符合《尿素》（GB/T 2440—2017）中工业用尿素标准。

二、任务分析

1. 任务流程的确定

尿素中铁含量的测定任务流程如图 1-15 所示。

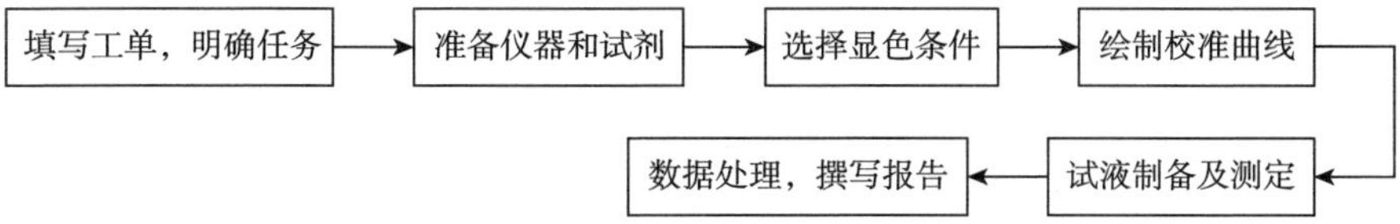

图 1-15　尿素中铁含量的测定任务流程

2. 任务实施的准备

（1）相关国家标准

1）《尿素的测定方法　第 4 部分：铁含量　邻菲啰啉分光光度法》（GB/T 2441.4—2010）。

2）《化学试剂　杂质测定用标准溶液的制备》《GB/T 602—2002》。

（2）相关文件

紫外-可见分光光度计使用说明书。

（3）仪器

1）紫外-可见分光光度计。

2）石英吸收池。

3）烧杯、容量瓶、吸量管等玻璃仪器。

4）分析天平。

（4）试剂

1）盐酸溶液：1+1。

2）氨水溶液：1+1。

3）乙酸-乙酸钠缓冲溶液：pH 值≈4.5。

4）抗坏血酸溶液：20 $g \cdot L^{-1}$（该溶液使用期限为 10 d）。

5）邻菲啰啉溶液：2 $g \cdot L^{-1}$。

6）铁标准储备溶液：0.100 $mg \cdot mL^{-1}$。

7）铁标准溶液：0.010 $mg \cdot mL^{-1}$。用铁标准储备溶液稀释 10 倍，只限当日使用。

3. 任务重点、难点的分析

任务重点：尿素中铁含量的测定步骤。

任务难点：尿素中铁含量测定规范操作。

三、相关知识

1. 标准溶液配制方法

利用紫外-可见分光光度法进行定量分析时，需要用标准物质制备成待测组分的系列标准溶液绘制校准曲线。这些标准溶液配制的准确与否，将直接影响测量结果的准确度。制备这类标准溶液的方法，可查阅《化学试剂　杂质测定用标准溶液的制备》（GB/T 602—2002）。

配制不同浓度溶液的方法及步骤如下：

（1）由固体试剂配制溶液

根据式（1-4）、式（1-5），可得式（1-6）。

$$c=\frac{n}{V} \tag{1-4}$$

$$n=\frac{m_{溶质}}{M} \tag{1-5}$$

$$m_{溶质}=cVM \tag{1-6}$$

式中　c——物质的量浓度，$mol \cdot L^{-1}$；

V——溶液体积，L；

M——固体试剂摩尔质量，$g \cdot mol^{-1}$；

$m_{溶质}$——固体试剂的质量，g。

计算出配制一定体积准确浓度溶液所需固体试剂的质量，在分析天平上准确称取固体试剂的质量，放在干净的小烧杯中，加适量纯水，搅拌，使固体全部溶解。将溶液转移到容量瓶（与所配溶液体积相应）中，用少量纯水洗涤烧杯 2~3 次，洗液并入容量瓶中，加纯水至刻度，盖上容量瓶瓶塞，将溶液摇匀即得所配溶液。将溶液移入试剂瓶中，贴上标签，备用。

（2）由液体试剂配制溶液

根据式（1-7），得出式（1-8）。

$$c_2V_2=c_1V_1 \tag{1-7}$$

$$V_1=\frac{c_2V_2}{c_1} \tag{1-8}$$

式中　c_2——稀释后溶液物质的量浓度，$mol \cdot L^{-1}$；

c_1——原溶液物质的量浓度，$mol \cdot L^{-1}$；

V_2——稀释后溶液的体积，L；

V_1——原溶液的体积，L。

当用较浓的准确浓度的溶液配制较稀的准确浓度的溶液时，应先计算出所需体积，然后用处理好的移液管吸取所需溶液，注入给定体积的洁净容量瓶中，再加纯水至刻度，摇匀后倒入试剂瓶中，贴上标签备用。

（3）溶液配制注意事项

1）标准溶液对纯水要求比较高，根据《化学试剂　杂质测定用标准溶液的制备》（GB/T 602—2002）的规定，配制用水在没有注明其他要求时，应符合国家标准规定的实验室用水中二级水的要求。

2）配制标准溶液所用试剂的纯度应在分析纯以上。

3）配制标准溶液所用试剂的质量浓度都比较低，常以 $\mu g \cdot mL^{-1}$ 或 $mg \cdot mL^{-1}$ 表示。稀溶液的保质期较短，如果所需标准溶液的质量浓度低于 0.1 $mg \cdot mL^{-1}$，应先配成比使用浓度高 1~3 个数量级的浓溶液作为储备溶液，临用前再进行稀释。为了保障一定的准确度，稀释倍数高时应采取逐级稀释的做法。

4）配好的储备溶液应置于聚四氟乙烯、聚乙烯或硬质玻璃容器中，防止存放过程中容器材料溶解而对标准溶液造成污染。有些金属离子标准溶液宜在塑料瓶中保存。

5）微量组分测定用标准溶液在常温下（15~25 ℃）保存期一般为 2 个月，当出现沉淀或颜色有变化时，应重新配制，切不可将就使用。

如果试液中的吸光组分是单组分，且遵守光吸收定律，这时只要测出被测吸光物质的最大吸收波长（λ_{max}），就可在此波长下，选用适当的参比溶液，测量试液的吸光度，然后再用校准曲线法或比较法求得分析结果。

2. 尿素中铁含量的测定原理

邻菲啰啉是测定铁的一种良好的显色剂，在 pH 值为 2.0~9.0 的溶液中，Fe^{2+} 与邻菲啰啉生成稳定的橙红色配合物，配合物的配位比为 3∶1。测定时，如果铝和磷酸盐含量高或酸度高，则反应进行缓慢；酸度太低，则 Fe^{2+} 离子易水解，影响显色。本实验采用乙酸-乙酸钠缓冲溶液（pH 值为 5.0~6.0）调整溶液的 pH 值，使溶液显色完全。

Fe^{3+} 与邻菲啰啉作用形成蓝色配合物，稳定性较差，因此在实际应用中常加入还原剂盐酸羟胺使 Fe^{3+} 还原为 Fe^{2+}。

Bi^{3+}、Cd^{2+}、Hg^{2+}、Zn^{2+} 及 Ag^{+} 等离子与邻菲啰啉作用生成沉淀，将干扰测定。CN^{-} 可与 Fe^{2+} 生成配合物，干扰也很严重。以上离子应事先设法除去。

该法测尿素中铁含量灵敏度高，选择性好，稳定性高。

3. 数据分析的相关参数

数据分析相关参数见表 1-12。

表 1-12　数据分析相关参数

名词	名词解释
仪器检出限	仪器检出限是指在规定的仪器条件下，当仪器处于稳定状态时，仪器本身存在的噪声引起的测量读数漂移和波动
方法检出限	方法检出限是指在特定条件下，给定的分析方法能以合理的置信水平检出被测物的最小浓度
精密度	精密度是指在规定的测试条件下，同一个均匀样品，经多次取样测定所得结果之间的接近程度
偏差	偏差又称为表观误差，是指个别测定值与测定的平均值之差，可以用来衡量测定结果的精密度
平均偏差 $\bar{d}$	平均偏差是指单项测定值与平均值的偏差（取绝对值）之和除以测定次数
标准偏差 D_S	描述各数据偏离平均数的距离（离均差）的平均数，它是离差平方和平均后的方根
准确度	准确度是指测得值与真值（正确的标准）之间的符合程度
相对平均偏差	相对平均偏差是指平均偏差占平均值的百分率
相对标准偏差 D_{RS}	相对标准偏差又称为标准偏差系数、变异系数、变动系数等，由标准偏差除以相应的平均值乘 100%所得

举例：

测定再生水中某组分的质量分数，得到如下数据：97.45%、97.20%、97.50%、97.30%、97.25%，计算所测结果的平均值、平均偏差、相对平均偏差、标准偏差。

平均值：$\bar{X}=\dfrac{97.45\%+97.20\%+97.50\%+97.30\%+97.25\%}{5}=97.34\%$

各次测量的偏差分别是 0.11%、-0.14%、0.16%、-0.04%、-0.09%。

$$平均偏差\ \bar{d}=\frac{|0.11\%|+|-0.14\%|+|0.16\%|+|-0.04\%|+|-0.09\%|}{5}$$

$$=0.108\%$$

相对平均偏差：$\dfrac{\bar{d}}{\bar{X}}=\dfrac{0.108\%}{97.34\%}=0.11\%$

标准偏差：$D_S=\sqrt{\dfrac{\sum_{i=1}^{5}(X_i-\bar{X})^2}{5-1}}=0.13\%$

相对标准偏差：$D_{RS}=\frac{D_S}{\overline{X}}\times100\%=\frac{0.13\%}{97.34\%}\times100\%=0.13\%$

四、任务实施

1. 填写工单，明确任务

领取任务工单，根据企业工作任务要求，开展小组讨论并填写任务工单（见表1-13）。

表 1-13　　尿素中铁含量的测定任务工单

工作任务						
工单编码			开单时间			
开单部门			开单人			
审核人		日期		批准人		日期	
仪器型号			仪器编码			
分析项目			最低检出限			
任务依据			分工合作计划			
完成工时			需领取的工具和设备			
任务要求			技术员			

2. 准备仪器和试剂

根据国家标准，小组合作，领取仪器和试剂，配制溶液，填写领料单（见表1-14）。

表 1-14　　尿素中铁含量的测定领料单

领料时间			领料地点		
序号	仪器名称		仪器数量	仪器状况	
序号	试剂名称	试剂规格	预配制浓度	用量（g 或者 mL）	计算方法
领料人		审核人		保管员	

3. 选择显色条件

以小组为单位，选择显色剂用量，确定最合适的显色条件。

准备 7 个 100 mL 的容量瓶，除第一个容量瓶外，其他容量瓶均加入 4 mL 的 0. 010 mg · mL^{-1} 铁标准溶液，加水至约 40 mL，用盐酸溶液调整溶液的 pH 值接近 2。

在 7 个 100 mL 容量瓶中分别加入 2. 5 mL 的抗坏血酸溶液、10 mL 乙酸-乙酸钠缓冲溶液，再分别加入 0 mL、2 mL、4 mL、5 mL、6 mL、8 mL、10 mL 邻菲啰啉溶液，用水稀释至刻度，摇匀。以铁含量为零的溶液作为参比溶液，在波长 510 nm 处，用 1 cm 吸收池使用紫外-可见分光光度计测定标准系列溶液的吸光度。

记录选择显色条件的原始数据，完成表 1-15。以加入的邻菲啰啉体积为横坐标，以相应的吸光度为纵坐标，绘制 *A*—*V* 曲线，以确定测定过程中应加入的显色剂最佳体积。

表 1-15　　尿素中铁含量的测定选择显色条件原始记录

记录编号							
仪器型号和名称				仪器编号			
实验项目				实验日期			
温度/℃				相对湿度/%			
显色溶液名称							
参比溶液名称				吸收池规格			
显色剂用量							
显色剂浓度/(mol · L^{-1})							
显色剂体积/mL							
吸光度 *A*							
绘制 *A*—*V* 曲线							
结论：							
检验人				复核人			

4. 绘制校准曲线

（1） 配制标准溶液

在 7 个 100 mL 的容量瓶中，分别准确移取 0 mL、1 mL、2 mL、4 mL、6 mL、8 mL、10 mL 的 0. 010 mg · mL^{-1} 铁标准溶液。加水至约 40 mL，用盐酸溶液调整溶液的 pH 值接近 2。加入 2. 5 mL 的抗坏血酸溶液、10 mL 的乙酸-乙酸钠缓冲溶液、5 mL 邻菲啰啉溶液，用水稀释至刻度，摇匀。

（2）吸光度测定

以铁含量为零的溶液作为参比溶液，在波长 510 nm 处，用 1 cm 吸收池，使用紫外-可见分光光度计测定标准系列溶液的吸光度。

（3）校准曲线的绘制

以 100 mL 标准系列溶液中铁的质量（μg）为横坐标，相应的吸光度为纵坐标画图或求线性回归方程。

5. 试液制备及测定

称取约 10 g 尿素样品（精确到 0. 01 g），置于 100 mL 烧杯中，加少量水使样品溶解。加入 10 mL 盐酸溶液，加热煮沸，并保持稳定 3 min。冷却后，将试液定量过滤于 100 mL 烧杯中，用少量水洗涤几次，使溶液体积约为 40 mL。

用氨水溶液调整溶液的 pH 值约为 2，将溶液定量转移到 100 mL 容量瓶中，加 2. 5 mL 抗坏血酸溶液、10 mL 乙酸-乙酸钠缓冲溶液、5 mL 邻菲啰啉溶液，用水稀至刻度，混匀。

按上述操作步骤进行空白试验，除不加样品外，操作步骤和应用的试剂与测定时相同。

与校准曲线绘制步骤相同，对试液和空白试验溶液进行吸光度的测定。

6. 数据处理，撰写报告

根据试液的吸光度，在校准曲线上找出相应的铁的质量，按式（1-9）计算铁含量 ω（质量分数）。

$$\omega=\frac{m_1-m_2}{m}\times100\% \qquad (1-9)$$

式中 m_1——试液中测得的铁的质量，g；

m_2——空白试验所测得的铁的质量，g；

m——样品的质量，g。

记录并处理尿素中铁含量测定的原始数据，计算结果保留到小数点后 5 位，取平行测定结果的算术平均值为测定结果，完成表 1-16 和表 1-17。

表 1-16　　尿素中铁含量测定的原始记录

委托单号		分析项目	
收样日期		分析日期	
方法依据		最低检出限	
纯水批号			

续表

标准溶液名称、编号、浓度及配制日期			
标准溶液有效期		质控样有效期	
仪器编号、型号及名称		吸量管容积和编号	
测定波长/nm		吸收池厚度/cm	
参比溶液		显色时间/min	
温度/℃		相对湿度/%	

配制标准色阶

仪器名称及型号		样品名称		样品编号	
铁标准溶液质量浓度/(μg·mL^{-1})					
显色剂名称与质量浓度/(g·L^{-1})		显色剂加入体积/mL			
还原剂名称与质量浓度/(g·L^{-1})		还原剂加入体积/mL			
缓冲溶液名称		缓冲溶液加入体积/mL			
工作波长/nm		参比溶液		吸收池材料和规格	

绘制校准曲线

编号	1	2	3	4	5	6	7
铁标准溶液加入体积/mL							
100 mL 标准系列溶液中铁的质量/μg							
吸光度 A							

尿素中铁含量的测定

编号	8	9	10
吸光度 A			
100 mL 试液中铁的质量/μg			
100 mL 试样中铁的质量平均值/μg			
相对平均偏差/%			

表 1-17 尿素中铁含量的测定结果报告

样品名称		样品性状	
平行测定次数			
尿素中铁质量分数 ω 计算公式			
尿素中铁质量分数 ω 平均值			
相对平均偏差/%			

五、任务测评

对尿素中铁含量的测定任务进行评价，见表1-18。

表 1-18　　尿素中铁含量的测定任务评价

评价指标		评价要素	配分	得分
专业能力	准备工作	实验台清洁，玻璃仪器和其他设备准备齐全	1	
		仪器自检及预热程序正确	1	
		正确选择玻璃量具	1	
	溶液配制	溶液与吸量管配对、润洗操作规范	1	
		吸取溶液操作规范，吸量管不触底、不吸空	1	
		容量瓶的试漏操作正确	1	
		容量瓶瓶口溶液的吹洗操作正确	1	
	仪器使用	吸收池的润洗正确	1	
		吸收池配套	1	
		吸收池持法正确	1	
		吸收池放入方向正确	1	
		吸收池溶液注入量合理	1	
		参比溶液的位置正确	1	
		吸收池暗箱盖操作方法正确	1	
		空白校正正确	2	
	显色条件选择	坐标参数选择得当	2	
		坐标分度选择得当	2	
		曲线平滑	2	
		显色条件结论正确	4	
	定量分析	正确稀释样品溶液	2	
		正确选择测量波长	2	
		标准系列溶液的测定顺序正确	2	
		正确标注校准曲线图注	1	
		正确标注校准曲线形成条件设置	2	
		正确标注校准曲线的线性回归方程	1	

续表

评价指标		评价要素	配分	得分
专业能力	数据记录	如实填写原始记录，字迹工整，记录无涂改	4	
	检测结果精密度判断	相对平均偏差≤2.0%，得 20 分	20	
		2.0%<相对平均偏差≤3.0%，得 15 分		
		3.0%<相对平均偏差≤4.0%，得 10 分		
		4.0%<相对平均偏差≤5.0%，得 5 分		
		相对平均偏差>5.0%，得 0 分		
	检测结果准确度判断	与准确浓度相对偏差≤2.0%，得 20 分	20	
		2.0%<与准确浓度相对偏差≤3.0%，得 15 分		
		3.0%<与准确浓度相对偏差≤4.0%，得 10 分		
		4.0%<与准确浓度相对偏差≤5.0%，得 5 分		
		与准确浓度相对偏差>5.0%，得 0 分		
通用能力和职业素养		不迟到，不早退，不旷课，不偷懒	4	
		主动与他人合作，通过有效沟通发现问题，积极思考并提出解决措施	4	
		实验中穿戴工作服、电绝缘鞋、安全帽等劳动防护用品，严格遵循电气安全操作规程	4	
		实验场所始终保持整洁，仪器设备摆放整齐有序，不乱扔、乱倒固体废弃物和液体废弃物	4	
		实验结束后关闭电源，罩好仪器防尘罩，正确填写仪器使用记录	4	
合计			100	

思考与练习

简答题

1. 尿素中铁含量测定为什么要控制 pH 值在 2.0~9.0？应如何控制？

2. 吸收池规格的选择对尿素中铁质量分数的测定有无影响？为什么？

2

原子吸收分光光度分析技术

原子吸收分光光度法（AAS）是通过测量蒸气中待测元素基态原子对特征波长光的吸收强度，测定化学元素含量的方法，又称为原子吸收光谱法。

原子吸收分光光度法是痕量元素分析方法之一，广泛应用于各个领域。原子吸收分光光度法的特点：灵敏度高，检出限低；准确度高；选择性好；操作简便，分析速度快；应用广泛。原子吸收分光光度法的不足之处：分析不同元素时必须使用不同的元素灯，因此多元素同时测定尚有困难；对于某些元素（如钍、铪、银、钽等）的灵敏度低，因此对于复杂样品，仍需要进行复杂的化学预处理，以避免严重干扰。

建议课时：16 课时。

2.1 认识原子吸收分光光度计

学习目标

1. 熟悉原子吸收光谱的基本概念。
2. 了解原子吸收分光光度分析环境要求。
3. 熟悉原子吸收分光光度计分析过程。
4. 了解原子吸收分光光度计各部件名称及功能。
5. 了解空气压缩机和乙炔气瓶安全使用规范。
6. 培养科学、安全意识，提高责任感和使命感。

思政小课堂-6

学习模范　牢记使命

2015 年以来，各行各业涌现出一大批爱岗敬业、锐意创新、勇于担当、无私奉献的先进模范人物，2020 年党中央、国务院授予 1 689 人全国劳动模范称号，这其中有 35 名检测行业的人员。日复一日的检测任务，让他们在平凡中担负使命，在平凡中成就不平凡。

党的二十大报告指出，深入实施人才强国战略。加快建设国家战略人才力量，努力培养造就更多大师、战略科学家、一流科技领军人才和创新团队、青年科技人才、卓越工程师、大国工匠、高技能人才。检测行业的人员是人才强国的组成部分，我们要学习模范，牢记使命，担负起检测的重任，对自己检验出的结果负责。

思政目标：提高学生责任感和使命感。

思考：你在校学习期间提高自身素质和能力的计划是什么？

一、任务分析

1. 任务流程的确定

认识原子吸收分光光度计任务流程如图 2-1 所示。

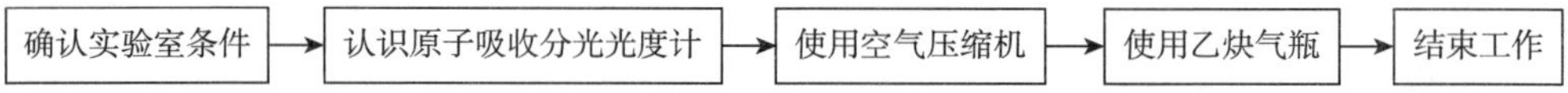

图 2-1　认识原子吸收分光光度计任务流程

2. 任务实施的准备

（1）相关国家标准

1）《火焰发射、原子吸收和原子荧光光谱分析法术语》（GB/T 4470—1998）。

2）《原子吸收分光光度计》（GB/T 21187—2007）。

（2）相关文件

对应品牌的原子吸收分光光度计使用说明书或者操作规程。

（3）仪器

1）原子吸收分光光度计。

2）空气压缩机。

3）乙炔气瓶。

3. 任务重点、难点的分析

任务重点：原子吸收分光光度计各部件名称及功能。

任务难点：原子吸收分光光度计分析过程。

二、相关知识

1. 原子吸收光谱的基本概念

（1）能级

能级是指具有特定内能的自由原子、离子或分子的恒定的量子状态。该能量常用电子伏特表示，但以千焦耳每摩尔表示为佳。

（2）电子跃迁

电子跃迁是指一个原子、离子或分子的一个电子从能级 E_1 到另一个能级 E_2 的过程。

电子跃迁可能伴有一个光子 $h\upsilon$（$h\upsilon = |E_2 - E_1|$）的发射或吸收，称为电磁跃迁。

（3）共振线

自由原子、离子或分子内能最低的能级状态称为基态。处于基态的原子称为基态原子。基态原子受到外界能量（如热能、光能等）激发时，其外层电子吸收一定能量可以跃迁到不同能态，称为激发态，因此原子可能有不同的激发态。

当原子从激发态跃迁至能量较低的激发态或基态时，能以辐射能形式释放出特征波长的谱线。反之，处于基态或能量较低的激发态的原子，受到光辐射时，仅吸收其特征波长的辐射而跃迁至较高能级。如图 2-2 所示，通过直接电磁跃迁回到基态的受激原子、离子或分子的能级称为共振能级。

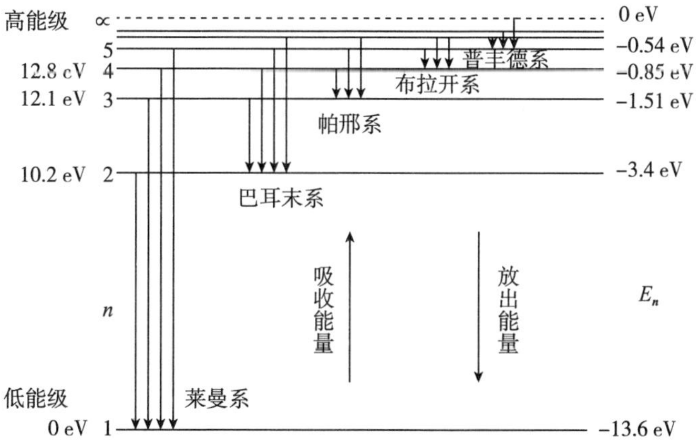

图 2-2　氢原子的能级

原子对辐射的吸收是有选择性的，只有光子能量等于原子两能级能量之差的辐射才会被吸收，即

$$\Delta E = E_2 - E_1 = h\upsilon = \frac{hc}{\lambda} \tag{2-1}$$

式中　h——普朗克常数；

c——光速；

ΔE——两能级间能量差。

对应于共振能级和基态间跃迁的谱线称为共振线。在能量最低的激发态（第一激发态）和基态间跃迁的谱线称为第一共振线（主共振线）。第一共振线的激发能最低，原子核外的电子最容易激发到这一能级，因此，第一共振线辐射最强，最易激发。从狭义上讲，共振线仅指第一共振线。当电子吸收一定能量从基态跃迁到第一激发态时所产生的吸收谱线，称为共振吸收线。当电子从第一激发态跃回基态时，则发射出同样频率的光辐射，其对应的谱线称为共振发射线。共振吸收线和共振发射线合称共振线。

（4）分析线

由于不同元素的原子结构不同，其共振线各有其特征。原子从基态到第一激发态的跃迁最容易发生，因此对大多数元素来说，共振线是元素的最灵敏线。原子吸收分光光度法就是利用处于基态的待测原子蒸气对从光源发射的共振发射线的吸收来进行分析的，因此元素的共振线又称为分析线。

2. 原子吸收分光光度分析实验室总体要求

（1）环境要求

用于安装仪器的实验室应具备良好的外部环境。实验室应设置在附近无强电磁场和强热辐射源的地方，不宜建在会产生剧烈振动的设备和车间附近，应避免日光直射及烟尘、污浊气流及水蒸气的影响。原子吸收分光光度分析实验室必须与化学处理室及发射光谱实验室分开，以防酸气侵蚀和强电磁场干扰。

实验室内部环境应保持清洁，温度、湿度适宜。室内空气相对湿度应在 10%~70%，南方潮湿地区建议安装除湿机。室内温度应控制在 10~30 ℃，最好安装空调。

（2）装备要求

实验台（最好是水泥台）应坚固稳定，台面平整。实验台上放置原子吸收分光光度计主机、石墨炉电源、计算机及打印机等。实验台四周与墙壁的距离应不小于 0.5 m，以便操作与维修。

实验室应安装排风设备，排风量应确保能把附在抽风口下的一张比抽风口稍大的报纸轻轻吸住。风量过大会影响火焰的稳定性，风量过小火焰亦不稳定，同时有害气体不能完全排出。抽风口位于仪器燃烧器的正上方，在仪器主机中心偏左位置。

（3）配电要求

实验室应配有交流 380 V 三相四线制动力电源，其进线最好为铜线，线径不低于 4 mm，并应配有可靠的接地线。如果电源进线没有接地线，建议由专业的电工采用就近埋设接地线的方法引入接地线。在使用过程中，原子吸收分光光度计主机的电源应与空气压缩机、石墨炉的电源分相使用，以避免互相干扰。

（4）水源要求

当配有石墨炉系统时，应备有冷却水，冷却水流量应大于 $2.0\ L \cdot min^{-1}$。可以配一台冷却水循环装置，以节约用水。水源最好不要设置在原子吸收分光光度计主机房间内。

3. 原子吸收分光光度计分析过程

原子吸收分光光度分析用的仪器称为原子吸收分光光度计。原子吸收分光光度计主要由光源、原子化系统、单色器（也称分光系统）、检测系统等组成，如图 2-3 所示。

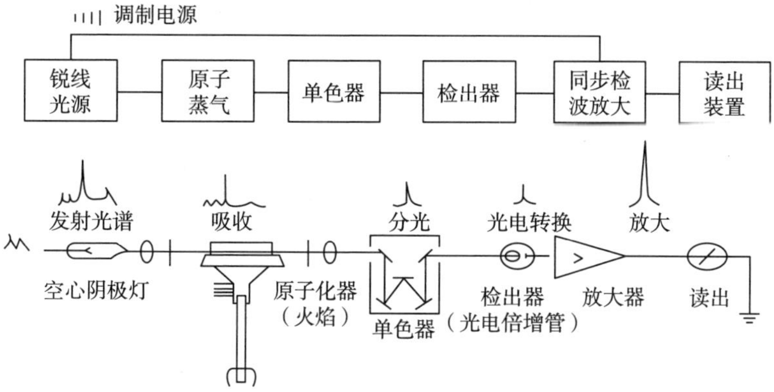

图 2-3　原子吸收分光光度计基本结构

原子吸收分光光度分析过程如图 2-4 所示。试样溶液喷射成细雾与燃气、助燃气混合后进入燃烧的火焰中，被测元素在火焰中转化为原子蒸气。气态的基态原子吸收从光源发射出的与被测元素吸收波长相同的特征谱线，使该谱线的强度减弱，再经单色器分光后，由检测器接收。产生的电信号，经放大器放大，由显示系统显示吸光度或光谱图。

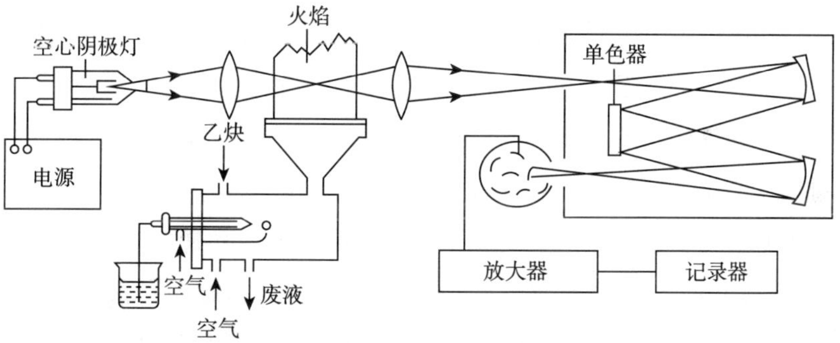

图 2-4　原子吸收分光光度分析过程

原子吸收分光光度法与紫外-可见分光光度法都是基于物质对紫外光和可见光的吸收而建立起来的分析方法，都属于吸收光谱分析，但两者吸光物质的状态不同。在原子吸收分光光度分析中，吸光物质是基态原子蒸气；在紫外-可见分光光度分析中，吸光物质是溶液中的分子或离子。原子吸收光谱是线状光谱，而紫外-可见光吸收光谱是带状光谱，这是两种方法的主要区别。正是由于这种差别，它们所用的仪器及分析方法有许多不同之处。

4. 原子吸收分光光度计基本结构

（1）光源

光源的作用是发射待测元素的特征光谱，供测量用。为了保证峰值吸收的测量，光源必须能发射出比吸收线宽度更窄，并且强度大而稳定、背景低、噪声小、使用寿命长的锐线光谱。空心阴极灯、无极放电灯、蒸气放电灯和激光光源灯都能满足上述要求，其中应用最广泛的是空心阴极灯和无极放电灯。

1）空心阴极灯。空心阴极灯又称元素灯，它由一个在钨棒上镶钛丝或钽片的阳极和由发射所需特征谱线的金属或合金制成的空心筒状阴极组成，如图 2-5 所示。

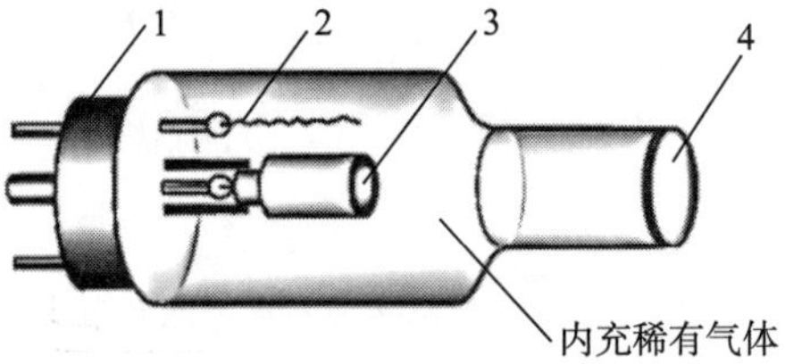

图 2-5　空心阴极灯结构

1—灯座　2—阳极　3—空心阴极（内壁为待测金属）　4—石英窗

阳极和阴极封闭在带有光学视窗的硬质玻璃管内。管内充有几百帕低压稀有气体（氖或氩）。当在两电极施加 300~500 V 电压时，空心阴极灯开始辉光放电。电子从空心阴极射向阳极，并与周围稀有气体碰撞使之电离。所产生的稀有气体和阳离子获得足够能量，在电场作用下撞击阴极内壁，使阴极表面上的自由原子溅射出来。溅射出来的金属原子再与电子、正离子、气体原子碰撞而被激发，当激发态原子返回基态时，辐射出特征频率的锐线光谱。

空心阴极灯发光强度与工作电流有关，增大电流可以增加发光强度，但工作电流过大会使辐射的谱线变宽，灯内自吸收增加，从而使锐线光强度下降，背景增大。此外，增大电流还会加快灯内稀有气体的消耗，缩短灯的寿命。若工作电流过小，会使发光强度减弱，导致稳定性、信噪比下降。在实际工作中，应选择合适的工作电流。

2）无极放电灯。无极放电灯又称微波激发无极放电灯，它是在石英管内放入少量金属或易蒸发的金属卤化物，抽真空后充入几百帕压力的氩气，再密封。将无极放电灯置于微波电场中，微波将灯内气体原子激发，被激发的气体原子又使解离的金属或金属卤化物激发，从而发射出待测金属元素的特征谱线。

（2）原子化系统

将试样中待测元素变成气态基态原子的过程称为试样的原子化。完成试样原子化所用的设备称为原子化器或原子化系统。

试样中被测元素原子化的方法主要有火焰原子化法和非火焰原子化法两种。

1）火焰原子化法。火焰原子化法利用火焰热能将试样转化为气态原子。火焰原子化包括两个步骤：首先将试样溶液变成细小雾滴（雾化阶段），然后使雾滴接受火焰供给的能量形成基态原子（原子化阶段）。火焰原子化法操作简便，重现性好，有效光程大，对大多数元素有较高灵敏度，因此应用广泛。但火焰原子化法原子化效率低，灵敏度不够高，而且一般不能直接分析固体样品。

①火焰原子化器。火焰原子化器由雾化器、预混合室和燃烧器等组成。

雾化器的作用是将试样溶液雾化成微小的雾滴。雾化器应喷雾稳定，雾滴细微均匀，雾化效率高。常用的原子化器为气动型雾化器。雾化器结构如图 2-6 所示。当具有一定压力的压缩空气作为助燃气高速通过毛细管外壁与喷嘴口构成的环形间隙时，毛细管出口尖端处即形成负压区，试样溶液沿毛细管吸入并被快速通入的助燃气分散成小雾滴。喷出的雾滴撞击在距毛细管喷口前端几毫米处的撞击球上，进一步分散成更细小的细雾。气动型雾化器的雾化效率一般为 10%～30%。影响雾化效率的因素有助燃气的流速、溶液的黏度、表面张力以及毛细管与喷嘴口之间的相对位置。近年来采用的超声雾化器，其雾化效率可达 75%，雾滴的粒度更加均匀。

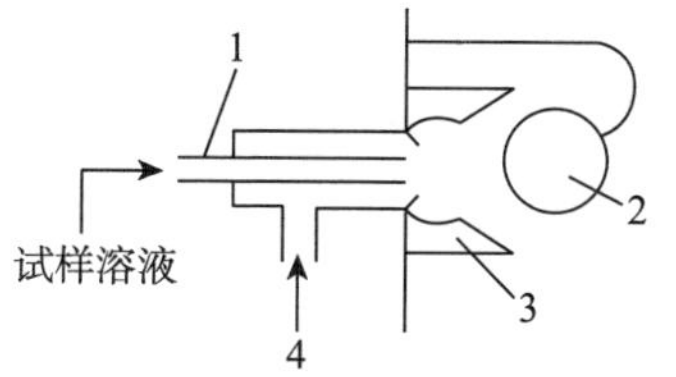

图 2-6　雾化器结构

1—毛细管　2—撞击球　3—节流管　4—助燃气

预混合室的作用是进一步细化雾滴，并使雾滴与燃气均匀混合后进入火焰。预混合室结构如图 2-7 所示。部分未细化的雾滴在预混合室凝结下来成为残液。残液由预混合室排液口排出，以减少前试样被测组分对后试样被测组分的影响。为了避免回火爆炸的危险，预混合室的残液排出管必须采用导管弯曲或将导管插入水中等水封方式。

燃烧器的作用是使燃气在助燃气的作用下形成火焰，使进入火焰的试样微粒原子化。燃烧器应能使火焰燃烧稳定，原子化程度高，并能耐高温、耐腐蚀。预混合型原子化器通常采用不锈钢制成长缝型燃烧器，如图 2-8 所示。对于空气-乙炔等燃烧速度低、温度较高的火焰，使用缝长为 100～120 mm、缝宽为 0.5～0.7 mm 的燃烧器；对于一氧化二氮-乙炔等具有强还原性的火焰，一般用缝长为 50 mm、缝宽为 0.5 mm 的

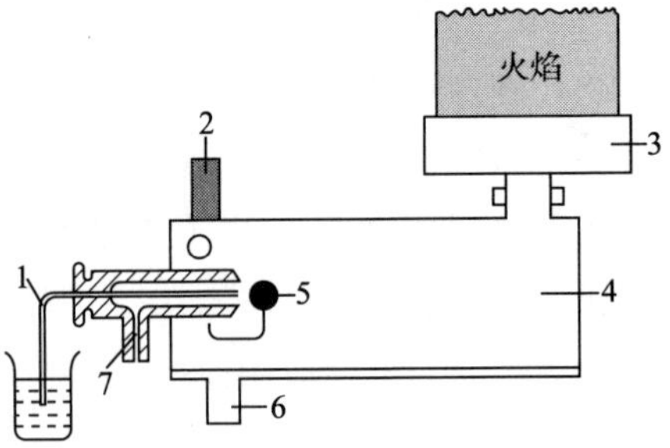

图 2-7　预混合室结构

1—毛细管　2—燃气入口　3—燃烧器　4—预混合室　5—撞击球　6—排液口　7—助燃气入口

燃烧器。此外，还有多缝燃烧器，可增加火焰宽度。

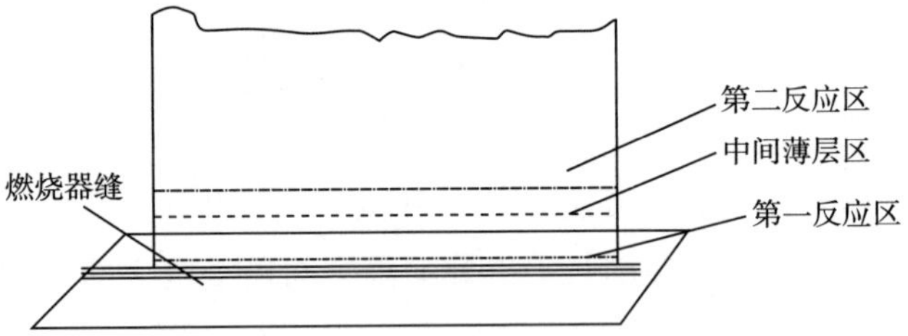

图 2-8　长缝型燃烧器

火焰原子化器主要采用化学火焰，常用的火焰有 4 种：空气-煤气（或丙烷）火焰、空气-乙炔火焰、一氧化二氮-乙炔火焰、空气-氢火焰。常见的火焰组成及其性质见表 2-1。

表 2-1　常见的火焰组成及其性质

燃气	助燃气	燃烧速度/（cm·s^{-1}）	温度/℃	特点
乙炔	空气	158~266	2 100~2 500	温度较高，最常用（稳定、噪声小、重现性好，可测定 30 多种元素）
乙炔	氧气	1 100~2 480	3 050~3 160	高温火焰，可用作其他火焰的补充，用于其他更难原子化的元素
乙炔	一氧化二氮	160~285	2 600~2 900	高温火焰，具有强还原性（可使难分解的氧化物原子化）
氢气	空气	300~400	2 000~2 318	较低温氧化性火焰，适用于共振线位于短波区的元素（砷、硒、锡、锌）
氢气	氧气	900~1 400	2 550~2 993	高燃烧速度，高温，但不易控制

续表

燃气	助燃气	燃烧速度/(cm·s^{-1})	温度/ ℃	特点
氢气	一氧化二氮	<390	<2 880	高温，适用于难分解氧化物的原子化
丙烷	空气	<82	<2 198	低温，适用于易解离的元素，如碱金属和碱土金属

由火焰的种类得知，火焰原子化法常用的燃气、助燃气主要是乙炔、空气、一氧化二氮、氢气、煤气等。

②火焰原子化过程。将试样溶液引入火焰使其原子化是一个复杂的过程，包括雾滴脱溶剂、蒸发、解离等阶段。火焰原子化过程如图 2-9 所示。

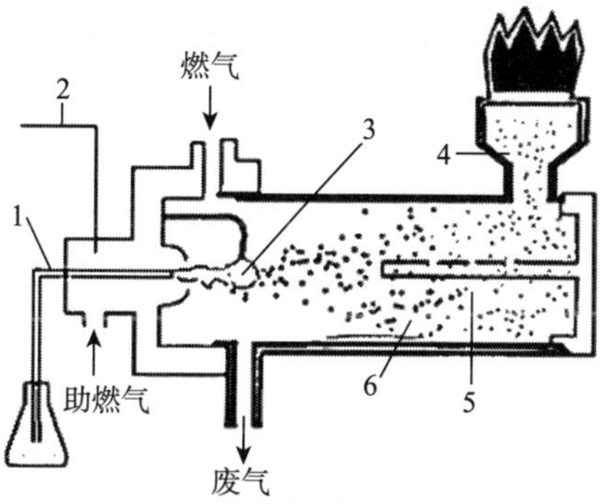

图 2-9　火焰原子化过程

1—进样毛细管　2—喷雾器　3—撞击球　4—燃烧器　5—扰流器　6—雾化室

在实际工作中，应当选择合适的火焰类型，恰当调节燃气与助燃气比，尽可能不使基态原子被激发、电离或生成化合物。

2）非火焰原子化法。非火焰原子化法利用电加热或化学还原等方式使试样转化为气态原子。电加热原子化器的种类有多种，如管式石墨炉原子化器、石墨杯原子化器、钽舟原子化器、碳棒原子化器、镍杯原子化器、高频感应炉、等离子喷焰等。

①管式石墨炉原子化器。常用的电加热原子化器是管式石墨炉原子化器。管式石墨炉原子化器的优点：原子化效率远比火焰原子化法效率高，其绝对检出限可达 $1\times10^{-14}\sim1\times10^{-12}$ g，因此绝对灵敏度也高；无论是固体还是液体均可直接进样，而且样品用量少，适用于难熔元素的测定。缺点：试样组成不均匀时对测定结果影响较大，测定精密度较低；共存化合物的干扰比火焰原子化法大，背景干扰比较严重，一般需要校正背景。

管式石墨炉原子化器如图 2-10 所示。它利用低压（10~25 V）、大电流（400~600 A）来加热石墨管，可升温至 3 000 ℃，使管中少量液体或固体试样蒸发和原子化。石墨炉要不断通入稀有气体，以保护原子化的基态原子不再被氧化，并用以清洗和保护石墨管。为使石墨管在每次分析之后能迅速降到室温，应从冷却水入口通入 20 ℃的水以冷却管式石墨炉原子化器。

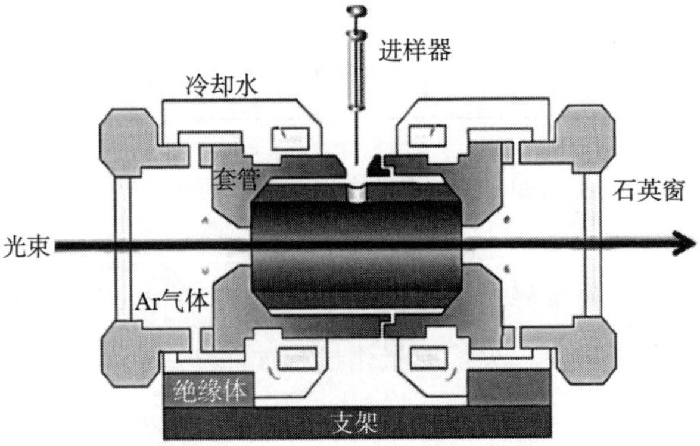

图 2-10 管式石墨炉原子化器

②管式石墨炉原子化过程。管式石墨炉原子化器采用直接进样和程序升温方式对试样进行原子化，石墨炉的升温程序由微机处理控制，进样后原子化过程按程序自动进行。其原子化过程包括干燥、灰化、原子化、净化 4 个阶段。

干燥阶段——干燥的目的主要是除去试样中的水分等溶剂，以免在试样灰化和原子化过程引起飞溅。干燥温度一般高于溶剂的沸点，干燥时间取决于试样体积，一般每微升溶液干燥时间约为 1.5 s。

灰化阶段——灰化的目的是尽可能除掉试样中挥发的基体和有机物或其他干扰元素。灰化温度及时间取决于试样的基体及被测元素的性质，最高灰化温度应以待测元素不挥发损失为限。一般灰化温度为 100~1 800 ℃，灰化时间为 0.5 s~5 min。

原子化阶段——原子化的目的是使待测元素的化合物汽化，然后解离为基态原子。原子化温度随待测元素而异，原子化时间为 3~10 s。适宜的原子化温度应通过试验确定。

净化阶段——当一个试样测定结束后，应用比原子化阶段稍高的温度加热除去石墨管中的残留物质，消除记忆效应，以便下一个试样的测定。

（3）单色器

单色器由入射狭缝、出射狭缝和色散元件（棱镜或光栅）组成，如图 2-11 所示。

单色器的作用是将待测元素的吸收线与邻近谱线分开。由锐线光源发出的共振线，谱线比较简单，对单色器的色散率和分辨率要求不高。在进行原子吸收测定时，单色器既要将谱线分开，又要有一定的出射光强度。所以，当光源强度一定时，选择具有适当色散率的光栅与狭缝宽度配合，可构成适于测定的光谱通带。光谱通带是指单色器出射光谱所包含的波长范围，它等于出射狭缝宽度（mm）与光栅线色散率倒数

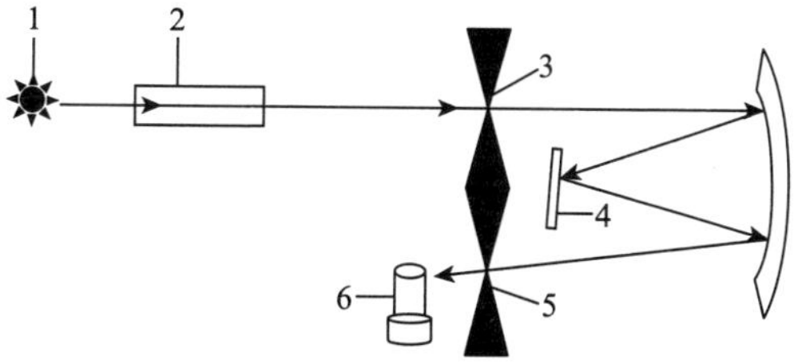

图 2-11 单色器

1—光源 2—原子化器 3—入射狭缝 4—光栅 5—出射狭缝 6—光电倍增管

（$nm \cdot mm^{-1}$，又称倒线色散率）的乘积。

在实际工作中，通常根据谱线结构和待测共振线邻近是否有干扰来决定狭缝宽度。不同类型仪器单色器的倒线色散率不同，所以常用单色器通带表示缝宽。

（4）检测系统

检测系统由光电元件、放大器和显示装置等组成。

1）光电元件。光电元件一般采用光电倍增管，其作用是将经过原子蒸气吸收和单色器分光后的微弱信号转换为电信号，其原理如图 2-12 所示。原子吸收分光光度计的工作波长通常为 190~800 nm。近年来，日盲型光电倍增管的应用逐渐增多，其光谱响应范围为 160~320 nm。日盲型光电倍增管对大于 320 nm 的光无反应，用于测定吸收波长小于 300 nm 的元素时，可以减少干扰和噪声。

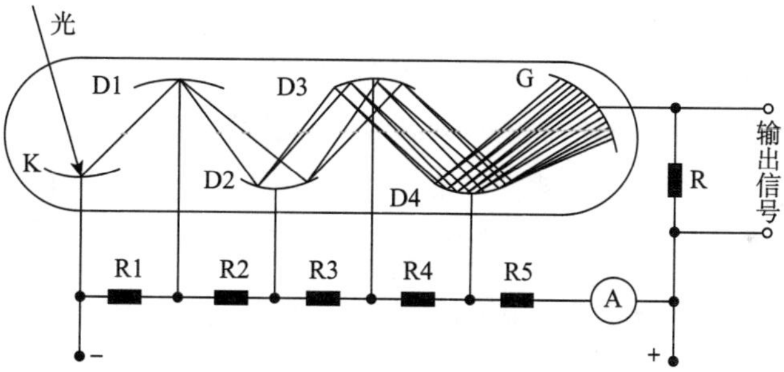

图 2-12 光电倍增管原理

K—阴极 D1~D4—倍增极 A—电流计 R1~R5—电阻 G—阳极

使用光电倍增管时，必须注意不要用太强的光照射，并尽可能不使用太高的增益（光电倍增管放大倍数的对数），以保障光电倍增管良好的工作特性，否则会引起光电倍增管“疲劳”乃至失效。“疲劳”是指光电倍增管刚开始工作时灵敏度下降，过一段时间后趋于稳定，但长时间使用后灵敏度又下降的光电转换不成线性的现象。

2）放大器。放大器的作用是将光电倍增管输出的电信号放大后送入显示器。目前广泛采用的是交流选频放大器和相敏放大器。

3）显示装置。放大器放大后的信号经对数转换器转换成吸光度信号，再采用数字显示器显示读数。

5. 原子吸收分光光度计的类型

原子吸收分光光度计按光束形式可分为单光束和双光束两类，按波道数目又有单道、双道和多道之分。

（1）单道单光束型原子吸收分光光度计

单道是指仪器只有一个光源、一个单色器、一个显示系统，每次只能测定一种元素。单光束是指从光源中发出的光仅以单一光束的形式通过原子化器、单色器和检测系统。单道单光束型原子吸收分光光度计光学系统如图 2-13 所示。

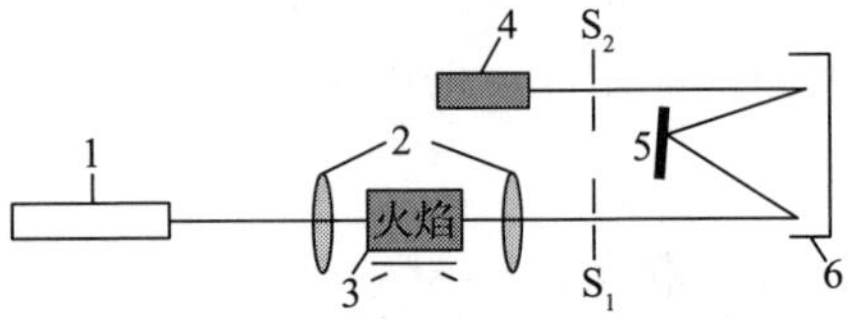

图 2-13　单道单光束型原子吸收分光光度计光学系统

1—空心阴极灯　2—透镜　3—燃烧器　4—检测器　5—平面光栅　6—准直镜和成像物镜

S_1—入射狭缝　S_2—出射狭缝

（2）单道双光束型原子吸收分光光度计

双光束是指从光源发出的光被切光器分成两束强度相等的光：一束为样品光束，通过原子化器被基态原子部分吸收；另一束作为参比光束，不通过原子化器，其光强度不减弱。两束光被原子化器后面的反射镜反射后，交替地进入同一单色器和检测器。检测器将接收到的脉冲信号进行光电转换，由放大器放大，最后由显示装置显示。单道双光束型原子吸收分光光度计光学系统如图 2-14 所示。

两束光来源于同一个光源，光源的漂移通过参比光束的作用而得到补偿，所以能获得稳定的输出信号。不过由于参比光束不通过火焰，火焰扰动和背景吸收影响无法消除。

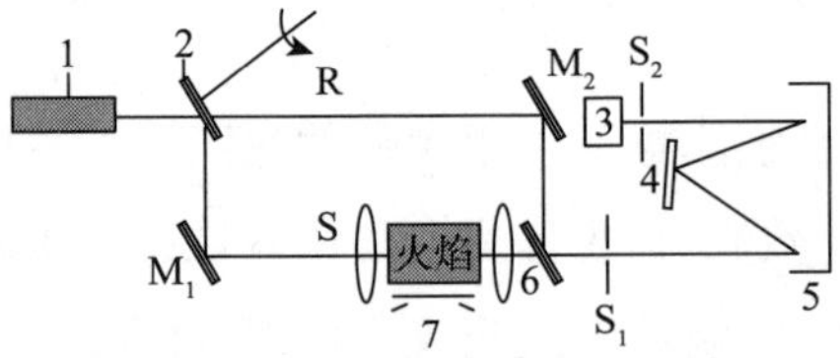

图 2-14　单道双光束型原子吸收分光光度计光学系统

1—空心阴极灯　2—旋转式切光器　3—光电倍增管　4—平面光栅　5—准直镜和成像物镜

6—半透半反射镜　M_1、M_2—反射镜　7—燃烧器　S_1—入射狭缝　S_2—出射狭缝　R—参比光束　S—样品光束

（3）双道双光束型原子吸收分光光度计

双道双光束型原子吸收分光光度计有两个不同的光源和两套独立的单色器及显示装置，但每一个光源发出的光都分为两个光束，一束为样品光束（通过原子化器），另一束为参比光束（不通过原子化器）。双道双光束型原子吸收分光光度计光学系统如图 2-15 所示。

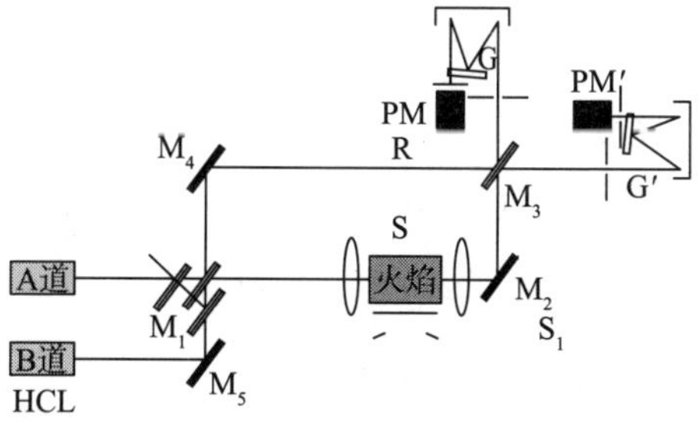

图 2-15 双道双光束型原子吸收分光光度计光学系统

HCL—空心阴极灯 R—参比光束 S—样品光束 PM、PM′—光电倍增管 G、G′—光栅

M_2、M_4、M_5—平面反射镜 M_1、M_3—半透半反射镜

这类仪器可以同时测定两种元素，能消除光源强度波动的影响及原子化系统的干扰，准确度高，稳定性好，但仪器结构复杂。

三、任务实施

1. 确认实验室条件

进入原子吸收分光光度分析实验室，检查实验室各项条件是否符合要求，填写原子吸收分光光度分析实验室条件确认单，见表 2-2。

表 2-2 原子吸收分光光度分析实验室条件确认单

项目	具体内容		
外部环境要求	强电磁场和强热辐射源 有□ 无□	附近有无产生剧烈振动的设备和车间 有□ 无□	日光直射 有□ 无□
	相对湿度和温度 可控□ 不可控□	烟尘、污浊气流及水蒸气 有□ 无□	酸性气体 有□ 无□
装备条件	实验台坚固稳定 是□ 否□	排风设备 有□ 无□	
配电要求	交流 380 V 三相四线制动力电源 有□ 无□		

续表

项目	具体内容	
水源要求	冷却水 有□　无□	冷却循环水装置 有□　无□
结论		

2. 认识原子吸收分光光度计

观察原子吸收分光光度计，写出各部件名称及功能，完成表 2-3。

表 2-3　　原子吸收分光光度计部件名称及功能

组成部分名称	部件名称	功能
光源		
原子化系统		
单色器		
检测系统		

3. 使用空气压缩机

仔细阅读空气压缩机的使用说明书。接通空气压缩机电源后，点动空气压缩机启动按钮；做完实验后应停机卸压，再切断电源。周围环境中不应存在易燃、易爆、有毒和有腐蚀性的气体。

4. 使用乙炔气瓶

1）使用前，要把气瓶牢牢固定，以免气瓶晃动或翻倒。

2）应缓慢打开气阀，切不可过急或强行用力拧开。

3）将乙炔气瓶的总气阀打开，稍等一会（视乙炔管路长短而定），然后关闭总气阀，观察乙炔气瓶压力表的指针，30 min 内压力表的压降不得超过 0. 1 MPa。如果不符合要求，应用棉签蘸肥皂水涂抹气路各连接处进行气密性检查。遇有漏气现象，应立即更换元件，检测完毕后将肥皂水擦拭干净。

4）如果发现乙炔气瓶有发热现象，说明乙炔已发生分解，应立即关闭气阀，并用水冷却瓶体，同时最好将气瓶移至远离人群的安全处妥善处理。

5）使用后，一定要保留 0. 2~0. 3 MPa（减压阀表压）的残留压力，不可将气瓶内的气体全部用完。

5. 结束工作

任务完毕，填写仪器使用记录表，清理实验台，整理实验室卫生。

四、任务测评

对认识原子吸收分光光度计任务进行评价，完成表 2-4。

表 2-4　　　　认识原子吸收分光光度计任务评价

评价指标		评价要素	配分	得分
专业能力	确认实验室条件	正确检查实验室条件是否符合要求	10	
	认识原子吸收分光光度计	正确说出实验室现有仪器的类型	5	
		正确说出仪器的组成部分	5	
		正确写出仪器的部件名称	10	
		正确写出仪器各部件功能	10	
	使用空气压缩机	按照正确的开、停机顺序，安全使用空气压缩机	10	
	使用乙炔气瓶	正确打开气阀，规范使用乙炔气瓶	10	
		根据减压阀表压判断气瓶内乙炔使用情况	10	
		规范检查气瓶各连接部位漏气情况	10	
通用能力和职业素养		不迟到，不早退，不旷课，不偷懒	2	
		主动与他人合作，主动参与讨论	3	
		能查阅资料进行自主学习	3	
		按时、按质完成实验任务	3	
		实验中穿戴工作服、电绝缘鞋、安全帽等劳动防护用品，严格遵循电气安全操作规程	3	
		实验场所始终保持整洁，仪器设备摆放有序，不乱扔、乱倒固体废弃物	3	
		实验结束后关闭电源，罩好仪器防尘罩，正确填写仪器使用记录	3	
合计			100	

思考与练习

一、判断题

(　　) 1. 原子吸收分光光度法与紫外-可见分光光度法都是利用物质对辐射的吸收来进行分析的，因此，两者的吸收机理完全相同。

(　　) 2. 原子吸收分光光度计中，单色器安装在原子化系统之前。

(　　) 3. 原子吸收分光光度计中光源可产生 180~375 nm 的连续光谱。

(　　) 4. 原子化器的作用是将试样中的待测元素转化为基态原子蒸气。

二、选择题

1. 原子吸收分光光度分析的定量依据是（　　）。

A. 普朗克定律　B. 玻尔兹曼定律　C. 多普勒变宽　D. 朗伯-比尔定律

2. 原子吸收分光光度分析属于（　　）。

A. 原子发射光谱　B. 原子吸收光谱　C. 分子吸收光谱　D. 分子发射光谱

3. 原子吸收分光光度计应用最广泛的光源是（　　）。

A. 钨灯和氘灯　B. 无极放电灯和钨灯

C. 空心阴极灯和钨灯　D. 空心阴极灯和无极放电灯

4. 原子吸收分光光度计主要由（　　）组成。

A. 光源、原子化器、单色器、检测系统

B. 光源、吸收池、单色器、检测系统

C. 光源、原子化器、显示器、检测系统

D. 光源、吸收池、单色器、显示系统

5. 严禁将乙炔气瓶内气体用尽，必须留有（　　）MPa 的剩余压力。

A. 20~30　B. 2~3　C. 0. 2~0. 3　D. 0. 1~0. 2

2.2　使用原子吸收分光光度计

学习目标

1. 了解检测项目所需溶液配制方法。
2. 理解空心阴极灯、水封及气路的检查方法。
3. 掌握原子吸收分光光度计使用方法。
4. 掌握参数设置方法。
5. 提升安全环保、科学严谨的职业素养。

思政小课堂－7

科学毛估　严谨求证

卢嘉锡（1915 年 10 月 26 日—2001 年 6 月 4 日），中国物理化学家、教育家、社会活动家和科技组织领导者。

卢嘉锡的科学成就与他非凡的“毛估”思维密不可分。卢嘉锡领悟到，科学上的“毛估”需要有非凡的想象力，而这种想象力只能产生于那些拥有扎实基础理论知识和丰富科研实践经验、训练有素而善于把握事物本质和内在规律的头脑。但他同时提醒大家，运用“毛估”需要有一个科学的前提，即全面把握事物的本质，否则，未得其中“三昧”，那“毛估”就可能变成“瞎估”。

“三昧”借指事物的要领、真谛。无论哪种科学方法，如果只会从形式上运用它，充其量不过是一名熟练的工匠；只有那些善于从本质上把握它的人，才会成为大师。

思政目标：培养学生科学严谨的职业素养。

思考：请你说说科学上的“毛估”关键是什么。

一、任务分析

1. 任务流程的确定

使用原子吸收分光光度计任务流程如图 2-16 所示。

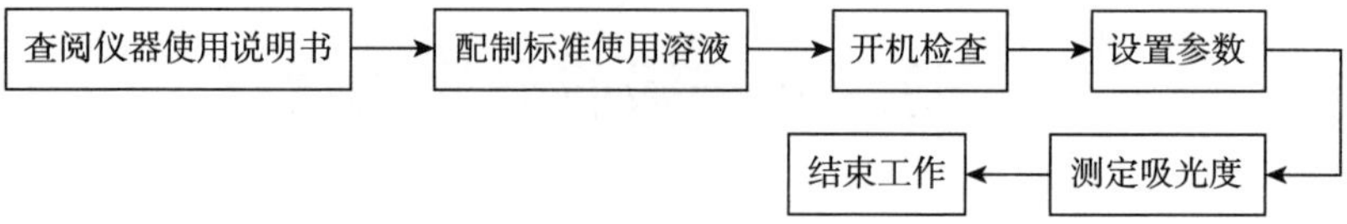

图 2-16　使用原子吸收分光光度计任务流程

2. 任务实施的准备

（1）相关国家标准

《原子吸收光谱分析法通则》（GB/T 15337—2008）。

（2）相关文件

对应品牌的原子吸收分光光度计使用说明书或者操作规程。

（3）仪器

1）原子吸收分光光度计、空心阴极灯、空气压缩机、乙炔气瓶。

2）烧杯、容量瓶、吸量管等玻璃仪器。

（4）试剂

1）硝酸溶液：1+1。

2）硝酸溶液：1+99。

3）硝酸溶液：1+499。

4）锌标准储备溶液（$\rho_{Zn}=1\ 000\ mg\cdot L^{-1}$）。称取高纯金属锌粒 1.000 g（精确至 0.2 mg），置于 200 mL 烧杯中，加入 50 mL 硝酸溶液（1+1），加热至全部溶解，冷却后转移至 1 000 mL 容量瓶中，并用硝酸溶液（1+499）稀释至刻度，摇匀。

3. 任务重点、难点的分析

任务重点：正确使用原子吸收分光光度计。

任务难点：正确设置测量参数、样品参数。

二、相关知识

1. 标准溶液的配制

标准样品的组成要尽可能接近未知试样的组成。通常使用各元素合适的盐类来配制标准溶液，当没有合适的盐类时，也可直接溶解相应的高纯（99.99%）金属丝、棒、片于合适的溶剂中，然后稀释成所需浓度范围的标准溶液，但不能使用海绵状金属或金属粉末来配制。在溶解金属之前，要磨光金属表面或利用稀酸清洗，以除去表面氧化层。

对于非水标准溶液，可将金属有机物溶于适宜的有机溶剂中配制（或将金属离子转变成可萃取化合物），用合适的溶剂萃取，通过测定水相中的金属离子含量间接加以标定。

标准溶液的浓度下限取决于检出限，从测定精度的观点出发，合适的浓度范围应能产生 0.2~0.8 单位吸光度或 15%~65%透射比。

2. 火焰原子吸收分光光度计的使用方法（以 TAS-990 型火焰原子吸收分光光度计为例）

（1）开机及初始化

1）按使用说明书检查仪器各部件是否完好，电源开关是否处于关闭状态，各气路接口是否安装正确，气密性是否良好。

2）将锌空心阴极灯小心地从盒中取出，禁止接触空心阴极灯石英窗。将空心阴极灯引脚对准灯电源插座适配插入，并记下灯电源插座的编号。打开仪器左侧边的转盘，将标有编号 1~8 的灯电源插座依次固定到灯架相同编号的安装孔内，然后旋紧固定螺钉。

3）打开主机电源开关和电脑，打开工作软件，启动运行。

4）选择联机模式，系统将自动对氘灯、空心阴极灯、原子化器、燃烧器、光谱通带以及波长进行初始化。

（2）设置参数

1）选择合适的工作灯及预热灯，设置空心阴极灯测量条件（一般为系统自带，无须更改），系统将自动进行元素参数的调整。

在保证放电稳定和有适当光强输出的情况下，应尽量选用小的工作电流。空心阴极灯上标有最大工作电流，对大多数元素，日常分析的工作电流建议采用额定电流的 40%~60%。

2）对空心阴极灯进行特征波长的寻峰操作，寻峰结束后，系统会对能量最大点的峰值进行标记，该波长将作为实验的工作波长。完成寻峰后点击“关闭”，进入测量界面，开始样品吸光度测量。

3）设置测量参数，包括常规参数设置、显示设置、信号处理设置和质量控制设置 4 部分，分别对标准样品和未知样品的测量重复次数、测量谱图中吸光度轴（纵轴）的范围和刷新时间、计算方式、积分时间和滤波系数等内容进行设置。

4）设置样品参数，包括标准样品参数、标准样品浓度、自动功能和未知样品 4 项设置，分别对校正方法、曲线方程、计算方法、标准样品的浓度及单位、空白及灵敏度、未知样品的数量及编号等内容进行设置。

（3）样品测定

1）开启排风装置电源开关，打开空气压缩机，打开乙炔气瓶，检查水封。

2）选择主菜单中的“点火”按钮，点燃火焰。

3）吸喷纯水（或空白液），点击“校零”，使仪器显示吸光度为零。

4）将进样管插入标准溶液中，待吸光度稳定后，点击主菜单的“测量”按钮，读取并记录吸光度。数据将自动填入测量表格中，并且绘制测量曲线。

5）对未知样品进行测量，测量结果同样会自动填入测量表格中。测量完成后，关闭测量窗口，根据需要将测量结果保存为文件，并将数据与谱图打印出来。至此，样品测量过程全部完成。

（4）关机操作

1）测量完毕后吸喷纯水 5 min。

2）关闭乙炔气瓶总阀使火焰熄灭，待压力表指针回零后再旋松减压阀。

3）关闭空气压缩机，待压力表和流量计指针回零后，关闭排风装置电源开关。

4）退出工作软件，切断主机电源，关闭电脑，填写仪器使用记录。

5）清洗玻璃仪器，整理实验台。

三、任务实施

1. 查阅仪器使用说明书

以小组为单位，对照实物解读 TAS-900 型原子吸收分光光度计使用说明书，探究原子吸收分光光度计使用方法及安全注意事项，填写表 2-5。

表 2-5　　原子吸收分光光度计的使用任务探究表

探究指标	探究要素	具体内容
仪器使用方法	仪器名称	
	开机顺序	
	关机顺序	
	参数设置	
安全注意事项	设备安全注意事项	
	人身安全注意事项	

2. 配制标准使用溶液（以配制锌标准使用溶液为例）

1）锌标准中间溶液（$\rho_{Zn}=50\ mg\cdot L^{-1}$）：准确移取锌标准储备溶液 5.00 mL，放入 100 mL 容量瓶中，用水稀释至刻度，摇匀。该溶液有效期为 1 个月。

2）锌标准使用溶液（$\rho_{Zn}=5\ mg\cdot L^{-1}$）：准确移取锌标准中间溶液 5 mL，放入

50 mL 容量瓶中，以硝酸溶液（1+99）稀释至刻度并摇匀。该溶液现用现配。

记录锌标准溶液配制情况，见表 2-6。

表 2-6 锌标准溶液配制记录

锌标准储备溶液质量浓度/（$mg \cdot L^{-1}$）			储备溶液配制日期	
标签号	锌标准溶液质量浓度	质量浓度计算方法	注意事项	
1	50 $mg \cdot L^{-1}$			
2	5 $mg \cdot L^{-1}$			

3. 开机检查

（1）气密性检查

原子吸收分光光度计所用的燃气为乙炔，它与空气混合点燃易发生爆炸，威胁操作者的人身安全。

使用前，检查连接部位是否漏气。可涂上肥皂水进行检查，确认不漏气后才可进行操作。

（2）水封检查

水封是原子吸收分光光度计的一个小部件，既能排废液，又可防止火焰回火。通常采用将预混合室废液排出管的导管弯曲或将导管插入水中等方式进行水封。废液排出管中部要有水封，避免回火现象发生。同时，废液排出管出口处不要插入废液桶液面下，避免形成双水封。

检查完成后，完成原子吸收分光光度计开机检查记录（见表 2-7）。

表 2-7 原子吸收分光光度计开机检查记录

仪器要求温度/ ℃		仪器要求相对湿度/%	
实验室环境温度/ ℃		实验室环境相对湿度/%	
锌空心阴极灯	正常□　不正常□	水封	正常□　不正常□
气路连接	正常□　不正常□	电路连接	正常□　不正常□
空气压缩机输出压力/MPa		空气压缩机检漏	正常□　不正常□
乙炔气瓶输出压力/MPa		乙炔气瓶检查	正常□　不正常□

（3）空心阴极灯检查

检查是否安装了待测元素的空心阴极灯，石英视窗是否光洁，灯引脚与插座是否适配插入。

4. 设置参数

接通主机电源，打开电脑，进入工作软件，仪器进行初始化，选择锌空心阴极灯为工作灯，对空心阴极灯的特征波长进行寻峰操作，选择最佳测定波长，并设置参数。

开启排风装置电源开关。一般情况下，排风 10 min 后，接通空气压缩机电源，将输出压力调至 0.3 MPa。开启乙炔气瓶总气阀，调节乙炔气瓶减压阀输出压力为 0.05 MPa。将燃气流量调节为 2 000~2 400 mL · min^{-1}，点火（若火焰不能点燃，可重新点火，或适当增加乙炔流量后重新点火）。点燃后，应重新调节乙炔流量，选择合适的分析火焰。

记录火焰原子吸收分光光度计参数设置的原始数据，完成表 2-8。

表 2-8　　火焰原子吸收分光光度计参数设置原始记录

记录编号		检验日期	
检验设备及编号		空心阴极灯类型	
仪器参数			
光谱通带/nm		积分时间/s	
灯电流/mA		燃烧器高度/mm	
乙炔压力/MPa		空气压力/MPa	
最佳测定波长/nm		背景校正方式	
燃气流量/(mL · min^{-1})			

5. 测定吸光度

点击“测量”按钮，进行空白溶液、锌标准使用溶液吸光度测定，记录原始数据，完成表 2-9。

表 2-9　　原子吸收分光光度法测定溶液吸光度记录

吸光度测定			
测量参数			
溶液类型	空白溶液	锌标准使用溶液	
吸光度			
检验人		复核人	

6. 结束工作

任务完毕，按照顺序关机，清理实验台，填写仪器使用记录表。

四、任务测评

对使用原子吸收分光光度计任务进行评价，完成表 2-10。

表 2-10 使用原子吸收分光光度计任务评价

评价指标		评价要素	配分	得分
专业能力	查阅仪器使用说明书	正确归纳仪器使用方法	5	
		正确总结安全注意事项	5	
	配制标准使用溶液	正确计算标准中间溶液或标准使用溶液的质量浓度	10	
	开机检查	正确调节气瓶压力	5	
		正确判断气瓶气路各连接处的气密性情况	5	
		正确判断水封完好情况	5	
		正确判断空心阴极灯情况	5	
	设置参数	正确进行仪器初始化操作	5	
		正确选择工作灯及预热灯	5	
		正确设置参数	5	
		正确寻峰，选择最佳测定波长	5	
	测定吸光度	安全点燃火焰	5	
		正确测量空白溶液及锌标准使用溶液吸光度	5	
	关机	测量完毕后吸喷纯水 5 min	5	
		关机操作顺序正确	5	
通用能力和职业素养		不迟到，不早退，不旷课，不偷懒	2	
		主动与他人合作，通过讨论发现问题、分析问题、解决问题	3	
		能查阅资料进行自主学习	2	
		按时、按质完成工作任务	2	
		原始记录书写规范，如实填写，无涂改	2	
		实验中穿戴工作服、电绝缘鞋、安全帽等劳动防护用品，严格遵循电气安全操作规程	3	
		实验场所始终保持整洁，仪器设备摆放有序，不乱扔、乱倒固体废弃物	3	
		实验结束后关闭电源，罩好仪器防尘罩，正确填写仪器使用记录	3	
合计			100	

思考与练习

一、判断题

（　　）1. 质量浓度越小（小于 1 μg · mL^{-1}）的标准溶液越稳定。

（　　）2. 寻峰操作的目的是找到能量最大点对应的波长。

（　　）3. 检查各气路气密性，开启排风装置 10 min 后，才能接通气源、点燃空气-乙炔火焰。

（　　）4. 一般调节乙炔气瓶减压阀输出压力为 0.3 MPa。

二、选择题

1. 标准溶液的质量浓度低于 0.1 mg · mL^{-1} 时，应先配成比使用浓度高（　　）个数量级的浓溶液。

A. 1~2　　B. 1~3　　C. 1~4　　D. 1~4

2. 原子吸收分光光度计通常要求预热（　　）min，使空心阴极灯的发射强度达到稳定。

A. 60　　B. 30　　C. 10　　D. 5

3. 空心阴极灯的工作电流一般应不超过该灯额定电流的（　　）。

A. 60%~80%　　B. 40%~60%

C. 20%~40%　　D. 10%~20%

4. 每次分析工作结束后，应用纯水吸喷（　　）min 清洗原子吸收分光光度计。

A. 20　　B. 10　　C. 5　　D. 2

5. （　　）是不正确的开机操作。

A. 开机前要检查各气路接口是否安装正确，气密性是否良好

B. 开机前要检查排水安全联锁装置

C. 开机前要调整空心阴极灯的灯电流

D. 开机检查结束后，才能打开主机电源和电脑开关

6. 从测定精度的观点出发，标准溶液合适的浓度范围应该是能产生（　　）单位吸光度或 15%~65%透射比的浓度。

A. 0.1~0.2　　B. 0.2~0.4　　C. 0.2~0.8　　D. 0.1~1.0

三、简答题

1. 石墨炉原子吸收分光光度计和火焰原子吸收分光光度计在使用方法及工作站参

数设置方面有什么不同?

2. 说出火焰原子吸收分光光度计开机和关机的操作步骤。

2.3 调校原子吸收分光光度计

学习目标

1. 理解光路与光强度调试方法。
2. 掌握分析条件选择方法。
3. 培养严谨细致、精益求精的工匠精神，提高责任感和使命感。

思政小课堂-8

不忘初心　牢记使命

党的二十大报告提出，深入实施人才强国战略，加快建设国家战略人才力量，努力培养造就更多大师、战略科学家、一流科技领军人才和创新团队、青年科技人才、卓越工程师、大国工匠、高技能人才。李正甲是这一战略的受益者。

李正甲从1992年踏入煤矿的那一刻起，就在心里埋下了一粒种子：要将煤矿视为创新阵地，经常琢磨，经常研究，用智慧创效，用技能创新，用技巧攻关。他从一名学徒工成长为技能大师，获得技术能手、技能大师、大国工匠、全国技术能手等荣誉称号。2014年，李正甲成立技能大师工作室。2015年，工作室被中国煤炭工业协会命名为“煤炭行业技能大师工作室”。

李正甲立志成才，勇担使命，爱岗敬业，不愧为新时代的“大国工匠”。

思政目标： 提高学生责任感和使命感。

思考： 请你说说如何成为一名高技能人才。

一、任务分析

1. 任务流程的确定

调校原子吸收分光光度计任务流程如图 2-17 所示。

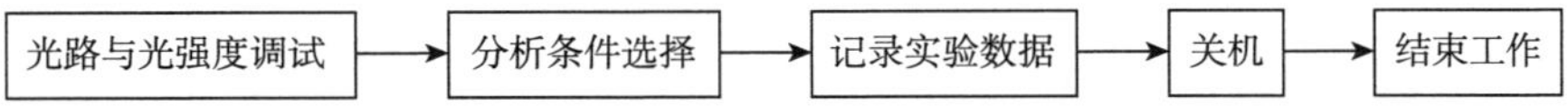

图 2-17 调校原子吸收分光光度计任务流程

2. 任务实施的准备

（1）相关文件

对应品牌的原子吸收分光光度计使用说明书或者操作规程。

（2）仪器

1）原子吸收分光光度计。

2）锌空心阴极灯。

3）乙炔高压气瓶、空气压缩机。

（3）溶液

1.00 $\mu g \cdot mL^{-1}$ 锌标准使用溶液。

3. 任务重点、难点的分析

任务重点：光路和光强度调试方法。

任务难点：正确选择分析条件。

二、相关知识

1. 光路与光强度调试

光强度是测定灵敏度的关键。光强度越大，灵敏度越高。原子吸收分光光度计光路与光强度的调试方法如下：

（1）光源对光调试

接通电源，点燃空心阴极灯。移动灯的位置，分别调节灯的前后、升降、旋转（左右）旋钮，调节单色器波长至该元素灵敏线，确保有信号输出，并使接收器得到大光强。检查方法：用一张白纸挡光检查，阴极光斑应聚焦成像（为正圆而不是椭圆），其成像位置在燃烧器缝隙中央或稍微靠近单色器一方。

（2）燃烧器对光调试

将对光板放在燃烧器缝隙上，调节燃烧器旋转旋钮，通过改变燃烧器前后、转角、水平位置，使从光源发出的光斑在燃烧器缝隙的正上方。

（3）喷雾器调整

喷雾器中毛细管与节流嘴的相对位置和同心度是调节喷雾器的关键。毛细管管口和节流嘴同心度越高、雾滴越细，雾化效率越高。一般可以通过观察喷雾状况来判断调整的效果，具体方法如下：拆开喷雾器，将雾喷到一张滤纸上，滤纸稍湿且非常均匀，则位置恰到好处。

（4）撞击球的调节

撞击球位置以噪声低、灵敏度高为宜。将喷雾器卸下，把一根聚乙烯毛细管插进雾化器的金属毛细管中，吸喷纯水①。左右调整撞击球位置。将燃烧室内的空气管道接在雾化器上，以纯水喷雾做试验，当喷出的雾远而细，并慢慢转动前进时，就是撞击球的最佳位置。

（5）试样提取量的调节

试样提取量是指每分钟吸取溶液的体积，表示为 $mL \cdot min^{-1}$。试样提取量与吸光度有关，试样提取量在 4~6 $mL \cdot min^{-1}$ 时吸收灵敏度较好，大于 6 $mL \cdot min^{-1}$ 时吸收灵敏度反而下降。可通过改变喷雾气流速度和聚乙烯毛细管的内径及长度（以改变聚乙烯毛细管的长度为主），调节试样提取量。

2. 分析条件选择

为了获得灵敏度高、重现性好和准确度高的结果，应对测定条件进行选择。在条件优选时，可以逐个进行，即先将其他因素固定在参考水平上，逐一改变所研究因素的条件，测定某一标准溶液的吸光度，选取吸光度大、稳定性好的条件作为该因素的最佳工作条件。选出某个分析条件的最佳值后，则设置仪器的操作条件为该最佳值，然后进行下一个条件的选择。

（1）分析线的选择

每种元素的基态原子有若干条吸收线，为了提高测定的灵敏度，一般情况下，应选用最灵敏线（共振线）作为分析线。但如果测定元素的浓度很高，或为了消除邻近光谱线的干扰等，也可以选用次灵敏线。例如，对于试液中铷的测定，其最灵敏线波长为780.02 nm，但为了避免钠、钾的干扰，可选用波长为794.76 nm的次灵敏线作为分析线。若从稳定性考虑，由于空气-乙炔火焰在短波区域对光的透过性较差，噪声大，如果灵敏线处于短波区域，则可以考虑选择波长较长的灵敏线。

适宜的分析线可由以下方法确定：查阅资料或扫描空心阴极灯的发射光谱，了解可供选择的谱线；喷入相应的溶液，观察这些谱线的吸收情况；选择吸光度最大的谱线作为分析线。表2-11列出了原子吸收分光光度法中各元素的常用分析谱线。

① 纯水应符合《分析实验室用水规格和试验方法》（GB/T 6682—2008）中二级水要求。

表 2-11　　原子吸收分光光度法中各元素的常用分析谱线　　单位：nm

元素	分析线波长	元素	分析线波长	元素	分析线波长
Ag	328.1、338.3	Gd	407.9、368.4	Pt	266.0、306.5
Al	309.3、396.2	Ge	265.1、259.3	Rb	780.0、794.8
As	193.7、197.2	Hg	253.7、546.1	Rh	343.5、369.2
Au	242.8、267.6	Ho	405.4、410.4	Ru	349.9、372.8
B	249.7、209.0	In	303.9、325.6	Sb	217.6、206.8
Ba	553.6、455.4	Ir	208.9、266.5	Se	196.0、204.0
Be	234.9	K	766.5、769.9	Si	251.6、250.7
Bi	223.1、222.8	La	550.1、418.7	Sm	429.7、520.1
Ca	422.7、239.9	Li	670.8、323.3	Sn	224.6、286.3
Cd	228.8、326.1	Lu	336.0、356.8	Sr	460.7、407.8
Ce	482.3、520.0	Mg	385.2、202.6	Te	214.3、225.9
Co	240.7、242.5	Mn	279.5、403.1	Ti	364.3、399.0
Cr	357.9、359.4	Mo	313.3、390.3	Tl	276.8、377.6
Cs	852.1、455.5	Na	589.0、330.3	Tm	371.8、410.6
Cu	324.8、327.4	Nd	492.5、463.4	U	358.5、351.5
Dy	404.6、421.2	Ni	232.0、341.5	V	318.4、370.4
Er	400.8、386.3	Os	290.9、305.9	Y	410.2、407.7
Eu	459.4、462.7	Pb	217.0、283.3	Yb	398.8、346.4
Fe	248.3、302.1	Pd	244.8、247.6	Zn	213.9、307.6
Ga	287.4、294.4	Pr	495.1、513.3		

（2）光谱通带的选择

选择光谱通带，实际上就是选择狭缝的宽度。单色器的狭缝宽度主要根据待测元素的谱线结构和所选吸收线附近有无非吸收干扰来选择。当吸收线附近无干扰线存在时，放宽狭缝，可以增加光谱通带。若吸收线附近有干扰线，在保证一定强度的情况下，应适当将狭缝调窄一些。光谱通带一般在 0.1~4 nm 选择。表 2-12 列出了不同元素所选用的光谱通带。

表 2-12　　不同元素所选用的光谱通带　　单位：nm

元素	共振线波长	光谱通带	元素	共振线波长	光谱通带
火焰原子吸收					
Ag	328.1	1.2	Mn	279.5	0.2

续表

元素	共振线波长	光谱通带	元素	共振线波长	光谱通带
Al	309.3	1.2	Mo	313.3	0.8
As	193.7	0.5	Na	589.0	0.8
Au	242.8	1.2	Pb	217.0	1.2
Be	234.9	0.5	Pd	247.6	0.2
Bi	223.1	0.2	Pt	266.0	0.5
Ca	422.7	1.2	Rb	780.0	1.2
Cd	228.8	1.2	Rh	343.5	0.5
Co	240.7	0.2	Sb	217.6	0.2
Cr	357.9	0.2	Se	196.0	1.2
Cu	324.8	1.2	Si	251.6	0.2
Fe	248.3	0.2	Sn	224.6	0.5
Hg	185.0	0.5	Sr	460.7	0.5
In	303.9	0.5	Te	214.3	0.2
K	766.5	0.8	Ti	364.3	0.2
Li	670.8	0.8	Tl	276.8	0.8
Mg	385.2	1.2	Zn	213.9	0.5
			石墨炉原子吸收		
Ag	328.1	0.8	Mn	279.5	0.2
Al	309.3	0.8	Mo	313.3	0.8
As	193.7	0.8	Na	589.0	0.5
Au	242.8	0.8	Pb	217.0	0.8
Be	234.9	1.2	Pd	247.6	0.2
Bi	223.1	0.2	Pt	266.0	0.2
Ca	422.7	1.2	Rb	780.0	1.2
Cd	228.8	0.8	Rh	343.5	0.5
Co	240.7	0.2	Sb	217.6	0.2
Cr	357.9	0.8	Se	196.0	1.2
Cu	324.8	0.8	Si	251.6	0.2
Fe	248.3	0.2	Sn	224.6	0.8
Hg	253.7	0.5	Sr	460.7	0.8

续表

元素	共振线波长	光谱通带	元素	共振线波长	光谱通带
In	303.9	0.8	Te	214.3	0.2
K	766.5	1.2	Ti	364.3	0.5
Li	670.8	0.8	Tl	276.8	0.5
Mg	385.2	0.8	Zn	213.9	0.8

合适的光谱通带可以通过以下方法确定：逐渐改变单色器的光谱通带，测定相应的吸光度，不引起吸光度减小的最大光谱通带，即为应选取的光谱通带。

（3）灯电流的选择

灯电流的选择原则：在保证有足够强且稳定的光强输出的条件下，尽量选用较低的工作电流。对高熔点的镍、钴、钛等空心阴极灯，工作电流可以调大些；对低熔点、易溅射的铋、钾、钠、铯等空心阴极灯，工作电流小些为宜。应绘出吸光度-灯电流关系曲线，然后选择有最大吸光度读数、重复性测定符合要求的最小灯电流。

（4）燃助比的选择

在火焰原子化法中，火焰的温度是影响原子化效率的基本因素。火焰温度主要由火焰种类确定。原子吸收分光光度分析中常用的火焰有空气-乙炔火焰、空气-氢气火焰、一氧化二氮-乙炔火焰等。此外，燃助比（燃气和助燃气比例）对火焰温度也有影响。根据燃助比，可以将火焰分为以下 3 种类型：

1）化学计量焰（又称中性焰）。化学计量焰即燃助比为化学反应计量比的火焰。这类火焰一般温度较高，适用于多数元素的原子化。

2）富燃火焰。富燃火焰即燃助比小于化学反应计量比的火焰。这类火焰的特点是燃烧不完全，火焰呈黄色，温度略低于化学计量焰，具有还原性，适用于某些易形成难解离氧化物的元素（如铝、铬、钼等）的原子化。富燃火焰干扰较多，背景高。

3）贫燃火焰。贫燃火焰即燃助比大于化学反应计量比的火焰。其特点是火焰呈蓝色，氧化性较强，温度较低，适用于易解离、易电离元素（如碱金属）的原子化。

在进行原子吸收分光光度分析时，需要根据待测元素的性质，选择合适的燃助比。确定最佳燃助比的方法如下：在固定助燃气流量的条件下，改变燃气流量，测定标准溶液吸光度值，吸光度值最大时的燃气流量即为最佳燃气流量。

三、任务实施

1. 光路与光强度调试

进入工作站，选择工作灯锌灯预热。使用白纸检查阴极光斑是否聚焦成像。进行

“能量调试”操作，调整能量到100%。调节光源，使其发出的光线位于燃烧器狭缝的正上方，且与狭缝平行。

2. 分析条件选择

（1）选择分析线

用空白溶液调零，吸喷 1.00 $\mu g \cdot mL^{-1}$ 锌标准使用溶液，通过菜单“仪器”/“光学系统”改变分析线，分别在213.9 nm和307.6 nm下测定吸光度，选择吸光度最大的谱线为分析线。

（2）选择光谱通带

用空白溶液调零，吸喷 1.00 $\mu g \cdot mL^{-1}$ 锌标准使用溶液，通过菜单“仪器”/“光学系统”依次改变光谱通带，逐一记录相应的光谱通带和吸光度，不引起吸光度减小的最大光谱通带即为应选取的光谱通带。

（3）选择空心阴极灯工作电流

用空白溶液调零，吸喷 1.00 $\mu g \cdot mL^{-1}$ 锌标准使用溶液，通过菜单“仪器”/“灯电流”改变灯电流，逐一记录灯电流和相应的吸光度，选择有最大吸光度读数、重复性测定符合要求时的最小灯电流。

（4）选择燃助比

用空白溶液调零，吸喷 1.00 $\mu g \cdot mL^{-1}$ 锌标准使用溶液，通过菜单“仪器”/“燃烧器参数”改变燃气流量，逐一记录相应的燃气流量和吸光度，吸光度值最大时的燃气流量即为最佳燃气流量。

3. 记录实验数据

如实记录火焰原子吸收分光光度分析光路调试和条件选择的数据，完成表2-13。

表2-13　火焰原子吸收分光光度分析光路调试和条件选择原始记录

<table>
<tr><td>记录编号</td><td colspan="6"></td></tr>
<tr><td>检验设备及编号</td><td colspan="2"></td><td colspan="2">检验日期</td><td colspan="2"></td></tr>
<tr><td>室内温度</td><td colspan="2"></td><td colspan="2">相对湿度</td><td colspan="2"></td></tr>
<tr><td>气路检查情况</td><td colspan="2"></td><td colspan="2">光路调试情况</td><td colspan="2"></td></tr>
<tr><td colspan="7">一、选择分析线</td></tr>
<tr><td>分析线波长/nm</td><td colspan="2"></td><td colspan="4"></td></tr>
<tr><td>吸光度</td><td colspan="2"></td><td colspan="4"></td></tr>
<tr><td>最佳分析线波长/nm</td><td colspan="6"></td></tr>
<tr><td colspan="7">二、选择光谱通带</td></tr>
<tr><td>光谱通带/nm</td><td></td><td></td><td></td><td></td><td></td><td></td></tr>
</table>

续表

吸光度						
最佳光谱通带/nm						
三、选择空心阴极灯工作电流						
灯电流/mA						
吸光度						
最佳灯电流/mA						
四、选择燃助比						
燃气流量/(mL · min^{-1})						
吸光度						
最佳燃气流量/(mL · min^{-1})						
检验人				复核人		

4. 关机

测量完毕后，吸喷纯水 5 min，按正确顺序关机。

5. 结束工作

关闭气路及电源，整理工作台。

四、任务测评

对调校原子吸收分光光度计任务进行评价，完成表 2-14。

表 2-14　　　　调校原子吸收分光光度计任务评价

评价指标		评价要素	配分	得分
专业能力	光路与光强度调试	正确调整能量到 100%	5	
		通过白纸上的光斑形状和位置，正确判断光源情况	10	
		正确调节燃烧器，对准光路	10	
	分析条件选择	正确选择分析线	10	
		正确选择光谱通带	10	
		正确选择空心阴极灯工作电流	10	
		正确选择燃助比	10	
	关机	测量完毕后吸喷纯水 5 min	5	
		关机操作顺序正确	10	

续表

评价指标	评价要素	配分	得分
通用能力和职业素养	不迟到，不早退，不旷课，不偷懒	2	
	主动与他人合作，通过讨论发现问题、分析问题、解决问题	3	
	能查阅资料进行自主学习	2	
	按时、按质完成工作任务	2	
	原始记录书写规范，如实填写，无涂改	2	
	实验中穿戴工作服、电绝缘鞋、安全帽等劳动防护用品，严格遵循电气安全操作规程	3	
	实验场所始终保持整洁，仪器设备摆放有序，不乱扔、乱倒固体废弃物	3	
	实验结束后关闭电源，罩好仪器防尘罩，正确填写仪器使用记录	3	
合计		100	

思考与练习

一、判断题

（　　）1. 原子吸收分光光度计水封既能排废液，又可防止火焰回火。

（　　）2. 为了提高测定的灵敏度，一般情况下应选用最灵敏线（共振线）作为分析线。

（　　）3. 选择光谱通带，实际上就是选择吸收曲线的宽度。

（　　）4. 日常分析的工作电流建议采用最大工作电流。

（　　）5. 贫燃火焰氧化性较强，温度较低，适用于易解离、易电离元素的原子化。

二、选择题

1. 试样提取量调节为（　　）$mL \cdot min^{-1}$ 时，原子吸收灵敏度较好。

A. 2~4　　B. 4~6　　C. 6~10　　D. 10~20

2. 光谱通带一般在（　　）nm 选择。

A. 0.1~0.2　　B. 0.1~2　　C. 0.1~0.4　　D. 0.1~4

3. 原子吸收分光光度计点火后，火焰呈蓝色、温度较低的为（　　）。

A. 化学计量焰　B. 富燃火焰　C. 贫燃火焰　D. 高燃火焰

4. 对工作灯进行“能量调试”操作，一般调整能量到（　　）。

A. 100%　B. 80%　C. 60%　D. 40%

2.4 维护与保养原子吸收分光光度计

学习目标

1. 掌握原子吸收分光光度计维护与保养方法。
2. 掌握原子吸收分光光度计维护与保养注意事项。
3. 熟悉原子吸收分光光度计故障原因及排除方法。
4. 培养爱国及奉献精神，增强节约成本意识。

思政小课堂-9

铁人精神　爱国奉献

王进喜（1923 年 10 月 8 日—1970 年 11 月 15 日），甘肃玉门人，曾任大庆油田 1205 钻井队队长、钻井指挥部副指挥。他是新中国第一代石油工人，是中国工人阶级的先锋战士、中国共产党人的优秀楷模、中华民族的英雄。王进喜先后荣获“100 位新中国成立以来感动中国人物”“最美奋斗者”“全国劳动模范”等称号。

20 世纪 60 年代，王进喜率领 1205 钻井队以“宁肯少活二十年，拼命也要拿下大油田”的顽强意志和冲天干劲，打出了大庆石油会战第一口油井，创造了年进尺 10 万米的世界钻井纪录。他把短暂而光辉的一生献给了我国石油工业。

铁人精神的基本内涵包括爱国主义精神、忘我拼搏精神、艰苦奋斗精神、科学求实精神、无私奉献精神。铁人精神是王进喜崇高风范、优秀品质的生动写照，是中华民族的宝贵精神财富。

思政目标：培养学生爱国奉献精神。

思考：请你说说铁人精神的内涵。

一、任务分析

1. 任务流程的确定

维护与保养原子吸收分光光度计任务流程如图 2-18 所示。

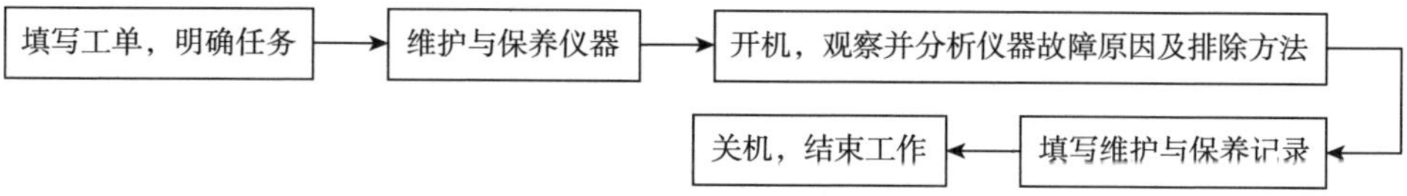

图 2-18 维护与保养原子吸收分光光度计任务流程

2. 任务实施的准备

（1）相关文件

对应品牌的原子吸收分光光度计使用说明书或者操作规程。

（2）仪器

1）原子吸收分光光度计。

2）锌空心阴极灯。

3）乙炔高压气瓶、空气压缩机。

3. 任务重点、难点的分析

任务重点：仪器维护与保养方法。

任务难点：仪器故障原因分析。

二、相关知识

仪器维护与保养是精密测定的前提。良好的保养不但能延长仪器的使用寿命，同时是准确测定的关键所在。

1. 仪器维护与保养方法

（1）原子化系统的维护与保养

在样品测试分析完之后，要清洗雾化燃烧器系统（包括喷雾器、雾化室和燃烧器），使狭缝处不留残渣，确保火焰的稳定性。

1）清洗方法。点燃火焰，用纯水喷蒸 5 min 以上，目的是清除残留的微量样品。测定有机试样后，可先喷与样品互溶的有机溶剂 5 min，再喷 1%（体积分数）的硝酸 5 min，最后喷纯水 5 min 以上。

2）维护方法。当喷雾器（毛细管）发生堵塞时，千万不能用细金属丝疏通，以免损坏玻璃零件。应取下 4 个螺钉及小弯角，卸下撞击球，用压缩空气反吹，疏通气路。

燃烧器的缝隙上方应是一片燃烧均匀、呈带状的蓝色火焰。若火焰呈齿形，说明燃烧器缝隙内有污物。若缝隙内有盐类结晶，可将滤纸插入缝口擦拭，也可以卸下燃烧器，用乙醇-丙酮（1+1）清洗；若缝隙内有熔珠，可用金相砂纸打磨或用刀片轻轻磨刮，不能将缝隙刮毛或用酸浸泡。

（2）光源的维护与保养

空心阴极灯及光学系统表面沾有灰尘时，可用洗耳球吹掉。当表面留有指纹或油污时，不能用镜头纸或脱脂棉干擦，可用脱脂棉蘸酒精-乙醚（1+3）混合液轻轻擦拭。

空心阴极灯如果长期不用，应每 2 ~ 3 个月通电点燃 1 ~ 2 h。可采用反接去气法，将灯的两极与电源正负极反接，在大工作电流状态下，点燃 20 ~ 30 min，使阴极红热，达到去气目的。

（3）光学系统维护与保养

光学元件必须保持清洁，其清洗周期为每年至少一次。如果光学元件上有灰尘沉积，用擦镜纸擦拭干净即可；如果光学元件上沾有油污或溅上测定样品溶液，应先将光学元件被污染部分浸在乙醇-乙醚（1+1）混合液中洗涤，然后用干燥的纱布擦拭干净，再用纯水冲洗，最后用洗耳球吹去水珠。在清洁过程中，严禁用手擦拭或触及镜面。

2. 仪器维护与保养注意事项

（1）使用前注意事项

1）开机前，检查各电源插头是否接触良好，稳压电源是否完好，仪器各部分是否正常，各气路接头和封口气密性是否良好。

2）针对新购置的空心阴极灯，应先扫描测试和登记发射线波长和强度以及背景发射的情况，以方便后期使用。

（2）使用中注意事项

1）注意观察以下容易发生回火的情况：

①废液管道的水封被破坏或漏气。

②燃烧器缝隙明显变宽。

③助燃气与燃气流量比过大。

④使用一氧化二氮-乙炔火焰时，乙炔流量小于 2 L · min^{-1} 等。

遇到以上情况时，应立即停止使用。

2）严禁用手触摸和擅自调节单色器中的光学元件。对备用光电倍增管，应轻拿轻放，严禁振动。严禁用强光照射仪器中的光电倍增管，检修时要关掉负高压。

3）吸液用的聚乙烯管应保持清洁，无油污，防止弯折。如聚乙烯管堵塞，可用软钢丝处理。

（3）使用后注意事项

1）定期清洗预混合室内的积垢；喷过浓酸、碱液后，要仔细清洗；日常工作后，应吸喷纯水 5~10 min 进行清洗。

2）仪器使用完毕后，要使灯充分冷却，再从灯架上取下存放。长期不用的灯，应定期通电点燃，以延长灯的寿命。

3. 仪器常见故障及其原因、排除方法

原子吸收分光光度计常见故障及其原因、排除方法见表 2-15。

表 2-15　原子吸收分光光度计常见故障及其原因、排除方法

常见故障	原因	排除方法
总电源指示灯不亮	仪器电源线断路或接触不良	将电源线接好，压紧插头、插座
	仪器熔丝熔断	更换熔丝
	保险管接触不良	卡紧保险管，确保接触良好
初始化不成功	空心阴极灯安装不正确	重新安装空心阴极灯
	光路中有遮挡物	取出光路中的遮挡物
	主机与计算机通信系统中断	重新启动仪器
空心阴极灯不亮	检查灯电源连线是否脱焊	重新安装空心阴极灯
	灯电源插座松动	更换灯位重新安装
	空心阴极灯损坏	更换空心阴极灯
寻峰时能量过低或能量超上限	空心阴极灯不亮	重新安装空心阴极灯
	空心阴极灯位置不对	重新设置灯位
	分析线选择错误	选择最灵敏分析线
	光路中有遮挡物	移走遮挡物
	灯老化，发射强度低	更换新灯
点火不成功	空气无压力或压力不足	检查空气压缩机出口压力
	无乙炔或压力过小	检查乙炔出口压力
	废液液位低	加入蒸馏水
	乙炔泄漏，报警	关闭乙炔气瓶阀门，检查管路，打开门窗
测试基线不稳定、噪声大	仪器能量低，光电倍增管负压高	检查灯电流是否合适，如不正常应重新设置
	波长不准确	检查寻峰是否正常，如不正常应重新寻峰
	空心阴极灯光线不稳定	更换空心阴极灯
	外电压不稳定，工作台振动	检查稳压电源，移开振动源

续表

常见故障	原因	排除方法
校准曲线弯曲	光源灯失气，发射背景大	更换光源灯或进行反接处理
	工作电流过大	减小工作电流
	废液流动不畅	采取措施使废液流动畅通
	试样浓度高	减小试样浓度
分析结果偏高	溶液中固体溶解不完全	调高火焰温度
	背景吸收假象	在共振线附近重测
	空白未校正	做空白校正试验
	标准使用溶液变质	重新配制标准使用溶液
分析结果偏低	试样挥发不完全	调整撞击球和喷嘴相对位置
	标准使用溶液配制不当	重新配制标准使用溶液
	试样浓度太高	降低试样浓度
	试样被污染	更换试样

三、任务实施

1. 填写工单，明确任务

领取任务工单（见表 2-16），开展小组讨论，明确任务的要求、时间、需领取的工具和设备。

表 2-16　　维护与保养原子吸收分光光度计任务工单

工作任务						
工单编码			开单时间			
开单部门			开单人			
审核		日期		批准		日期	
仪器型号			仪器编码			
任务要求			需领取工具和设备			
任务类型			完成工时			
完成质量			技术员签名			

2. 维护与保养仪器

1）在教师的指导下，小组合作，开机进入工作站。在点燃火焰的情况下，喷蒸纯水或洗液清洗燃烧器。观察火焰是否为蓝色带状火焰。若火焰呈齿形，判断燃烧器缝隙污物的性状，可采取滤纸擦拭、用乙醇-丙酮（1+1）清洗、用金相砂纸打磨等操作。

2）观察雾化器情况，判断喷雾器（毛细管）是否发生阻塞。如果堵塞，可卸下撞击球，用压缩空气反吹，疏通气路。

3）观察空心阴极灯及光学系统表面是否沾有灰尘、指纹或油污，可分别用洗耳球吹、脱脂棉蘸酒精-乙醚（1+3）混合液轻轻擦拭等方法处理。

3. 开机，观察并分析仪器故障原因及排除方法

接通电源，开启原子吸收分光光度计。观察原子吸收分光光度计是否出现故障，如出现故障，及时分析故障原因并讨论故障排除方法。

4. 填写维护与保养记录

记录原子吸收分光光度计维护与保养情况，完成表 2-17。

表 2-17 原子吸收分光光度计维护与保养记录

<table>
<tr><td>工作任务</td><td colspan="4"></td></tr>
<tr><td>仪器型号</td><td colspan="2"></td><td>仪器编码</td><td></td></tr>
<tr><td>仪器所属部门</td><td colspan="2"></td><td>仪器保管员</td><td></td></tr>
<tr><td>维护与保养日期</td><td colspan="2"></td><td>维护与保养人</td><td></td></tr>
<tr><td colspan="2">维护与保养项目</td><td colspan="2">工作要求</td><td>维护与保养记录</td></tr>
<tr><td colspan="2">清洗燃烧器</td><td colspan="2">点火状态下，喷蒸纯水，确保燃烧器干净，无污染物</td><td></td></tr>
<tr><td colspan="2">去除燃烧器缝隙污物</td><td colspan="2">没有盐类结晶或者熔珠等污物</td><td></td></tr>
<tr><td colspan="2">疏通雾化管道</td><td colspan="2">雾滴均匀呈雾状</td><td></td></tr>
<tr><td colspan="2">清洁空心阴极灯</td><td colspan="2">空心阴极灯干净，没有灰尘、指纹或油污</td><td></td></tr>
<tr><td colspan="3">仪器存在的主要故障（问题）</td><td colspan="2">拟采取的故障（问题）排除方法</td></tr>
<tr><td colspan="3"></td><td colspan="2"></td></tr>
<tr><td colspan="3"></td><td colspan="2"></td></tr>
<tr><td colspan="3"></td><td colspan="2"></td></tr>
<tr><td colspan="3"></td><td colspan="2"></td></tr>
<tr><td colspan="5">备注：已达标的维护与保养项目，记录标识为“√”。没有达标的维护与保养项目，记录标识为“×”。</td></tr>
</table>

5. 关机，结束工作

实验结束后，按照企业“7S”要求处理实验现场，保持仪器分析实验室安全、整洁。

四、任务测评

对维护与保养原子吸收分光光度计任务进行评价，完成表2-18。

表2-18 维护与保养原子吸收分光光度计任务评价

评价指标		评价要素	配分	得分
专业能力	仪器存在的主要故障判断	正确判断仪器是否存在故障	10	
		正确分析仪器故障（问题）原因	10	
		正确选择并确定故障（问题）排除方法	10	
	仪器维护与保养措施	仪器维护与保养措施选择得当	10	
		仪器维护与保养操作规范，没有造成仪器二次损坏	10	
		燃烧器干净，无污染物	10	
		火焰呈蓝色带状	10	
		雾滴均匀呈雾状	10	
通用能力和职业素养		不迟到，不早退，不旷课，不偷懒	2	
		主动与他人合作，通过讨论发现问题、分析问题、解决问题	3	
		能查阅资料进行自主学习	2	
		按时、按质完成工作任务	2	
		原始记录书写规范，如实填写，无涂改	2	
		实验中穿戴工作服、电绝缘鞋、安全帽等劳动防护用品，严格遵循电气安全操作规程	3	
		实验场所始终保持整洁，仪器设备摆放有序，不乱扔、乱倒固体废弃物	3	
		实验结束后关闭电源，罩好仪器防尘罩，正确填写仪器使用记录	3	
合计			100	

思考与练习

一、判断题

（　　）1. 原子吸收分光光度计燃烧器的缝隙上方应是一片燃烧均匀、呈带状的黄色火焰。

（　　）2. 如果原子吸收分光光度计光学元件上有灰尘沉积，用手触及镜面擦拭即可。

（　　）3. 当废液管道的水封被破坏、漏气时，应立即停止使用原子吸收分光光度计。

（　　）4. 空气压力及乙炔压力不足均会导致点火不成功。

（　　）5. 试样挥发不完全会导致分析结果偏低，可调整雾化器中撞击球和喷嘴相对位置，让试样形成均匀的细小雾滴。

二、选择题

1. 对于原子吸收分光光度计的维护，（　　）是不允许的。

A. 透镜表面沾有指纹或油污时，应用汽油将其洗去

B. 空心阴极灯窗口如有污物，可用镜头纸擦净

C. 空心阴极灯长期不用时，应每隔一段时间在额定电流下空烧

D. 仪器不用时应用罩子罩好

2. 为了清除雾化燃烧器系统上残留的微量样品，可用（　　）喷蒸 5 min 以上。

A. 纯水　　B. 与样品互溶的有机溶剂

C. 硝酸　　D. 盐酸

3. 空心阴极灯如果长期不用，则每（　　）个月让它通电点燃（　　）小时。

A. 2~3　2~3　　B. 2~3　1~2　　C. 1~2　2~3　　D. 1~2　1~2

4. （　　）不是初始化不成功的原因。

A. 空心阴极灯安装不正确　　B. 光路中有遮挡物

C. 通信系统中断　　D. 无乙炔

5. （　　）不能排除分析结果一直偏高的问题。

A. 调高火焰温度　　B. 在共振线附近重测

C. 降低标准溶液浓度　　D. 做空白校正试验

2.5 原子吸收分光光度计的应用

——工业循环冷却水中锌的测定

学习目标

1. 理解工业循环冷却水中锌的测定原理。
2. 能根据国家标准制定检测方案。
3. 掌握工业循环冷却水中锌的测定方法。
4. 掌握工业循环冷却水中锌含量测定原始数据的处理方法。
5. 培养爱岗敬业、精益求精的职业素养。

思政小课堂-10

爱岗敬业　志高行远

陈行行，1989 年生，中国工程物理研究院机械制造工艺研究所加工中心特聘高级技师，先后荣获全国五一劳动奖章、全国技术能手、四川工匠、大国工匠等荣誉。陈行行先后考取了电工、焊工、钳工、制图、数控车、数控铣、加工中心、模具设计 8 个工种的职业资格证书。陈行行用比头发丝还细的刀头，在直径不到 2 cm 的圆盘上打出 36 个小孔，其难度相当于“用绣花针给老鼠种睫毛”，并且 36 个小孔精确成型，产品合格率达 100%。

陈行行坦言，技能人员和科学家、工程师同等重要，缺一不可。有了好的技能人员，才能让好的想法、好的创意变成现实可用的产品。新时代的产业工人必须爱岗敬业、精益求精，不断学习新知识、新技术，不断提升自己的技能水平，才不辜负这个美好的时代。

思政目标：培养爱岗敬业、精益求精的职业素养。

思考：新时代的产业工人必须具备哪些品质？

一、任务分析

1. 任务流程的确定

工业循环冷却水中锌的测定任务流程如图 2-19 所示。

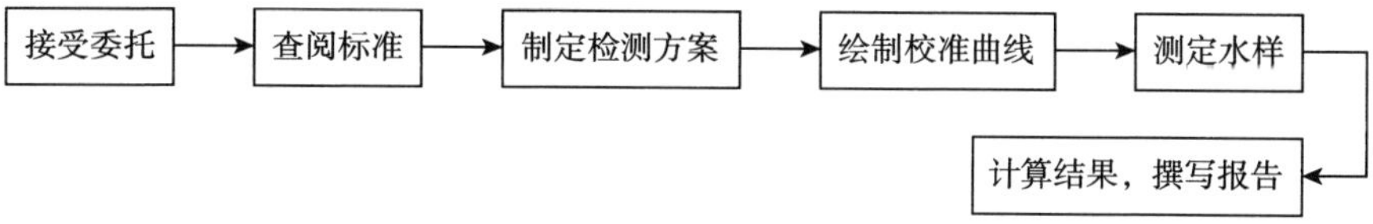

图 2-19 工业循环冷却水中锌的测定任务流程

2. 任务实施的准备

（1）相关国家标准

1）《火焰发射、原子吸收和原子荧光光谱分析法术语》（GB/T 4470—1998）。

2）《分析实验室用水规格和试验方法》（GB/T 6682—2008）。

3）《工业循环冷却水及水垢中铜、铁、锌的测定　原子吸收光谱法》（GB/T 14637—2021）。

（2）相关文件

对应品牌的原子吸收分光光度计使用说明书或者操作规程。

（3）仪器准备

1）原子吸收分光光度计（配备锌空心阴极灯）。

2）容量瓶、吸量管、烧杯等玻璃仪器。

（4）试剂准备

1）水：二级。

2）锌标准储备溶液：1 000 mg · L^{-1}。

3）锌标准溶液Ⅰ：50 mg · L^{-1}。

4）锌标准溶液Ⅱ：5 mg · L^{-1}。

3. 任务重点、难点的分析

任务重点：工业循环冷却水中锌含量测定的步骤。

任务难点：原子吸收分光光度分析的规范操作。

二、相关知识

1. 工业循环冷却水中锌的测定原理

试液经雾化喷入空气-乙炔火焰，锌被热解为基态原子，以锌共振线 213.9 nm 为

分析线测定锌原子的吸光度。因为

$$A = kbc \tag{2-2}$$

在原子吸收分光光度法中，b 通常不变，k 为常数，通过测定试液吸光度，可确定试液中锌的浓度。

2. 工业循环冷却水中锌的测定方法

原子吸收分光光度法的校准曲线与紫外-可见分光光度法的校准曲线绘制方法相似，关键都是绘制一条校准曲线。其方法如下：先配制一组浓度合适的标准溶液，在最佳测定条件下，由低浓度到高浓度依次测定它们的吸光度，然后以吸光度 A 为纵坐标、标准溶液浓度 c 为横坐标，绘制 $A-c$ 的校准曲线。用与绘制校准曲线相同的条件测定样品的吸光度，利用校准曲线以内插法求出被测元素的浓度。

为了保障测定的准确度，测定时应注意以下几点：

1）标准溶液与试液的基体（溶液中除待测组分外的其他组分的总体）应相似，以消除基体效应。标准溶液浓度范围应将试液中待测元素的浓度包括在内，浓度范围大小以获得合适的吸光度读数为准。

2）在测量过程中要吸喷纯水或空白溶液来校正零点漂移。

3）燃气和助燃气流量变化会引起校准曲线斜率变化，因此每次分析都应重新绘制校准曲线。

三、任务实施

1. 接受委托

按照委托方要求，填写委托书（见表 2-19）和样品接收单（见表 2-20）。

表 2-19　　　　工业循环冷却水中锌的测定委托书

委托单号：

项目名称				
委托方	名称			
	地址			
	联系人		联系电话	
检测方	名称			
	地址			
	联系人		联系电话	
测定类别	□委托　□监督抽查　□其他		样品来源	□自送样　□采样　□现场测定
项目类别	□点位名称　□样品原标识		测定频率	
检后样品处理方式	□退回　□本公司处理			

续表

报告交付	测定费用付清后，本公司于　　年　月　日前向委托方提交　份报告，报告领取方式：□自取　□邮寄
备注	

本单内容经委托方确认无误。 委托方（签字盖章）： 年　月　日	本公司业务受理人： 年　月　日

表 2-20　　样品接收单

委托单号					
样品编号	接收时间	数量	样品状态	检测项目	接收人

2. 查阅标准

1）仔细阅读《工业循环冷却水及水垢中铜、铁、锌的测定　原子吸收光谱法》（GB/T 14637—2021），检查所需的各种仪器是否齐全，所需的试剂种类、纯度、数量是否满足要求，实验室提供的纯水等级是否满足要求。

2）查找本项目实施过程中可能存在的事故隐患，并提出预防与防护措施。

3）填写检测标准解读记录（见表 2-21）。

表 2-21　　工业循环冷却水中锌的测定检测标准解读记录

检测项目		记录编号	
国家标准			
方法原理			
测定范围		允许差	
所需试剂			
所需仪器			

续表

共振线波长/nm			
校准曲线线性相关系数要求		测定结果小数点后位数要求	
安全注意事项及防护措施			
确认人		复核人	

3. 制定检测方案

小组讨论，合作制定工业循环冷却水中锌的测定方案，见表 2-22。

表 2-22　工业循环冷却水中锌的测定方案

方案编码		方案制定时间	
负责部门		方案制定人	
小组成员			
分析项目		任务依据	
分析方法		定量方法	
完成工时		测定地点	
一、绘制工业循环冷却水中锌的测定操作流程图			
二、确定分工合作计划			
方案制定人		复核人	

4. 绘制校准曲线

准确移取 5 mg · L^{-1} 锌标准溶液 0.00 mL（空白）、2.00 mL、4.00 mL、6.00 mL、8.00 mL，分别置于 50 mL 容量瓶中，用硝酸溶液（1+99）稀释至刻度。此标准系列溶液含锌量为 0.00 mg · L^{-1}、0.20 mg · L^{-1}、0.40mg · L^{-1}、0.60 mg · L^{-1}、0.80 mg · L^{-1}。

在仪器的最佳条件下，于波长 213.9 nm 处，以试剂空白调零，测定其吸光度。以测定的吸光度为纵坐标，相对应的锌质量浓度（mg · L^{-1}）为横坐标，绘制校准曲线或计算回归方程。校准曲线的线性相关系数应人于 0.999 0，否则应重新绘制。

5. 测定水样

1）准确移取适量酸化处理后的试液，放入 50 mL 容量瓶中，用硝酸溶液（1+99）稀释至刻度，摇匀。

2）使用空气-乙炔火焰，于原子吸收分光光度计波长 213.9 nm 处，以试剂空白调零，测定其吸光度，从校准曲线中查出对应的锌浓度。

3）若锌浓度低于检测下限或者超出校准曲线范围，可调整稀释倍数后重新测定。

4）若锌浓度在校准曲线范围内，所测吸光度减去空白吸光度，即可从校准曲线上查出相应的锌浓度。

6. 计算结果，撰写报告

1）记录并处理工业循环冷却水中锌的测定的原始数据，见表 2-23。

表 2-23　　工业循环冷却水中锌的测定原始记录

仪器名称及型号			样品名称			样品编号	
绘制校准曲线							
编号	1	2	3	4	5	6	7
锌标准溶液加入体积 V/mL							
锌标准系列溶液浓度/(mg · L^{-1})							
吸光度							
工业循环冷却水中锌的测定							
编号	8		9			10	
吸光度							
从锌校准曲线中查得的锌质量浓度/(mg · L^{-1})							

2）撰写测定结果报告，见表 2-24。

表 2-24　　　　工业循环冷却水中锌的测定结果报告

样品名称		样品性状	
平行测定次数			
原始水样中锌质量浓度/(mg·L^{-1})			
原始水样中锌质量浓度平均值/(mg·L^{-1})			
相对平均偏差/%			
计算公式	锌含量以质量浓度ρ计，单位为毫克每升（mg·L^{-1}）。 $\rho=\rho_1 f\frac{V_1}{V}$ 式中　ρ_1——从锌校准曲线中查得的锌质量浓度，mg·L^{-1}； f——酸化后的试样体积与所取水样体积之比； V_1——测定时试液稀释后定容体积，mL； V——稀释时所取试液体积，mL。 计算结果保留到小数点后两位。		

四、任务测评

对工业循环冷却水中锌的测定任务进行评价，完成表 2-25。

表 2-25　　　　工业循环冷却水中锌的测定任务评价

评价指标		评价要素	配分	得分
专业能力	查阅标准	正确写出标准名称	2	
		正确说出检验原理	2	
		正确查找适用范围	2	
		正确查找共振线	2	
		明确所需的试剂	2	
		明确所需的仪器	2	
		明确线性相关系数要求	3	
		明确测定结果小数点保留位数要求	3	
		明确安全注意事项及防护措施	2	
	制定方案	正确绘制流程图	5	
		流程图设计美观大方	2	
		能够进行合理分工，并规划时间	3	

续表

评价指标		评价要素	配分	得分
专业能力	配制溶液	定容过头或不到，每次扣 2 分，扣完为止	10	
		重新配制标准溶液，每次扣 3 分，扣完为止		
		损坏仪器，每件扣 5 分，扣完为止		
	绘制校准曲线	仪器测定参数设置错误每处扣 1 分，扣完为止	5	
		开关机操作顺序错误，每处扣 2 分，扣完为止		
	数据处理	计算错误，每处扣 2 分，扣完为止	5	
		有效数字位数修约错误，每处扣 1 分，扣完为止		
	校准曲线线性判断	相关系数≥0.999 9，得 10 分	10	
		0.999 5≤相关系数<0.999 9，得 8 分		
		0.999 0≤相关系数<0.999 5，得 6 分		
		0.995 0≤相关系数<0.999 0，得 4 分		
		相关系数<0.995 0，得 2 分		
	检测结果精密度判断	相对平均偏差≤2.0%，得 10 分	10	
		2.0%<相对平均偏差≤3.0%，得 8 分		
		3.0%<相对平均偏差≤4.0%，得 6 分		
		4.0%<相对平均偏差≤5.0%，得 4 分		
		5.0%<相对平均偏差≤6.0%，得 2 分		
		相对平均偏差>6.0%，得 0 分		
	检测结果准确度判断	与准确浓度相对偏差≤3.0%，得 10 分	10	
		3.0%<与准确浓度相对偏差≤4.0%，得 8 分		
		4.0%<与准确浓度相对偏差≤5.0%，得 6 分		
		5.0%<与准确浓度相对偏差≤6.0%，得 4 分		
		6.0%<与准确浓度相对偏差≤7.0%，得 2 分		
		与准确浓度相对偏差>7.0%，得 0 分		

续表

评价指标	评价要素	配分	得分
通用能力和职业素养	不迟到，不早退，不旷课，不偷懒	2	
	主动与他人合作，能帮助他人共同完成组长分配的任务	2	
	通过有效沟通，及时发现问题、分析问题、解决问题	2	
	能查阅相关书籍，充分利用网络资源，有效获取学习信息	2	
	按时、按质完成工作任务	2	
	原始记录书写规范，如实填写，无涂改	2	
	实验中穿戴工作服、电绝缘鞋、安全帽等劳动防护用品，严格遵循电气安全操作规程	3	
	实验场所始终保持整洁，仪器设备摆放有序，不乱扔、乱倒固体废弃物或液体废弃物	3	
	实验结束后关闭电源和气源，罩好仪器防尘罩，正确填写仪器使用记录	2	
合计		100	

思考与练习

一、判断题

（　　）1. 标准溶液与试液的基体应相似，以消除基体效应。

（　　）2. 只要测定条件不变，绘制校准曲线后可长期使用。

（　　）3. 准确移取 5 $mg \cdot L^{-1}$ 锌标准溶液 2.00 mL 置于 100 mL 容量瓶中，用硝酸溶液（1+99）稀释至刻度，可配制成浓度为 0.20 $mg \cdot L^{-1}$ 的标准溶液。

（　　）4. 若样品中锌浓度超过标准系列溶液锌浓度最大值，可调整样品稀释倍数后重新测定。

（　　）5. 若锌浓度在校准曲线范围内，可根据所测吸光度值从校准曲线上直接查出相应的锌浓度。

二、选择题

1. 测定锌试液经雾化喷入（　　）火焰，以锌共振线 213.9 nm 为分析线测定锌原子的吸光度。

A. 空气-乙炔　　B. 空气-乙烯

C. 空气-乙烷　　D. 空气-乙醇

2. 校准曲线的线性相关系数应大于（　　），否则应重新绘制。

A. 0.999 9　　B. 0.999　　C. 0.99　　D. 0.9

3. 在测量过程中，要吸喷（　　）来校正零点漂移。

A. 自来水　　B. 矿泉水

C. 锌标准溶液　　D. 纯水或空白溶液

拓展任务

请认真阅读下列参考资料，查阅国家标准，在教师指导下，小组合作完成地表水中汞的测定拓展任务。

拓展学习目标

1. 能够概述原子荧光光谱的产生、类型、定量原理。
2. 能够说出原子荧光分光光度计和原子吸收分光光度计在结构、工作原理、使用方法上的区别。
3. 能够按照仪器操作规程，规范使用原子荧光分光光度计。
4. 能够按照相关标准，小组合作进行地表水中汞含量测定。
5. 能够按要求记录原始数据，正确处理实验数据，规范填写检测报告。
6. 能够根据检测结果的精密度，判定检测结果是否符合国家标准的要求。
7. 能够按“7S”及相关标准，整理现场和处理废弃物，严格执行企业安全操作规程。

一、拓展知识

1. 原子荧光光谱的产生及其类型

自由原子吸收特征波长的辐射之后被激发到较高能态，接着以辐射形式失活，就可以观察到原子荧光。原子荧光分为 3 类：共振原子荧光、非共振原子荧光与敏化原子荧光。

（1）共振原子荧光

原子吸收辐射受激后再发射相同波长的辐射，将产生共振原子荧光。若原子经热激发处于亚稳态，再吸收辐射进一步激发，然后再发射相同波长的共振荧光，称为热助共振原子荧光。

（2）非共振原子荧光

当激发原子的辐射波长与受激原子发射的荧光波长不相同时，将产生非共振原子荧光。非共振原子荧光包括直跃线荧光、阶跃线荧光与反斯托克斯荧光。直跃线荧光是激发态原子直接跃迁到高于基态的亚稳态时所发射的荧光。阶跃线荧光是激发态原子先以热形式去活回到较低的激发态，再以辐射形式去活回到基态而发射的荧光（正常阶跃线荧光）；或是原子受辐射激发到中间能态，再经热激发到高能态，然后通过辐射方式去活回到低能态而发射的荧光（热助阶跃线荧光）。反斯托克斯荧光发射的波长比激发辐射的波长短。

原子荧光产生的过程如图 2-20 所示。

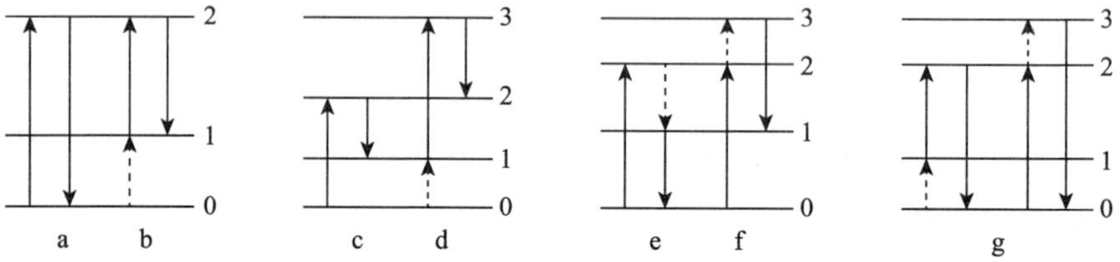

图 2-20　原子荧光产生的过程

a—共振荧光　b—热助共振荧光　c—直跃线荧光　d—热助直跃线荧光

e—阶跃线荧光　f—热助阶跃线荧光　g—反斯托克斯荧光

（3）敏化原子荧光

激发原子通过碰撞将激发能转移给另一个原子使其激发，后者再以辐射方式去活发射荧光，称为敏化原子荧光。火焰原子化器中的原子浓度很低，主要以非辐射方式去活，因此观察不到敏化原子荧光。

在上述 3 类原子荧光中，共振原子荧光最强，在分析中应用最广泛。

2. 原子荧光的定量原理

对于指定频率 v_0 的共振原子荧光，其强度 I_f 为

$$I_f = \varphi I_0 k_0 L \qquad (2-3)$$

式中　φ——荧光量子效率；

I_0——激发光强；

k_0——中心吸收系数；

L——吸收层厚度。

由原子吸收理论，以及基态原子数 N_0 近似等于总原子数 N，可推导出

$$I_f = kc \tag{2-4}$$

由此可知，原子荧光分析的灵敏度随激发光强度的增加而增加。但当激发光源强度达到一定值之后，共振荧光的低能级与高能级之间的跃迁原子数达到动态平衡，出现饱和效应，原子荧光强度不再随激发光源强度的增加而增加。同时，随着原子浓度的增加，荧光再吸收作用加强，导致荧光强度减弱，校正曲线弯曲，破坏了 I_f 与 c 之间的线性关系。激发态原子以非辐射方式去活的现象称为原子荧光猝灭效应，如将激发能转变为热能、化学能等，导致原子荧光强度减弱。

3. 原子荧光分光光度计

原子荧光分光光度法是一种发射光谱法，与原子吸收分光光度法有密切关系。原子荧光分光光度计的结构与原子吸收分光光度计非常相似，也是由光源、原子化器、单色器和检测系统 4 部分组成（见图 2-21），主要区别在于原子荧光分光光度计采用高强度光源，并且光源和单色器成 90°夹角。

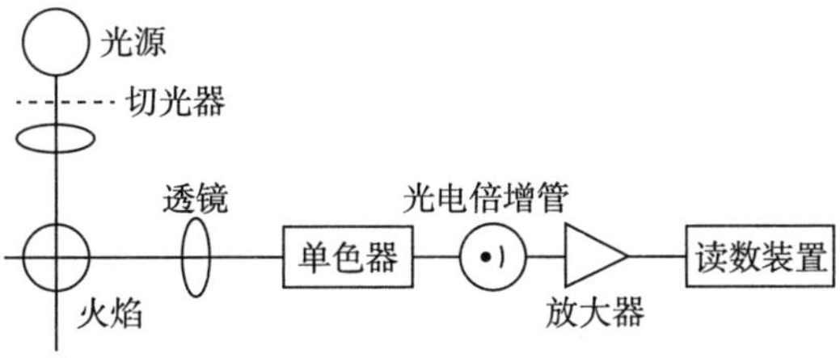

图 2-21　原子荧光分光光度计的结构

激发光源可用连续光源（氙弧灯）或锐线光源（空心阴极灯、无极放电灯、激光）；对原子化器的要求与原子吸收分光光度计基本相同；光学系统的作用是充分利用激发光源的能量和接收有用的荧光信号；检测器（光电倍增管）与激发光束成直角配置，以避免激发光源对原子荧光信号的检测产生影响。

二、拓展任务实施准备

1. 相关国家标准

1）《水质　汞的测定　原子荧光光度法》（SL 327. 2—2005）。

2）《原子荧光光度计》（JJG 939—2009）。

2. 相关文件

准备对应品牌的仪器使用说明书或者操作规程。

3. 仪器

1）原子荧光分光光度计。

2）汞高强度空心阴极灯。

3）玻璃仪器（容量瓶、吸量管等）。

4）恒温水浴锅。

4. 试剂

1）纯水。

2）重铬酸钾溶液：50 $g \cdot L^{-1}$。

3）过硫酸钾溶液：20 $g \cdot L^{-1}$。

4）5 $g \cdot L^{-1}$ 盐酸羟胺溶液。此溶液如含有少量汞，须对溶液提纯后再使用。

5）5%（体积分数）盐酸溶液。配制方法：量取50 mL密度为1.18 $g \cdot mL^{-1}$ 的优级纯盐酸，加入950 mL水中，摇匀。

6）汞标准固定溶液。配制方法：称取约0.5 g重铬酸钾（优级纯）溶于适量水中，再加入50 mL密度为1.42 $g \cdot mL^{-1}$的优级纯硝酸，稀释至1 000 mL，摇匀。

7）汞标准储备溶液（1 000 $mg \cdot L^{-1}$），购置或自配。配制方法：准确称取放置在硅胶干燥器中充分干燥过的氯化汞1.354 0 g（准确至0.1 mg），用汞标准固定溶液溶解后，转移至1 000 mL容量瓶中，再用汞标准固定溶液准确稀释至刻度，摇匀。

8）汞标准中间溶液（1.0 $mg \cdot L^{-1}$）。配制方法：准确移取浓度为1 000 $mg \cdot L^{-1}$的汞标准储备溶液1.0 mL，转入1 000 mL容量瓶中，加入约0.5 g重铬酸钾（优级纯），用汞标准固定溶液稀释至刻度。

9）汞标准使用溶液（0.010 $mg \cdot L^{-1}$）。配制方法：准确移取浓度为1.0 $mg \cdot L^{-1}$的汞标准中间溶液1.0 mL，转入100 mL容量瓶中，用汞标准固定溶液稀释至刻度，摇匀。

三、拓展任务实施

1. 水样保存和预处理

（1）水样保存

水样采集后应尽快进行分析，如不能及时分析，应加优级纯硝酸酸化至1%进行保存。

（2）水样预处理（重铬酸钾-过硫酸钾消解法）

取摇匀的1.0 mL较洁净地表水置于25 mL比色管中，稀释至10.0 mL，加入0.3 mL优级纯硫酸、0.3 mL优级纯硝酸，混匀。再加入1.0 mL 50 $g \cdot L^{-1}$ 重铬酸钾溶液，应保持至少15 min不褪色，否则应予适量补加。然后加入1.0 mL 20 $g \cdot L^{-1}$ 过硫酸钾溶液，在水浴锅中密闭保持近沸 1 h，取下冷却。使用前，逐滴加入 5 g · L^{-1} 盐酸羟胺溶液，直至溶液褪色，再稀释至刻度。样品经预处理后，其中的汞转化成二价汞（Hg^{2+}）。

2. 设置仪器参数

依仪器型号不同，测量参数会有所变动，具体可参考仪器操作规程。《原子荧光光度计》（JJG 939—2009）测定地表水中汞参考性参数设置见表 2-26。

表 2-26　测定地表水中汞参考性参数设置

序号	工作参数指标	参数设置	序号	工作参数指标	参数设置
1	激发光波长	253.7 nm	7	屏蔽气流量	500～1 200 mL · min^{-1}
2	光电倍增管负高压	240～340 V	8	测量方式	校准曲线法
3	灯电流	15～55 mA	9	读数时间	10～17 s
4	原子化器温度	200 ℃以上	10	延迟时间	0～2 s
5	原子化器高度	8～12 mm	11	读数方式	峰高或峰面积
6	载气流量	300～900 mL · min^{-1}			

3. 校准曲线的绘制

分别准确吸取 0.010 mg · L^{-1} 汞标准使用溶液 0.0 mL、1.0 mL、2.0 mL、4.0 mL、6.0 mL、8.0 mL、10.0 mL，加入 100 mL 容量瓶中，用 5%盐酸溶液稀释至刻度。此标准系列的浓度分别为 0.0 μg · L^{-1}、0.10 μg · L^{-1}、0.20 μg · L^{-1}、0.40 μg · L^{-1}、0.60 μg · L^{-1}、0.80 μg · L^{-1}、1.00 μg · L^{-1}，放置 15 min 后测定，绘制校准曲线。

4. 样品的测定

按照仪器操作规程，预热 30 min，接通气源，调整好出口压力，使用 5%盐酸溶液作为载流，按照仪器工作参数调整好仪器，用氩气将原子态汞导入原子化器，以汞高强度空心阴极灯为激发光源，汞原子受光辐射激发产生荧光，检测原子荧光强度，测定汞校准曲线。

测定的校准曲线相关系数应大于 0.999 0，否则应查明原因并重新测定校准曲线或用比例法处理数据。

按前述测定程序，先测定空白溶液，再按程序依次测定各样品浓度。

5. 结果计算及检测报告撰写

仪器软件有自动计算及打印报告的功能。校准曲线为线性拟合曲线，测定待测样品荧光强度值后减去空白溶液荧光强度，代入拟合曲线的一次方程，即得出待测样品浓度。检测报告保存后打印。

若人工计算，利用荧光强度在一定范围内与汞浓度成正比的关系，计算样品中汞的含量。

$$c_{Hg}=c\times\frac{V}{V_0} \tag{2-5}$$

式中 c_{Hg}——待测样品浓度，μg·L^{-1}；

c——待测样品的荧光强度减去空白溶液荧光强度后，从校准曲线上查得的样品浓度，μg·L^{-1}；

V——待测样品经处理、稀释、定容后的最终体积，L；

V_0——所取待测样品的体积，L。

四、拓展任务测评

对地表水中汞的测定任务进行评价，完成表 2-27。

表 2-27　　地表水中汞的测定任务评价

评价指标		评价要素	配分	得分
专业能力	基本认知	能正确说出原子荧光光谱的产生、类型、定量原理	10	
	仪器识别	正确说出仪器结构	5	
		正确说出原子荧光分光光度计和原子吸收分光光度计在工作原理上的区别	5	
		正确说出原子荧光分光光度计和原子吸收分光光度计在使用方法上的区别	5	
	样品预处理及检测	样品消解时间及步骤正确	2	
		准确配制溶液并贴好标签	3	
		开机、关机操作顺序准确	5	
		仪器测定参数设置正确	5	
		按照空白溶液到高浓度标准溶液的顺序进行测定	5	
		按照有效数字修约规则，正确处理实验数据	5	
	校准曲线线性判断	相关系数<0.999 9，得 10 分	10	
		0.999 5≤相关系数<0.999 9，得 8 分		
		0.999 0≤相关系数<0.999 5，得 6 分		

续表

评价指标		评价要素	配分	得分
专业能力	校准曲线线性判断	0.995 0≤相关系数<0.999 0，得4分		
		相关系数<0.995 0，得2分		
	检测结果精密度判断	相对平均偏差≤1.0%，得10分	10	
		1.0%<相对平均偏差≤2.0%，得8分		
		2.0%<相对平均偏差≤3.0%，得6分		
		3.0%<相对平均偏差≤4.0%，得4分		
		4.0%<相对平均偏差≤5.0%，得2分		
		相对平均偏差>5.0%，得0分		
	检测结果准确度判断	与准确浓度相对偏差≤1.0%，得10分	10	
		1.0%<与准确浓度相对偏差≤2.0%，得8分		
		2.0%<与准确浓度相对偏差≤3.0%，得6分		
		3.0%<与准确浓度相对偏差≤4.0%，得4分		
		4.0%<与准确浓度相对偏差≤5.0%，得2分		
		与准确浓度相对偏差>5.0%，得0分		
通用能力和职业素养		不迟到，不早退，不旷课，不偷懒	2	
		主动与他人合作，能帮助他人共同完成组长分配的任务	2	
		通过有效沟通，及时发现问题、分析问题、解决问题	2	
		能查阅相关书籍，充分利用网络资源，有效获取学习信息	2	
		按时、按质完成工作任务	2	
		原始记录书写规范，如实填写，无涂改	2	
		实验中穿戴工作服、电绝缘鞋、安全帽等劳动防护用品，严格遵循电气安全操作规程	3	
		实验场所始终保持整洁，仪器设备摆放有序，不乱扔、乱倒固体废弃物或液体废弃物	3	
		实验结束后关闭电源和气源，罩好仪器防尘罩，正确填写仪器使用记录	2	
合计			100	

拓展思考与练习

一、判断题

(　　) 1. 某元素的荧光光谱包括具有不同波长的数条谱线。

(　　) 2. 在任何元素的荧光光谱中，共振荧光谱线是最灵敏的谱线。

(　　) 3. 原子吸收分光光度计使用的空心阴极灯也可用于原子荧光分光光度计。

(　　) 4. 原子荧光分光光度计的光电倍增管对可见光无反应，因此可以把仪器安装在日光直射或光亮处。

(　　) 5. 原子荧光分光光度分析中，荧光辐射强度与试样含量成线性关系。

二、简答题

试述原子荧光分光光度法的激发光源应具备的条件。

3

电感耦合等离子体发射光谱分析技术

电感耦合等离子体发射光谱分析技术是以电感耦合等离子体为激发光源的一类光谱分析方法，它是由原子发射光谱法衍生出来的新型分析技术。它能够方便、快速、准确地测定水样中的多种金属元素和半金属元素，且没有显著的基体效应。该分析技术多用于钢铁及其合金、有色金属及其合金、水质样品、环境样品、地矿样品、动植物及生化样品、核工业产品、食品及饮料和化学化工产品等。

本模块通过 5 个项目开展活动，介绍相关理论知识，使学生掌握一定的理论知识，并具备较高的操作技能和基本的电感耦合等离子体发射光谱仪安装、维护技能。

建议课时：24 课时。

3. 1　认识电感耦合等离子体发射光谱仪

学习目标

1. 了解相关国家标准的内容。
2. 了解电感耦合等离子体发射光谱仪的工作原理。
3. 熟悉电感耦合等离子体发射光谱仪各部件名称及功能。
4. 掌握正确使用氩气气瓶、冷却水循环机的技能。
5. 培养严谨细致的工匠精神。
6. 培养探索未知、追求真理和勇攀科学高峰的职业素养。

思政小课堂-11

严谨求实　锲而不舍

戴立信，1924年出生，江苏句容人，1947年毕业于浙江大学化学系，1953年进入中国科学院上海有机化学研究所工作，1993年当选为中国科学院院士。他曾两次获国家自然科学奖二等奖，2002年获何梁何利基金科学与技术进步奖化学奖。

1984年，戴立信捕捉到金属有机化学的发展前景，果断地选择金属催化的不对称合成作为科研课题。他率领科研团队，在不到10年的时间内取得不对称合成领域的多项重要成果，在国际化学界产生广泛的影响。

戴立信始终将“一旦功成千锤炼，不经意处百年愁”作为座右铭，刻苦努力，探索未知，勇攀科学高峰，在促进我国绿色有机化学事业快速发展方面做出了巨大贡献。

思政目标：培养学生探索未知、勇攀科学高峰的精神。

思考：戴立信是如何勇攀科学高峰的？

一、任务分析

1. 任务流程的确定

认识电感耦合等离子体发射光谱仪任务流程如图3-1所示。

观察电感耦合等离子体发射光谱仪 → 说出各组成名称 → 简述各组成功能

图3-1　认识电感耦合等离子体发射光谱仪任务流程

2. 任务实施的准备

（1）相关国家标准

《电感耦合等离子体原子发射光谱仪》（GB/T 36244—2018）。

（2）相关文件

对应品牌的仪器使用说明书或者操作规程。

（3）仪器

电感耦合等离子体发射光谱仪（含漩涡雾化器、自动进样器）及周边配套仪器（氩气气瓶、制冷机、容量瓶、吸量管、移液器等）。

（4）试剂

硝酸（分析纯）、超纯水。

3. 任务难点的分析

理解国家标准并记住仪器不同组成部分的名称。

二、相关知识

1. 电感耦合等离子体发射光谱仪的基本组成

电感耦合等离子体（inductively coupled plasma，简称 ICP）发射光谱仪是一种应用成熟的分析仪器，其型号种类繁多。电感耦合等离子体发射光谱仪属于光谱仪的一个分支，主要用于微量及痕量元素的分析，适用于大多数的金属元素，具体适用的元素因采用的核心配件不同而不同。例如，5 代光谱仪可检测 118 种元素。

电感耦合等离子体发射光谱仪的使用范围广泛，可用于地质、环保、化工、生物、医药、食品、冶金、农业等方面样品中元素的定性、定量分析，并且可对待测样品进行定性或从超微量到常量的定量分析。

电感耦合等离子体发射光谱仪主要由气路系统、进样系统、等离子体光源系统、光学系统、检测系统、水路系统、电子控制系统和数据处理系统 8 大部分组成。电感耦合等离子体发射光谱仪的组成见表 3-1。

表 3-1　　电感耦合等离子体发射光谱仪的组成

组成名称	部件	作用
气路系统	氩气气瓶、输气管路	用作冷却气、辅助气、雾化气（载气）
		用作光室净化吹扫气，可驱除光室内水分，保护检测器，防止结霜；驱除光室内空气等气体分子，提高紫外光的灵敏度；使光学元件处于稀有气体环境，延长其使用寿命。用作检测器净化吹扫气，可保护检测器，防止结霜
进样系统	进样/废液毛细管、蠕动泵、泵管、雾化器、雾化室、炬管	蠕动泵将液体样品引入雾化器，将废液排出雾化室
		雾化器将样品溶液雾化成颗粒较小（1~100 μm）的气溶胶
		雾化室可去除较大（大于 10 μm）的雾滴，收集废液
		垂直炬管干扰少，适合石化、冶金、地质等行业；水平炬管灵敏度高，检出限低，适合环境、化学等行业
等离子体光源系统	高频发生器、等离子体炬管、气路系统	使样品气溶胶在高温稀有气体气氛中蒸发、原子化、激发和电离
光学系统	采光管、前光路、狭缝、快门、准直镜、棱镜、光栅	将照射来的光在一定空间内按照一定波长规律分开

续表

组成名称	部件	作用
检测系统	电荷耦合器件CCD、电荷注入器件CID	检测系统为光电转换器（光电倍增管和固态成像系统），利用光电效应将不同波长光的辐射能转化成电信号
水路系统	冷却水循环机、冷却水管	用于高频发生器、高频线圈、检测器（气路和水路联锁保护检测器）的冷却
电子控制系统	微处理器（CPU）和输入输出电路板（I/O）	仪器内部集成了微处理器和输入输出电路板，从而实现对各系统的控制
数据处理系统	计算机、工作站	将检测器输出的信号转化为随时间变化的色谱图，并通过安装在计算机的工作站软件对样品进行定性和定量分析

主要部件简介如下：

（1）雾化器

雾化器的作用是将溶液转化为气溶胶并进入等离子体中。气溶胶在等离子体中要经历脱溶、蒸发、原子化或离子化、激发一系列过程，因此要求产生的气溶胶直径小、均匀、雾化效率高。

ICP装置中常采用气动雾化装置，一般要求采用较低的载气流量（如0.5~1 L·min^{-1}）、较低的样品提升量（如0.5~2 mL·min^{-1}），具有较高的雾化效率和较好的耐腐蚀能力，记忆效应小，雾化稳定性好，且适用于高盐分溶液雾化。

ICP所用的气动雾化器有两种基本的结构：同心型雾化器和正交型雾化器。

同心型雾化器又称迈恩哈德（Meinhard）雾化器，通常由硼硅酸盐玻璃制成，是ICP发射光谱分析中最常用的雾化器。同心型雾化器利用通过小孔的高速气流形成的负压提升和雾化液体，其主要指标是提升量和雾化效率。普通的玻璃同心型雾化器的雾化效率在3%~5%，主要缺点是对于高盐分析比较敏感，这是因为溶液物理性质的变化会使溶质在喷口处沉积而降低提升量，从而改变雾化效率，影响分析性能。ICP同心型雾化器结构如图3-2所示。

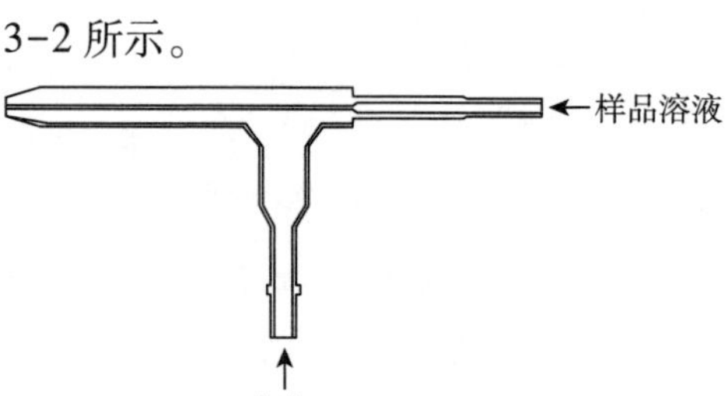

图3-2 ICP同心型雾化器结构

正交型雾化器又称直角雾化器，其耐腐蚀基座上的进液管与雾化气管成直角，成雾机理类似同心型雾化器，两个毛细管可根据需要选择玻璃或铂-铱合金。根据实验资料，正交型雾化器对于高盐分样品的敏感性比同心型雾化器好，但在分析过程中，相同条件下，同心型雾化器的光谱背景比正交型雾化器稍低，两者在分析精密度和检出限方面水平相当。ICP 正交型雾化器结构如图 3-3 所示。

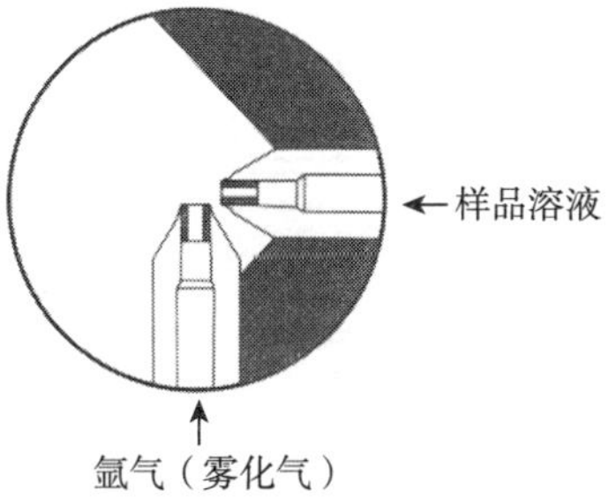

图 3-3　ICP 正交型雾化器结构

在 ICP 装置中采用超声波雾化器的情况比较少见。与气动雾化器不同的是，超声波雾化器利用电子超频振荡原理把溶液雾化成高密度的气溶胶，在检出限及雾化效率方面具有较高的水平，并适用于高盐组分溶液的雾化。超声波雾化器的工作机理复杂，存在记忆效应且价格较为昂贵，所以应用并不广泛。ICP 超声波雾化器结构如图 3-4 所示。

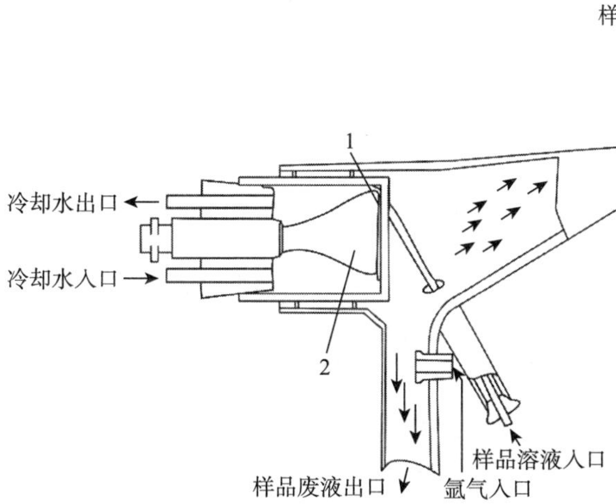

图 3-4　ICP 超声波雾化器结构

1—换能片　2—超声换能器

（2）雾化室

雾化室能去除雾化过程中产生的较大雾滴颗粒，加速气溶胶微粒在等离子体中去溶、蒸发和原子化的过程；减小蠕动泵的脉动对雾化产生的影响，使分离后的雾滴能够平稳地进入等离子体。常用的雾化室有筒型、旋流雾化室等。

1）筒型雾化室。筒型雾化室利用雾化室内壁上的湍流沉降作用或重力作用除去较大的雾滴。在早期的ICP中，筒型雾化室用得较为普遍。ICP筒型雾化室结构如图3-5所示。

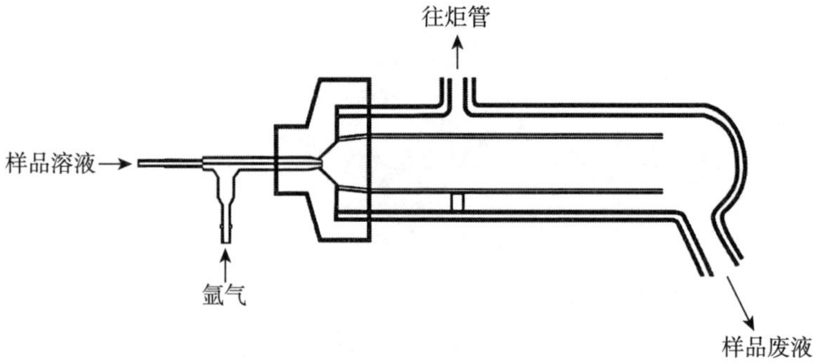

图3-5 ICP筒型雾化室结构

2）旋流雾化室。在ICP中，最常用的是旋流雾化室。

旋流雾化室的工作原理：气溶胶以切线方向喷入雾化室并螺旋形向下盘移动，作用在雾滴上的离心力将雾滴抛向器壁；在雾化室底部，气溶胶改变方向并与原来路线同轴地成更紧密的螺旋形向顶部移动；抛向器壁的大雾滴由底部的废液管排出，而小雾滴进入炬管。旋流雾化室具有高效、快速和记忆效应小的特点，应用广泛。ICP旋流雾化室结构如图3-6所示。

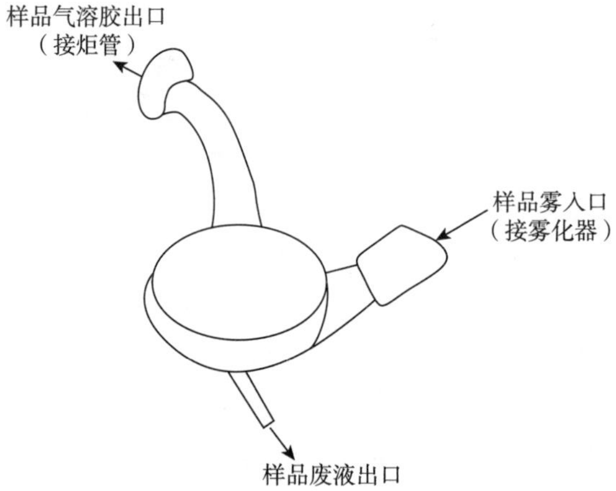

图3-6 ICP旋流雾化室结构

（3）蠕动泵

蠕动泵的作用是保障溶液以一定速率均匀地进入雾化器；在一定程度上消除进样

过程中溶液本身黏度及表面张力产生的影响；采用多通道设计，同时实现样品溶液、内标液等的导进与废液的导出，并实现进样系统的清洗功能。

工作原理：蠕动泵驱动器提供动力，驱动泵头运转，若干个泵头内的辊轮沿着弹性软管通过挤压和释放来泵送流体。弹性软管内受到挤压的流体被排出、压力消失后弹性软管依靠自身弹性恢复原状时，容积增大，产生真空，吸入流体。通过周而复始的作用，实现溶液导进与废液导出。ICP 蠕动泵如图 3-7 所示。

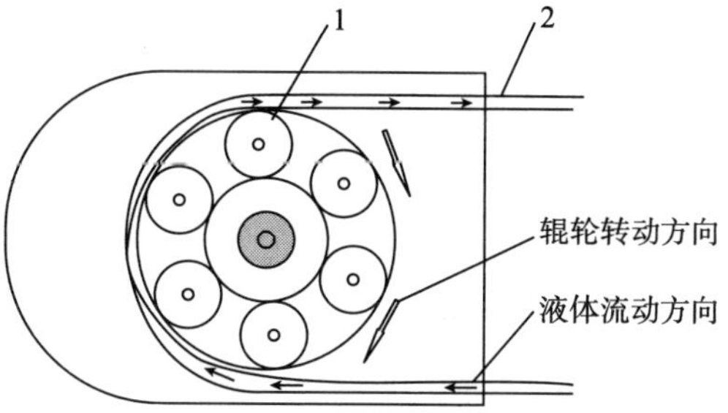

图 3-7　ICP 蠕动泵

1—辊轮　2—弹性软管

（4）炬管

大多数炬管由石英制成，一般由外层管、中层管、内层管组成。

1）外层管。外层管通氩气作为冷却气，沿切线方向引入，并螺旋上升，其作用如下：将等离子体吹离外层石英管的内壁，保护石英管不被烧毁；利用离心作用，在炬管中心产生低气压通道，以利于进样；参与放电过程。

2）中层管。中层管通入辅助气体氩气，用于点燃等离子体。

3）内层管。内层管内径为 1~2 mm，以氩气为载气，把经过雾化器的样品溶液以气溶胶形式引入等离子体中。ICP 炬管和等离子火焰如图 3-8 所示。

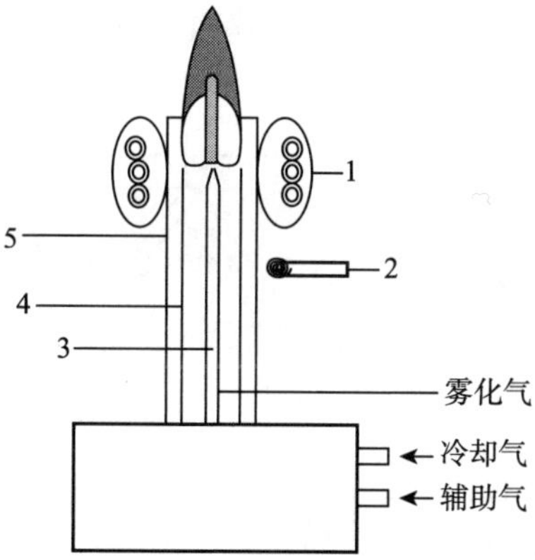

图 3-8　ICP 炬管和等离子火焰

1—高频线圈　2—点火线圈　3—内层管　4—中层管　5—外层管

(5) 高频发生器 (RF)

高频发生器通过高频线圈为等离子体输送能量，维持 ICP 光源稳定放电。ICP 高频发生器主要有两种振荡类型，即自激式和它激式。

自激式高频发生器又称自由振式高频发生器，它由整流电源、振荡回路和电子管功率放大器 3 部分组成。它激式高频发生器又称晶体控制型高频发生器，利用石英晶体的压电效应构成振荡器，取代振荡回路（也称谐振电路，L-C）的电容、电感元件。

(6) 光谱仪的分光（色散）系统

在光谱仪中，复合光经色散元件分光后，得到按波长顺序排列的光谱，复合光束分解为单色光，并被观测记录。

平行、等宽、等间距的多缝装置称为衍射光栅。它是利用光的衍射和干涉现象进行分光的一种色散元件，有透射式和反射式两种，光谱仪常用的是反射光栅。

(7) 检测器——光电转换器

光电转换器是光谱仪接收系统的核心部分，主要利用光电效应将不同波长的辐射能转化成光电流的信号。

用于光谱仪的光电转换器有以下两类：光电倍增管及固态成像器件。

1) 光电倍增管。外光电效应所释放的电子打在物体上能释放出更多电子的现象称为二次电子倍增。

光电倍增管就是根据二次电子倍增现象制造的。它由一个光阴极、多个打拿极和一个阳极所组成，每一个电极保持比前一个电极高得多的电压（如 100 V）。当入射光照射到光阴极而释放出电子时，电子在高真空中被电场加速，打到第一打拿极上。每一个入射电子平均使打拿极表面发射几个电子。二次发射的电子又被加速打到第二打拿极上，电子数目再度在二次发射过程中倍增，如此逐级倍增，直到电子聚集到阳极为止。通常，光电倍增管约有 12 个打拿极，适用于对微弱光强的测量。光电倍增管在光电直读光谱仪中应用广泛。光电倍增管工作过程如图 3-9 所示。

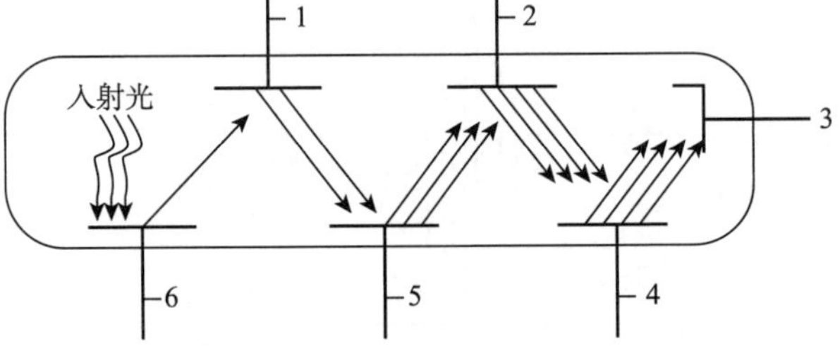

图 3-9 光电倍增管工作过程

1、2、4、5—打拿极 3—阳极 6—光阴极光电检测的原理一般是通过光电接收元件将待测谱线的光强转换为光电流，而光电流由积分电容累积，其电压与入射光的光强成正比，测量积分电容器上的电压，便获得相应的谱线强度的信息。其光电检测系统主要由光电转换装置、积分器、A/D（模数）转换电路、计算机系统组成。光电测量系统框架如图 3-10 所示。

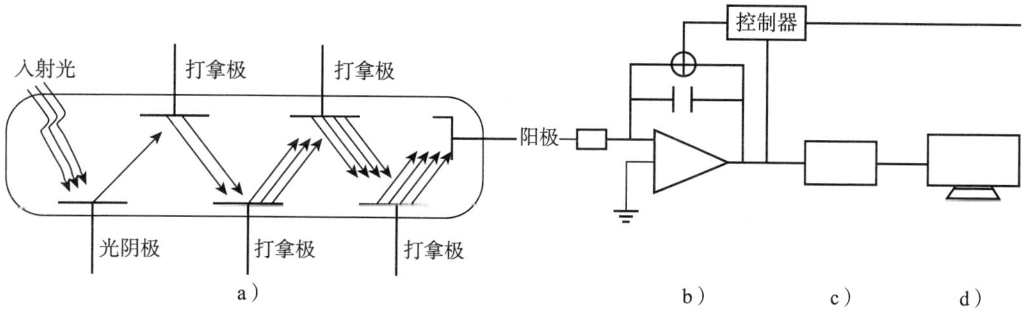

图 3-10 光电测量系统框架

a）光电转换器 b）积分器 c）模数转换器 d）计算机系统

2）固态成像器件。固态成像器件是新一代的光电转换器，它是由以半导体硅片为基材的光敏元件制成的多元阵列集成电路式的焦平面①检测器，目前较成熟的有电荷注入器件（CID）、电荷耦合器件（CCD）。

（8）等离子体光源

等离子体光源采用晶体控制型高频发生器，最大功率为 2 kW，频率为 27. 12 MHz 或 40. 68 MHz，自动调谐、闭环控制、直接耦合。等离子体的观察方式有垂直观察、水平观察和双向观察 3 种配置。

为使整个通道各个部分的光都可通过狭缝水平观察，ICP 光源采用水平放置 ICP 炬管，从 ICP 焰锥顶端采光，也就是通道与光轴重合。水平观察 ICP 光源的优点是整个通道各个部分的光都可被采集，从而提高各元素的灵敏度，降低检出限；缺点是水平观察的基体效应比垂直观察大，且存在易电离干扰的问题，同时由于炬管水平放置，要包含整个等离子体，炬管易沾染污物，高频发生器功率也不能太高。水平观察 ICP 光源如图 3-11 所示。

在水平观察 ICP 光源的基础上，增加一套侧向采光光路，可实现垂直/水平双向观察。如图 3-12 所示，当切换反射镜 M 移开时，ICP 光源为轴向采光，此时等同于水平观察 ICP；当切换反射镜 M 切入时，挡住了轴向的光，ICP 光源为侧向采光，经反射镜 M1、M2 和切换反射镜通过狭缝，即为垂直观察。切换反射镜 M 由计算机控制，可实现全部元素谱线水平测量、全部元素谱线垂直测量、部分元素谱线水平测量、部分

① 焦平面是过焦点的，与主轴垂直的平面。

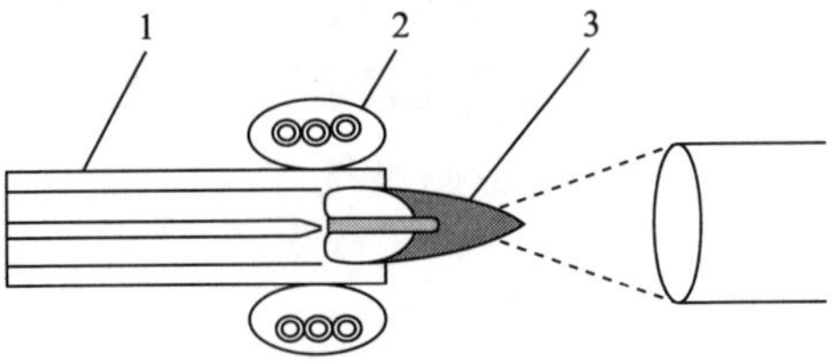

图 3-11　水平观察 ICP 光源

1—石英炬管　2—高频线圈　3—等离子体焰炬

元素谱线垂直测量 4 种工作方式。双向观察能有效解决水平观察中存在的易电离干扰问题，进一步拓宽线性范围。

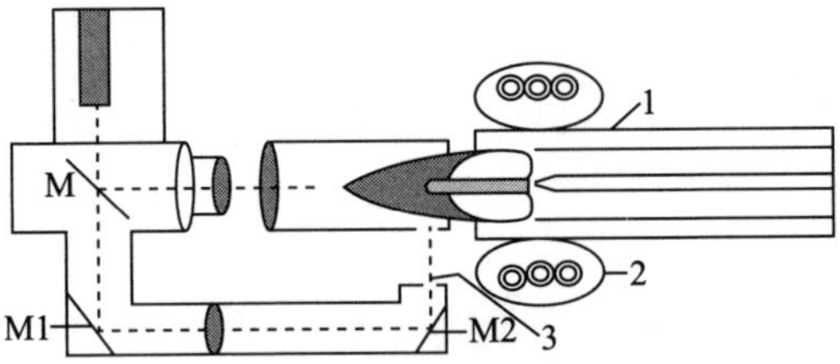

图 3-12　双向观察 ICP 光源

1—石英炬管　2—高频线圈　3—石英窗

2. 电感耦合等离子体发射光谱仪的工作原理

样品溶液经雾化器雾化后形成气溶胶，由载气带入等离子体内，在高温稀有气体气氛中蒸发、原子化、激发和电离。被测元素的原子或离子被激发时，电子在原子内不同能级跃迁，当由高能态向低能态跃迁时产生特征辐射。通过确定这种特征辐射的波长及其相对强度，对元素进行定性或定量分析。等离子体发射能级如图 3-13 所示。

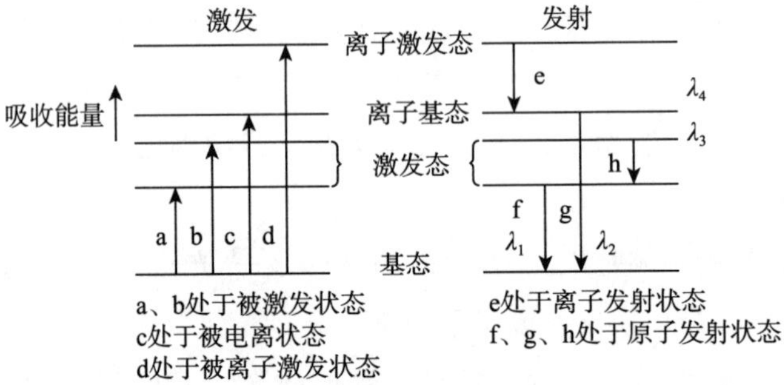

图 3-13　等离子体发射能级

电感耦合等离子体发射光谱仪工作原理如图 3-14 所示。

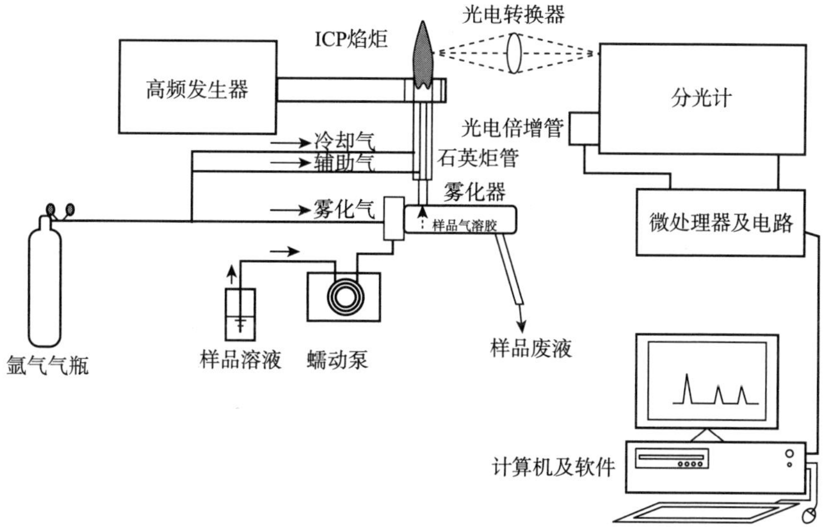

图 3-14 电感耦合等离子体发射光谱议工作原理

3. 等离子火焰的形成

炬管由 3 层石英同心管组成（见图 3-8）。冷却（等离子）氩气以与外管内壁相切的方向进入 ICP 炬管内，有效地解决了石英管壁的冷却问题，防止其被高温的 ICP 烧熔。炬管置于高频线圈的正中，线圈的下端距中层管的上端 2~4 mm，水冷的线圈连接到高频发生器的输出端。高频电能通过线圈耦合到炬管内电离的氩气中。当线圈上有高频电流通过时，则在线圈的轴线方向产生强烈振荡的环形磁场。

开始时，炬管中的原子氩并不导电，因而也不会放电。当点火器的高频火花放电在炬管内使少量氩气电离时，炬管内出现导电的粒子，由于磁场的作用，其运动方向随磁场的频率而振荡，并形成与炬管同轴的环形电流。原子、离子、电子在强烈的振荡运动中互相碰撞产生更多的电子与离子，最终形成明亮的白色氩 ICP 放电，其外形犹如一滴刚形成的水滴。在高度电离的 ICP 内部所形成的环形涡流可看作只有一匝的变压器次级线圈，而水冷的线圈则相当于变压器的初级线圈，它们之间的耦合使磁场的强度和方向随时间而变化，受磁场加速的电子和离子不断改变其运动方向，导致焦耳发热效应并附带产生电离作用。如此，气体在极短时间内在石英炬管内形成一个新型的、稳定的“电火焰”光源。

当气溶胶通过等离子体时，被加热至 5 700~6 700 ℃，并被原子化和激发产生发射光谱。ICP 焰炬明显地分为 3 个区域：焰心区、内焰区和尾焰区。

焰心区呈白色，不透明，是高频电流形成的涡流区，等离子体主要通过这一区域与高频线圈耦合而获得能量。该区温度高达 9 700 ℃，电子密度很高，由于黑体辐射、离子复合等产生很强的连续背景辐射。气溶胶通过这一区域时被预热，溶剂挥发，溶质蒸发，因此这一区域又称为预热区。

内焰区位于焰心区上方，一般在感应线圈以上 10~20 mm，略带淡蓝色，呈半透明状态，温度为 5 700~7 700 ℃，是分析物原子化、激发、电离与辐射的主要区域。光谱分析就在该区域内进行，因此该区域又称为测光区。

尾焰区在内焰区上方，无色透明，温度较低，一般在 5 700 ℃以下，只能激发低能级的谱线。等离子火焰如图 3-15 所示。

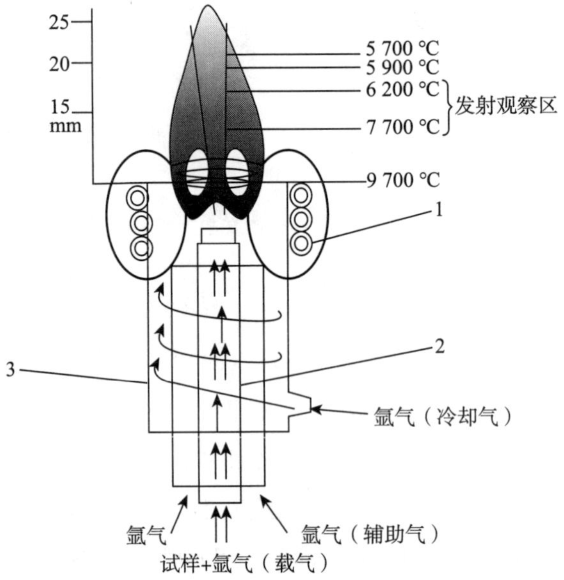

图 3-15　等离子火焰

1—高频线圈（内通冷却水）　2—内层管　3—石英炬管

4. 电感耦合等离子体发射光谱仪的周边设备

（1）氩气气瓶

通常，电感耦合等离子体发射光谱仪的载气采用高纯度的氩气（纯度为 99.999%）。因为氩气为单原子稀有气体，不与试样组分形成难解离的稳定化合物，有良好的激发性能，本身光谱简单。而分子气体（如氮气）容易解离，可与试样组分形成稳定的化合物，影响分析结果，且消耗能量。

电感耦合等离子体发射光谱仪主机和气源之间安装一根净化管（装有硅胶、分子筛、活性炭等物质），载气经过时可以除掉微量的水分及油等。

载气可分为冷却气、辅助气、雾化气 3 种。

1）冷却气。冷却气沿切线方向引入外层管，主要起冷却作用，保护石英炬管免被高温所熔化，使等离子体的外表面冷却并与管壁保持一定的距离。冷却气的流量为

10~20 L·min^{-1}，视功率的大小以及炬管的大小、质量与冷却效果而定。冷却气也称等离子气。

2）辅助气。辅助气通入内层管与中层管之间，流量为0~1.5 L·min^{-1}，作用是“点燃”等离子体，并使高温的ICP底部与内层管、中层管保持一定的距离，保护内层管和中层管的顶端，尤其是保护内层管管口不被烧熔或过热，防止气溶胶所带的盐分过多地沉积在内层管管口。另外，辅助气可起到抬升ICP，改变等离子体观察度的作用。

3）雾化气。雾化气也称载气或样品气，主要作用如下：在雾化器将样品的溶液转化为粒径为1~10 μm的气溶胶，作为载气将样品的气溶胶引入ICP，对雾化器、雾化室、内层管起清洗作用。雾化气的流量一般为0.4~1.0 L·min^{-1}，压力为103~310 kPa。

（2）稳压电源

一般情况下，对于大型的精密仪器，应该配置相应的稳压电源和不间断电源。ICP发射光谱仪、冷却水循环系统和计算机数据系统应直接接在稳压电源或不间断电源上，从而保障分析工作的持续进行。稳压电源如图3-16所示。

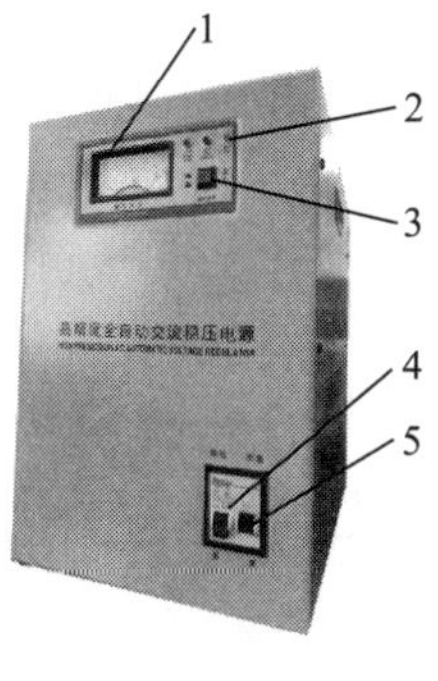

图3-16　稳压电源

1—输出电压表　2—工作状态指示灯　3—延时选择按钮　4—稳压开关　5—市电开关

（3）冷却水循环机

冷却水循环机是ICP的辅助设备之一，其功能是给ICP提供降温冷却水，维持ICP正常运转。

冷却水循环机采用软水作为介质，可大幅度提高设备的工作寿命和可靠性，为ICP提供恒温、恒流、恒压的冷却水。冷却水循环机在正常使用和开机的情况下，需要定期更换冷却水，并清洁水箱和管路。若使用仪器厂商的防霉剂，则该冷却水可多使用一段时间。

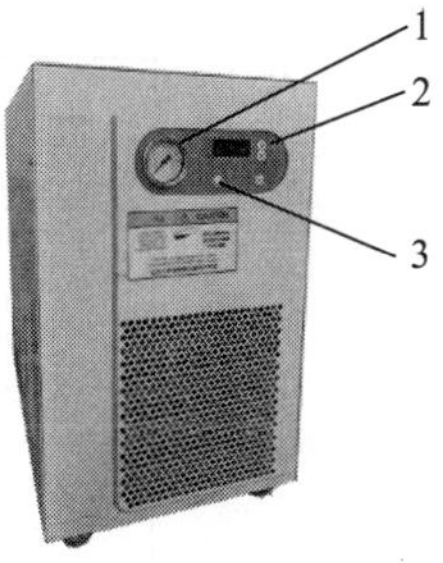

图3-17　冷却水循环机

1—压力表　2—调节按钮　3—开关按钮

冷却水循环机如图3-17所示。

应定期清洗冷却水循环机过滤网和过滤器，一般每半年清洁一次。清洁时，应断开冷却水循环机的回流管，打开冷却水循环机，排出冷却水。拧下过滤器的螺钉，取下过滤器和过滤网，先用温和的清洁剂清洗，再用清水清洗干净，重新安装并连接好。

5. 电感耦合等离子体发射光谱仪的特点

1）高效稳定。电感耦合等离子体发射光谱仪可以连续快速进行多元素的测定，根据仪器配置和实际样品类型，理论上可以分析元素周期表中 70 多种元素。值得注意的是，只有配置高盐、有机、耐氢氟酸进样系统，才能分析高盐样品和有机样品，获得的精确度比较高。

2）配合不同的进样系统，可以直接分析各类样品如饮用水或原油。

3）样品汽化温度高。中心汽化温度高达 10 000 ℃，可以使样品充分汽化，准确度高。

4）保持高基体样品的灵敏度。变频高频发生器产生可靠的等离子体，可满足复杂基体样品的分析。

5）检出限低。

6）校准曲线具有很好的线性关系，并且线性范围广。

7）可以与计算机软件结合实现全谱直读结果，方便快捷。

三、任务实施

任务实施部分以 ICAP 7200 电感耦合等离子体发射光谱仪为例。

1）根据电感耦合等离子体发射光谱仪及周边设备实物说出各部件名称及功能，完成表 3-2。

表 3-2　　认识电感耦合等离子体发射光谱仪任务完成情况

组成名称	部件	完成情况
气路系统	氩气气瓶	
	输气管路	
进样系统	进样/废液毛细管	
	蠕动泵	
	泵管	
	雾化器	
	雾化室	
	炬管	

续表

组成名称	部件	完成情况
等离子体光源系统	高频发生器	
	等离子体炬管	
	气路系统	
光学系统	采光管、前光路、狭缝、快门、准直镜、棱镜、光栅	
检测系统	电荷耦合器件 CCD	
	电荷注入器件 CID	
水路系统	冷却水循环机	
	冷却水管	
电子控制系统	CPU 和 I/O	
数据处理系统	计算机、工作站	

2）能够正确使用氩气气瓶、稳压电源、冷却水循环机。

四、任务测评

对认识电感耦合等离子体发射光谱仪任务进行评价，完成表 3-3。

表 3-3　　认识电感耦合等离子体发射光谱仪任务评价

评价指标		评价要素	配分	得分
专业能力	确认实验室条件	正确检查实验室条件是否符合要求	10	
	认识电感耦合等离子体发射光谱仪	正确说出实验室现有仪器的类型	5	
		正确说出仪器的组成部分	5	
		正确写出仪器的部件名称	10	
		正确写出仪器各部件功能	10	
	使用冷却水循环机	按照正确的开停机顺序，安全使用冷却水循环机	10	
	使用氩气气瓶	正确打开气瓶阀门，规范使用氩气气瓶	10	
		根据减压阀表压判断气瓶内氩气使用情况	10	
		规范检查气瓶各连接部位漏气情况	10	
通用能力和职业素养		不迟到，不早退，不旷课，不偷懒	2	
		主动与他人合作，主动参与讨论	3	
		能查阅资料进行自主学习	3	

续表

评价指标	评价要素	配分	得分
通用能力和职业素养	按时、按质完成工作任务	3	
	实验中穿戴工作服、电绝缘鞋、安全帽等劳动防护用品，严格遵循电气安全操作规程	3	
	实验场所始终保持整洁，仪器设备摆放有序，不乱扔、乱倒固体废弃物	3	
	实验结束后关闭电源，罩好仪器防尘罩，正确填写仪器使用记录	3	
合计		100	

思考与练习

简答题

1. 简述电感耦合等离子体发射光谱仪的特点。

2. 简述电感耦合等离子体发射光谱仪垂直炬管和水平炬管的特点。

3. 简述电感耦合等离子体发射光谱仪的工作原理。

3.2 使用电感耦合等离子体发射光谱仪

学习目标

1. 了解电感耦合等离子体发射光谱分析专业术语及定义。
2. 熟悉电感耦合等离子体发射光谱仪的使用。
3. 掌握电感耦合等离子体发射光谱仪的操作。
4. 掌握电感耦合等离子体发射光谱仪使用注意事项。
5. 培养精益求精的工匠精神。
6. 培养实事求是的职业素养。

思政小课堂－12

工匠精神　贵在传承

工匠精神的内涵：执着专注、精益求精、一丝不苟、追求卓越。我们取得的伟大成就，离不开大国工匠的倾情奉献。劳动者脚踏实地把每件平凡的事做好，共同培育形成的工匠精神，是我们宝贵的精神财富。

我国自古就崇尚工匠精神。古有庖丁解牛、游刃有余的故事，今有高铁动车、航天飞船、大国重器等成就，都离不开工匠精神的支撑，离不开我们对工匠精神的继承与弘扬。工匠精神是时代精神的生动体现，折射着各行各业劳动者的精神风貌，每个人都可以是工匠精神的诠释者和践行者。

匠心筑梦，只要每一位劳动者努力践行工匠精神，干一行爱一行专一行，爱岗敬业、精益求精，重细节求品质，敢创新求卓越，我们一定能以优秀的业绩奉献新时代、以出色的答卷回应时代主题。

思政目标：培养学生的工匠精神。

思考：请结合实际，说说你将如何传承工匠精神。

一、任务分析

1. 任务流程的确定

使用电感耦合等离子体发射光谱仪任务流程如图 3-18 所示。

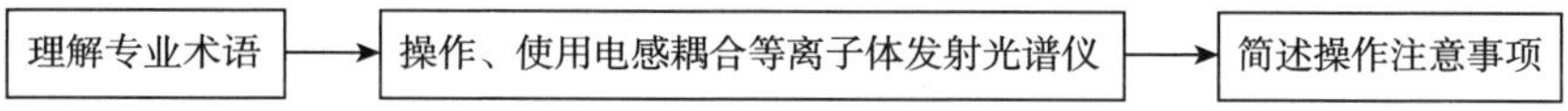

图 3-18 使用电感耦合等离子体发射光谱仪任务流程

2. 任务实施的准备

（1）相关文件

对应品牌的仪器使用说明书或者操作规程。

（2）仪器

电感耦合等离子体发射光谱仪及周边配套仪器（氩气气瓶、稳压电源、冷却水循环机、自动进样器、容量瓶、吸量管、移液器等）。

（3）试剂

锌标准溶液、锰标准溶液、硝酸（优级纯）、超纯水①。

（4）氩气

氩气纯度应大于 99.995%。

3. 任务难点的分析

理解电感耦合等离子体发射光谱仪的相关专业术语。

二、相关知识

1. 电感耦合等离子体发射光谱仪的开机流程②

1）确认有足够的氩气用于连续工作（储量≥1 瓶）。

2）确认废液收集桶有足够的空间用于收集废液。

3）打开氩气气瓶阀门并调节分压在 0.6~0.7 MPa。

4）打开计算机。

5）若仪器处于停机状态，应打开主机电源，仪器开始预热。

6）启动工作站软件，检查计算机与仪器联机通信情况。

---

① 超纯水应符合《分析实验室用水规格和试验方法》（GB/T 6682—2008）中一级水要求。

② 参照具体仪器使用说明书。若仪器一直处于开机状态，应保持计算机同时处于开机状态。

2. 电感耦合等离子体发射光谱仪的点火流程①

再次确认氩气储量和压力，并确保驱气时间大于 30 min，以防止 CID 结霜②，造成 CID 损坏。

1）光室温度稳定在 37.8~38.2 ℃。

2）检查并确认进样系统（炬管、雾化室、雾化器、泵管等）安装正确。

3）夹好蠕动泵泵夹，把样品管放入蒸馏水中。

4）开启排风装置。

5）开启冷却水循环机。

6）打开工作站软件的“等离子状态”对话框，点击“等离子体开启”，进行点火操作。

7）观察日志，使光谱仪最佳化，要求 X 轴和 Y 轴的值小于或等于 3，否则调节仪器后方 X 轴、Y 轴旋钮。

等离子体需要稳定 15 min。

3. 电感耦合等离子体发射光谱仪的分析流程③

1）打开或新建分析方法，有必要时执行自动寻峰。进行标准化，再分析试样。

2）检查标准及试样背景扣除情况，有必要时调整背景扣除位置，以得到较好的分析结果。

3）分析完毕后，将进样管放入蒸馏水中冲洗进样系统 10 min。

4. 电感耦合等离子体发射光谱仪的关机流程④

1）打开工作站软件中的“等离子状态”对话框，点击“等离子体熄火”。

2）松开泵夹及泵管，将进样管从蒸馏水中取出。

3）5 min 后关闭冷却水循环机，关闭排风装置。

4）待 CID 温度升至 20 ℃以上时，驱气 20 min 后，关闭氩气气瓶。

5）做好实验室“7S”工作。⑤

5. 电感耦合等离子体发射光谱仪的实验室环境条件

1）实验室温度应在 18~26 ℃，每小时的温度变化应小于 2 ℃。相对湿度应小于 60%，对于南方地区或湿度较大的北方地区，应配备大于 50 L 的除湿机一台，24 h 开启除湿机。

---

① 参照具体仪器使用说明书。若仪器一直处于开机状态，应保持计算机同时处于开机状态。

② CID 温度应小于-40 ℃。

③④ 参照具体仪器使用说明书。

⑤ 若仪器长期停用，应断开主机电源和气源，使仪器处于停机状态。建议定期开机，以免仪器因长期不用而损坏。

2）大气压力为 76.0~106.0 kPa。

3）供电电源为 220 V±22 V，频率为 50 Hz±1 Hz，接地良好，接地电阻不大于 4 Ω。

4）最好 24 h 开启室内空调，同时开启仪器的排风装置。在仪器不使用的情况下，若 24 h 开启室内空调，必须将排风软管从仪器上拆下，用塑料袋将排风软管包严实，防止潮湿空气进入室内以及冷凝水落入仪器内。若空调和排风装置同时关闭，在使用仪器前，必须提前数小时开启空调和排风装置。

5）室内应清洁无尘，排风良好。仪器应平稳地放在工作台上，周围无强烈机械振动和电磁干扰源。

6. 电感耦合等离子体发射光谱仪的外观条件

1）外观整齐、清洁，表面涂层、镀层无明显剥落、擦伤、露底及污垢。

2）所有铭牌及标志应清晰和耐久，内容符合相关法规、标准的要求。

3）所有紧固件不得松动，各种调节件灵活，功能正常。

4）所有部件表面不得锈蚀。

三、任务实施

任务实施部分以 ICAP 7200 电感耦合等离子体发射光谱议为例。

1. 仪器基本操作

熟练进行开机操作、点火操作、分析操作、关机操作。

2. 开机参数设置

1）设置氩气分压在 0.6~0.7 MPa。

2）设置工作站软件参数：光室温度为 37.8~38.2 ℃，CID 温度小于−40 ℃。

3）调节仪器后方 X 轴、Y 轴旋钮，使 X 轴、Y 轴的值小于或等于 3。

3. 关机操作步骤

1）在软件工作站，熄灭等离子火焰。

2）松开泵夹及泵管，将进样管从蒸馏水中取出。

3）5 min 后关闭冷却水循环机，关闭排风装置。

4）观察工作站软件中 CID 温度，当升至 20 ℃以上时，继续通氩气 20 min，然后关闭氩气气瓶阀门。

四、任务测评

对使用电感耦合等离子体发射光谱仪任务进行评价，完成表 3-4。

表 3-4 使用电感耦合等离子体发射光谱仪任务评价

评价指标		评价要素	配分	得分
专业能力	查阅仪器使用说明书	正确归纳仪器使用方法	5	
		正确总结安全注意事项	5	
	开机检查	正确调节氩气分压在 0.6~0.7 MPa	5	
		正确判断气瓶气路各连接处的气密性情况	5	
		正确判断冷却水循环情况	5	
		正确判断驱气时间情况	5	
	设置参数	正确进行仪器初始化操作	5	
		正确选择光室温度，将其稳定在 38 ℃±0.2 ℃	5	
		正确设置 CID 温度，使其小于-40 ℃	5	
		正确调节仪器 X 轴和 Y 轴旋钮，使 X 轴和 Y 轴数值小于或等于 3	5	
	含量测定	安全点燃等离子火焰	5	
		正确测量空白溶液及金属标准使用溶液含量	15	
	关机	测量完毕吸喷超纯水 10 min	5	
		关机操作顺序正确	5	
通用能力和职业素养		不迟到，不早退，不旷课，不偷懒	2	
		主动与他人合作，通过讨论发现问题、分析问题、解决问题	3	
		能查阅资料进行自主学习	2	
		按时、按质完成工作任务	2	
		原始记录书写规范，如实填写，无涂改	2	
		实验中穿戴工作服、电绝缘鞋、安全帽等劳动防护用品，严格遵循电气安全操作规程	3	
		实验场所始终保持整洁，仪器设备摆放有序，不乱扔、乱倒固体废弃物	3	
		实验结束后关闭电源，罩好仪器防尘罩，正确填写仪器使用记录	3	
合计			100	

思考与练习

简答题

1. 简述电感耦合等离子体发射光谱仪的开机流程。

2. 简述样品在电感耦合等离子体发射光谱仪上的分析过程。

3. 简述电感耦合等离子体发射光谱仪的关机流程。

3.3　调校电感耦合等离子体发射光谱仪

学习目标

1. 了解仪器说明书的内容。
2. 熟悉气路和水路检查方法。
3. 熟悉蠕动泵的使用方法。
4. 掌握旋流雾化器检查与调试方法。
5. 掌握蠕动泵和泵管安装方法。
6. 培养“绿水青山就是金山银山”的环保理念，探讨节约成本、耗材的多次使用，提高学生的环保意识。
7. 培养学生的爱国情怀。

思政小课堂－13

矢志报国　三巡太空

聂海胜是首位在轨100天的中国航天员，实现了载人航天“三步走”战略飞行任务“大满贯”。追梦路上，他一步一个脚印，坚定前行。

从1998年以来，聂海胜始终心无旁骛、坚持训练，铸就了时刻准备“为祖国出征太空”的信念。他和其他年轻航天员一样参与共同的训练科目，挑战相同的训练难度，身穿160 kg左右的水下训练服在深水里一练就是6个多小时。正是凭借着高度的自律，他在57岁时实现三入太空的壮举。

聂海胜的坚持诠释了载人航天精神。“坚持”只比“放弃”多一笔，只有把握好这一笔，人生才会有不一样的色彩，中国才能不断创造辉煌。

思政目标：培养学生的爱国精神和坚韧不拔的意志。

思考：为什么聂海胜能够三巡太空？

一、任务描述

1. 任务流程的确定

调校电感耦合等离子体发射光谱仪任务流程如图 3-19 所示。

图 3-19　调校电感耦合等离子体发射光谱仪任务流程

2. 任务实施的准备

（1）相关文件

对应品牌的仪器使用说明书或者操作规程。

（2）仪器

电感耦合等离子体发射光谱仪及周边配套仪器（氩气气瓶、稳压电源、冷却水循环机、自动进样器、容量瓶、吸量管、移液器等）。

（3）试剂

锌标准溶液、锰标准溶液、硝酸（优级纯）、超纯水①、肥皂水。

3. 任务难点的分析

正确使用蠕动泵和雾化器。

二、相关知识

任务实施部分以 ICAP 7200 电感耦合等离子体发射光谱仪为例。

1. 蠕动泵和泵管的安装

根据实际情况调整泵管的松紧度，注意进样管和废液管的方向。蠕动泵和泵管的安装如图 3-20 所示。

安装后的符合性核查：蠕动泵转动正常，无异响；雾化室无积液；废液管内废液不连续。如果废液管内的废液不间断排出，表明废液产生的速度大于废液排出的速度，导致废液在雾化室内积累。废液若积累过多，将进入炬管，导致等离子火焰熄灭。

2. 雾化器的安装

安装过程中应注意雾化气流动的方向。旋流雾化器的安装如图 3-21 所示。

安装后的符合性核查：雾化室清洁后，溶液不挂壁。准备一个干燥的烧杯，烧杯

① 超纯水应符合《分析实验室用水规格和试验方法》（GB/T 6682—2008）中一级水要求。

与雾化器成45°倾斜放置，设置一定流速，点击“冲洗”，就可清楚地看到喷雾状态。正常情况下，雾化器喷出的气溶胶应呈现匀速、锥状。如果喷出的是水滴状而不是雾状，说明雾化器清洗不到位；如果没有液体或气溶胶喷出，说明雾化器堵塞。

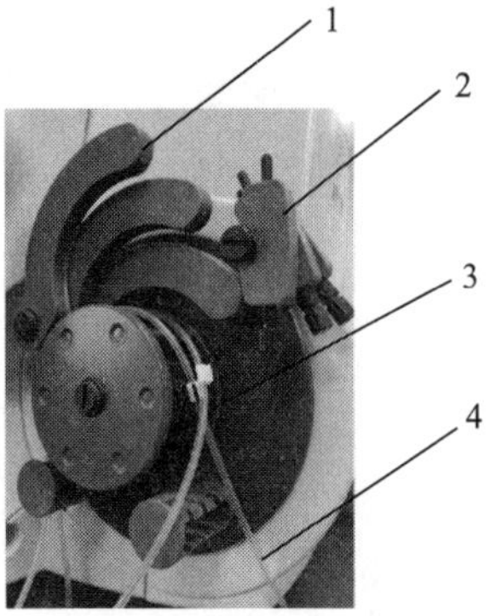

图 3-20　蠕动泵和泵管的安装

1—泵夹　2—固定螺钉

3—蠕动泵辊　4—输液管

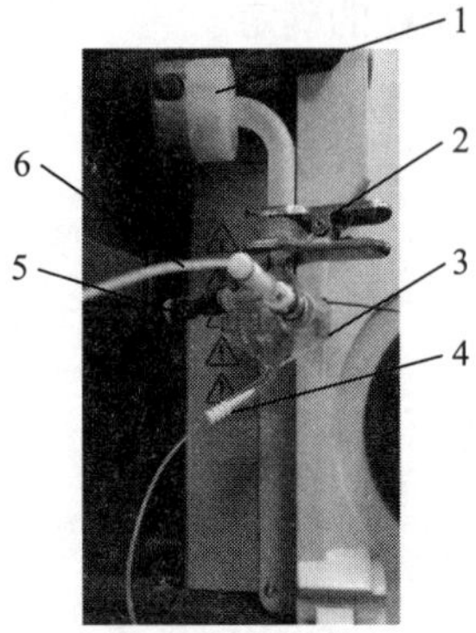

图 3-21　旋流雾化器的安装

1—炬管基座　2—管夹　3—旋流雾化器

4—废液管　5—雾化气管　6—进样管

3. 炬管的安装

炬管和内层管比较脆弱，应注意炬管和点火器的距离，可以用一张白纸穿过两者的缝隙。炬管的安装如图 3-22 所示。

安装后的符合性核查：炬管应不与点火线圈贴合；点火后仔细观察等离子火焰的状态，出现异常（等离子火焰颜色、形态等发生变化）应立即熄火。

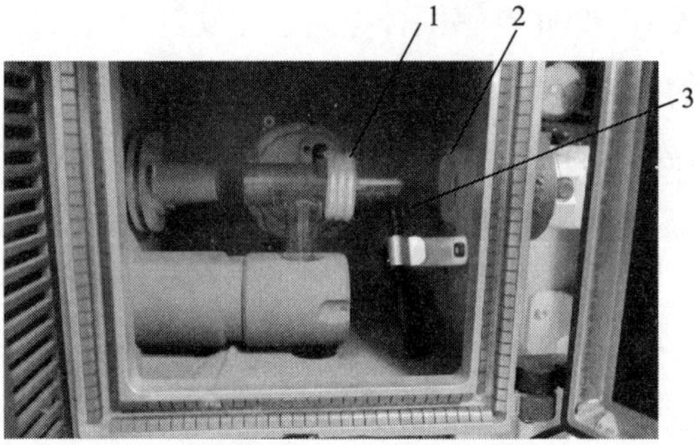

图 3-22　炬管的安装

1—感应线圈　2—炬管　3—点火器

4. 检漏

若重新连接管路，可用肥皂水对接口进行检漏。如果 ICP 点火正常，则可不考虑漏气情况。

对气体控制系统要经常进行检查和维护。打开气体控制系统的电源开关，使电磁阀处于工作状态；开启气瓶及减压阀，使气体压力指示在额定值上；关闭气瓶，观察减压阀上的压力表指针，应在几个小时内没有下降或下降很少，否则说明气路中有漏气现象，需要检查和排除。

三、任务实施

1. 确认设备状态

1）确认电感耦合等离子体发射光谱仪周边设备状态。检查确认冷却水循环机完好正常，氩气气瓶气压正常，不间断电源正常工作。

2）确认电感耦合等离子体发射光谱仪状态。应确认电感耦合等离子体发射光谱仪运行无异响，检查仪器有无报警提示。

2. 调校电感耦合等离子体发射光谱仪

1）气路和水路检漏。

2）蠕动泵和泵管的安装。

3）雾化器的安装。

4）炬管的安装。

四、任务测评

对调校电感耦合等离子体发射光谱仪任务进行评价，完成表3-5。

表3-5　　调校电感耦合等离子体发射光谱仪任务评价

评价指标		评价要素	配分	得分
专业能力	调试与准备	检查进样系统（炬管、雾化器、泵管等）	5	
		打开冷却水循环机、排风装置	10	
		安装泵管及蠕动泵泵头，将样品管放在超纯水或2%硝酸溶液中	10	
	分析条件选择	正确选择CID温度	10	
		正确选择光谱谱带	10	
		正确选择光室温度，使其稳定在38 ℃±0.2 ℃	10	
		正确安装炬管等	10	
	关机	测量完毕吸喷超纯水5 min	5	
		关机操作顺序正确	10	

续表

评价指标	评价要素	配分	得分
通用能力和职业素养	不迟到，不早退，不旷课，不偷懒	2	
	主动与他人合作，通过讨论发现问题、分析问题、解决问题	3	
	能查阅资料进行自主学习	2	
	按时、按质完成工作任务	2	
	原始记录书写规范，如实填写，无涂改	2	
	实验中穿戴工作服、电绝缘鞋、安全帽等劳动防护用品，严格遵循电气安全操作规程	3	
	实验场所始终保持整洁，仪器设备摆放有序，不乱扔、乱倒固体废弃物	3	
	实验结束后关闭电源，罩好仪器防尘罩，正确填写仪器使用记录	3	
合计		100	

思考与练习

简答题

1. 如何安装好泵管和调节松紧度？

2. 安装雾化器的注意事项有哪些？

3. 如何安装炬管？

3.4 维护与保养电感耦合等离子体发射光谱仪

学习目标

1. 了解仪器维护手册的内容。
2. 熟悉故障原因的分析方法。
3. 掌握进样系统的维护与保养方法。
4. 牢固树立安全环保意识。

思政小课堂-14

普通一员　优秀守护者

史昆，1995年从技校毕业后，被分配到青海油田工作，成为一名采油工，主要负责油井管理、采油设备保养等。刚工作时，为了练习基本操作技能，史昆常利用休息时间加练，不轻言放弃。

2012年，他成立了自己的工作室，带领技术骨干攻克技术难题，助力油田生产提效增产。他总结出了“抽油机井生产不正常判断处理法”，通过“看、听、摸、查、嗅”等手段，快速分辨油井故障，找到症结进而解决。

史昆先后获得全国劳动模范、全国五一劳动奖章、全国技术能手、中华技能大奖等荣誉，累计攻克各类生产技术难题近200项，研发创新成果70余项，获得国家专利15项，创造效益近亿元。史昆说：“我只是高原油田的普通一员，希望未来一直做油井的守护者。”

思政目标：培养学生爱岗敬业的职业素养。

思考：史昆的成长经历给你的启示是什么？

一、任务分析

1. 任务流程的确定

维护与保养电感耦合等离子体发射光谱仪任务流程如图 3-23 所示。

图 3-23　维护与保养电感耦合等离子体发射光谱仪任务流程

2. 任务实施的准备

（1）相关文件

对应品牌的仪器使用说明书、仪器维护与保养手册。

（2）仪器

1）电感耦合等离子体发射光谱仪。

2）氩气气瓶、冷却水循环机、稳压电源、计算机。

（3）试剂

锌标准溶液、锰标准溶液、硝酸（优级纯）、超纯水①、肥皂水。

3. 任务难点的分析

清洗雾化器、更换泵管。

二、相关知识

1. 电感耦合等离子体发射光谱仪的操作安全规程

1）保持房间适宜的温度与湿度，避免环境湿度过大导致在仪器突然通电后电路板短路。环境湿度较大时，应在打开仪器前，先打开空调或除湿机除湿。

2）在每次点火前，一定要保障足够的驱气时间（如果实验结束后关气，第二天再重新开气，点火前一般在驱气模式下驱气至少 60 min）。每次点火前应确保炬室门锁紧杆完全到位，所有管路连接处紧密不漏气，以免出现点火问题或使分析结果不理想。每次分析工作完成，应使用 2%~5%硝酸溶液冲洗进样系统 3 min，再吸喷超纯水 5~10 min，清洗雾化室、管道及炬管内残留的溶液，保持雾化室、管道及炬管的清洁，再熄灭等离子火焰。若分析有机试样，必须将雾化室拆下来清洗并晾干。

3）测试的样品溶液应没有悬浮物或沉淀，若有必要，应通过消解等前处理方法处理样品溶液至澄清，避免雾化器堵塞。

4）定期检查冷却水水位，若有减少，须及时补充超纯水。冷却水的温度应比室温低 4 ℃左右，实验室温度需要控制在 18~26 ℃。

① 超纯水应符合《分析实验室用水规格和试验方法》（GB/T 6682—2008）中一级水要求。

5）每次使用完仪器，应做好“7S”管理工作。

2. 电感耦合等离子体发射光谱仪的维护要点

1）定期更换泵管。每次分析工作完成，应将蠕动泵泵管从蠕动泵上放松，并将蠕动泵压臂松开，以延长蠕动泵泵管的使用寿命。若泵管已失效或失去弹性，应及时更换。

2）定期检查雾化器，如有必要，应进行清洗。特别是分析成分复杂的样品后，雾化器的顶部和炬管管口会积有盐分，造成气溶胶通道不畅，导致测定强度下降，仪器反射功率升高等。要定期采用酸洗、水洗、无水乙醇洗并吹干的方法清洗。

3）定期清洗炬管。炬管上积尘或积炭都会影响点燃ICP焰炬的成功率和焰炬的稳定性，也影响反射功率的大小。所以要定期清洗，保持炬管的清洁。重新安装炬管后，则应做炬管准直。

4）每6个月检查一次冷却水循环系统，并用超纯水更换。

5）仪器所用计算机必须专用并固定，不要经常更换或者使用计算机进行娱乐活动。

6）要定期开机，以免仪器因长期放置而损坏。最好每周开机一次，运行0.5~1 h。长时间未开机时，应在开机前检查气、电等是否符合相关条件。

7）当意外断电时，交流接触器处于断开状态。应关闭所有开关，通电后重新开启交流接触器，并等稳压电源稳定3 min后，再按开机程序重新开机。若在点火状态下意外断电，除上述操作外，不能切断氩气，应保持通氩气30 min以上。

8）气路和水路的维护。电感耦合等离子体发射光谱仪需要用到大量的高纯氩气，其中等离子体气体用作冷却气、辅助气、雾化气（载气），净化吹扫气用于光室、检测器净化吹扫。所以，要维护好气路系统。应先做气体试验，即打开气体控制系统的电源开关，使电磁阀处于工作状态，然后开启气瓶及减压阀，使气体压力指示在额定值上，再关闭气瓶，观察减压阀上的压力读数。几个小时内压力应没有下降或下降很少，否则说明气路中有漏气现象，需要检查和排除。氩气中常夹杂水分和其他杂质，管道和接头中也会有一些机械碎屑脱落，造成气路不畅通，因此需要定期进行清理。可拔下某些区段管道，然后打开气瓶，短促地放一段时间的气体，将管道中的水珠、尘粒等吹出。在安装气体管道，特别是将载气管路接在雾化器上时，注意不要过分弯折管路，否则载气流量不稳造成脉动，将影响测定。

水路主要用于仪器冷却，可以保障系统处于正常的工作温度。水路的检查可以通过观察工作站软件界面进行。

水过滤器清洗方法：可用中性清洗剂清洗过滤器滤芯，然后用纯水冲洗干净。应检查冷却水循环机内水的洁净度和水位，必要时应更换或补充冷却水。

9）不要频繁开停机。开机测定前，必须事先安排好各项准备工作，切忌在一段时间内频繁开停机，以免造成仪器损坏。开机时，瞬时电流大大高于正常运行时的电流，瞬时的脉冲冲击容易造成功率管灯丝断丝、碰极短路及过早老化等。

10）每月校正波长一次，若重新安装软件，也应进行该工作。

11）每次结束分析工作，必须使样品、标准溶液等远离仪器，减少挥发性气体对仪器的腐蚀。

12）检查废液瓶，废液液位超过一半时应清空。

3. 仪器常见故障现象及其原因、排除方法

电感耦合等离子体发射光谱仪常见故障及其原因、排除方法见表3-6。

表3-6 电感耦合等离子体发射光谱仪常见故障及其原因、排除方法

常见故障	原因	排除方法
输出信号不良或没有输出信号	雾化器阻塞	检查雾化器压力和流量，ICP焰心离最上缘线圈1 mm
	光电倍增管高压电路板损坏	更换电路板
	样品溶液浓度不正确	重新配制样品溶液
	炬管基座高度不正确	调整炬管基座高度
	光学透光镜有脏污	使用拭镜纸蘸取丙酮擦拭
稳定性不好	分析条件设定有误	重新设定相关参数
	样品管及蠕动泵泵管安装不良	扣环应扣上，不可过紧或过松；若样品管及蠕动泵泵管老化，应更换新的管路
	进样系统有问题	雾化器等不得有积液；将光炬组件、雾化室、雾化器拆下清洗；检查气路，不得泄漏
系统联机错误	—	重新开启计算机
ICP点火失败	氩气气瓶未打开或氩气压力不足，冷却水循环机未打开或冷却水流量不足，ICP电源未打开，排风系装置未打开，仪器反射功率异常，气路泄漏，氩气纯度偏低	根据点火软件中提示的错误信息，排除故障发生点

三、任务实施

1. 确认设备状态

1）确认电感耦合等离子体发射光谱仪周边设备状态。检查确认冷却水循环机完好

正常，氩气气瓶气压正常，不间断电源正常工作。

2）确认电感耦合等离子体发射光谱仪状态。应确认电感耦合等离子体发射光谱仪运行无异响，检查仪器有无报警提示。

2. 维护与保养电感耦合等离子体发射光谱仪

根据实际情况，做好泵管的更换、雾化器的更换和维护与保养。

3. 开机，观察并排除仪器故障

接通电源，开启电感耦合等离子体发射光谱议。观察电感耦合等离子体发射光谱仪是否出现故障，若出现故障，应及时报告并讨论故障排除方法。

四、任务测评

对维护与保养电感耦合等离子体发射光谱仪任务进行评价，完成表 3–7。

表 3–7　　维护与保养电感耦合等离子体发射光谱仪任务评价

评价指标		评价要素	配分	得分
专业能力	仪器主要故障判断	能够判断仪器是否存在故障	10	
		能够分析仪器故障（问题）原因	10	
		能够确定故障（问题）排除方法	10	
	仪器维护与保养措施	仪器维护与保养措施选择得当	10	
		仪器维护与保养操作规范，没有造成仪器二次损坏	10	
		内层管干净，无污染物	10	
		火焰呈蓝色	10	
		雾化器样品溶液均匀呈雾状	10	
通用能力和职业素养		不迟到，不早退，不旷课，不偷懒	2	
		主动与他人合作，通过讨论发现问题、分析问题、解决问题	3	
		能查阅资料进行自主学习	2	
		按时、按质完成工作任务	2	
		原始记录书写规范，如实填写，无涂改	2	
		实验中穿戴工作服、电绝缘鞋、安全帽等劳动防护用品，严格遵循电气安全操作规程	3	
		实验场所始终保持整洁，仪器设备摆放有序，不乱扔、乱倒固体废弃物	3	

续表

评价指标	评价要素	配分	得分
通用能力和职业素养	实验结束后关闭电源，罩好仪器防尘罩，正确填写仪器使用记录	3	
合计		100	

思考与练习

简答题

1. 电感耦合等离子体发射光谱仪的分析工作完成后，需要做哪些工作？

2. 如何维护雾化器？

3. 如何维护炬管？

3.5 电感耦合等离子体发射光谱仪的应用
——地下水中铜、铅、镉含量的测定

学习目标

1. 了解相关检测标准的内容。
2. 熟悉仪器和试剂的独立鉴别方法。
3. 能根据国家标准制定检测方案。
4. 掌握所需试剂的配制方法。
5. 根据国家标准判断数据有效性，借助计算机完成数据分析，确定样品中铜、铅、镉含量，撰写检测报告。
6. 养成实事求是的工作理念。
7. 健全水质安全的法治意识。

思政小课堂-15

格物致知　景行如人

徐如人，1932 年出生，浙江上虞人，国际著名分子筛与多孔材料学家，我国“无机合成化学”学科的创建者与奠基人，水热合成化学的开拓者，1991 年当选为中国科学院院士，2003 年当选为第三世界科学院院士。此外，徐如人 1995 年获何梁何利基金科学与技术进步奖化学奖，1998 年获全国教育系统劳动模范和模范教师称号，2016 年获首届吉林大学终身成就奖，2017 年获首届中国分子筛终身成就奖。

徐如人治学态度非常严谨。他身体力行“科研工作没有捷径可走，不付出努力的话，是取得不了高尖端成果的”信条。当学生发现阳离子骨架的微孔晶体结构，打破以往分子筛的传统概念时，为了证实结果的准确性，徐如人让学生重复做了1年实验。

格物致知是指推究事物的原理，从而获得知识。徐如人对科学格物穷理、倾力求是，成果丰硕。

思政目标：培养学生实事求是的工作理念。

思考：请说说你对格物致知的理解。

一、任务引入

某村村民委托某检测技术有限公司检测自挖井井水中铜、铅、镉含量。该检测技术有限公司检测部门根据业务部所提需求，将该检测任务进行分解，要求工作过程符合“7S”规范，检测过程符合《地下水质分析方法　第22部分：铜、铅、锌、镉、锰、铬、镍、钴、钒、锡、铍及钛量的测定　电感耦合等离子体发射光谱法》（DZ/T 0064.22—2021）的规定。

该检测技术有限公司分析检验业务委托单见表3-8。

表3-8　　分析检验业务委托单

客户签章：　　　　委托单编号：

<table>
<tr><td>*委托单位
（中文/英文）</td><td colspan="5"></td></tr>
<tr><td>*委托地址
（中文/英文）</td><td colspan="5"></td></tr>
<tr><td>*联系人</td><td></td><td>电话</td><td colspan="2"></td><td>手机</td><td></td></tr>
<tr><td colspan="3">电子邮箱（默认由电子邮箱收取电子版报告）</td><td colspan="2"></td><td>传真</td><td></td></tr>
<tr><td>*商品/样品名称
（中文/英文）</td><td colspan="3">自挖井井水</td><td colspan="2">型号/规格</td><td>500 mL/瓶</td></tr>
<tr><td>*样品数/质量</td><td colspan="3">5瓶</td><td colspan="2">制造商/产地</td><td></td></tr>
<tr><td>样品描述
（如外观、包装、储存等）</td><td colspan="6">包装完整，常温阴凉处保存</td></tr>
<tr><td rowspan="2">*委托检验项目和要求采用的检验方法</td><td colspan="6">井水的水质分析——铜、铅、镉，采用地质行业推荐性标准</td></tr>
<tr><td colspan="6">委托人保障样品资料的真实性，同意支付所需费用。
□委托人同意采用本公司使用的检验方法
□委托人要求采用其指定的检验方法（请注明）
如有项目需分包，委托人是否同意分包：□是 □否　*委托人签名：</td></tr>
</table>

续表

检验目的	□强制性检验 □监督抽查 □委托检验（非强制性） □食品复检		
检验报告要求	□中文 □英文 □中英对照 □一中一英 □结果评定 □自取 □邮寄 说明：如需英文报告，请务必详细填写英文单位全称、地址、样品名称及制造商		
备注			
以下由本公司受理人员填写：			
要求完成时间	年 月 日 时	受理时间	年 月 日
收费/元	检验费：	其他：	计费人：
备注			

说明：以□标记的栏目用“√”选择，标记＊的为必填内容。

二、任务分析

本任务目标是进行井水的水质分析——铜、铅、镉。应理解分析检验业务委托单，查阅并读懂有关国家标准，确定相关检测仪器，懂得按照标准要求准备相应的试剂，配制相应的工作溶液和样品溶液，测定目标元素含量，记录数据和撰写报告。

1. 任务流程的确定

电感耦合等离子体发射光谱仪的应用任务流程如图 3-24 所示。

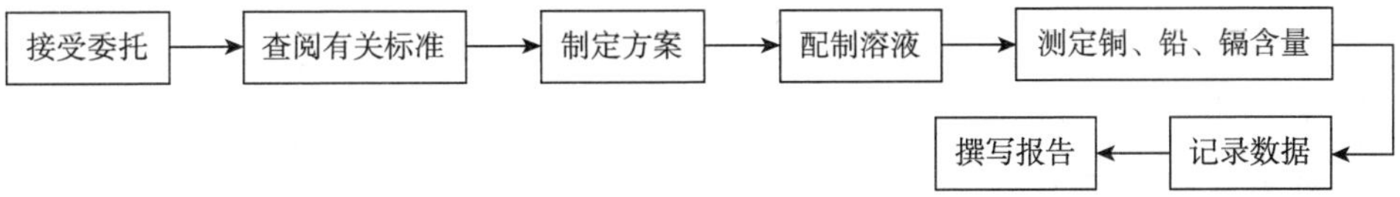

图 3-24 电感耦合等离子体发射光谱仪的应用任务流程

2. 任务实施的准备

（1）相关国家标准

《地下水质分析方法 第 22 部分：铜、铅、锌、镉、锰、铬、镍、钴、钒、锡、铍及钛量的测定 电感耦合等离子体发射光谱法》（DZ/T 0064. 22—2021）。

（2）相关文件

对应品牌的电感耦合等离子体发射光谱仪使用说明书或者操作规程。

（3）仪器

1）电感耦合等离子体发射光谱仪。仪器波长范围为 175～1 050 nm。分辨率：

200 nm 处应小于 0.005 nm，400 nm 处应小于 0.009 nm，600 nm 处应小于 0.012 nm。

2）拆卸式抽滤器。

3）小型真空抽气泵。

（4）试剂

1）超纯水：应符合《分析实验室用水规格和试验方法》（GB/T 6682—2008）规定的一级水要求。使用前检验水中待测元素含量，应低于方法检出限。

2）铜、铅、镉元素标准溶液。

3）无水乙醇：优级纯。

4）甲基橙指示剂：1 $g \cdot L^{-1}$。

5）氨水：MOS 级①。

6）硝酸：$\rho_{20}=1.42\ g \cdot mL^{-1}$，BVⅢ 级②。

7）过氧化氢（30%）：MOS 级。

8）空白溶液。

①校准空白溶液：硝酸稀释溶液（2+98），用 BVⅢ级硝酸配制。

②清洗空白溶液：硝酸稀释溶液（5+95），用 BVⅢ级硝酸配制。

9）铜试剂（DDTC 钠盐，即二乙基二硫代氨基甲酸钠）溶液（50 $g \cdot L^{-1}$）：称取铜试剂［$N(C_2H_5)_2CS_2Na \cdot 3H_2O$］5 g，加入氨水 8 mL，溶解后定容至 100 mL，过滤，于暗处保存。

10）硝酸-乙酸纤维素滤膜：直径为 47 mm，孔径为 0.45 μm。使用前用盐酸（2+8，BVⅢ级）溶液浸泡一昼夜，再用超纯水漂洗至中性。

（5）气体

氩气：纯度≥99.999 5%。

3. 任务重点、难点的分析

任务重点：铜、铅、镉含量的测定步骤。

任务难点：电感耦合等离子体发射光谱仪规范操作、分析方法的建立和优化。

三、相关知识

1. 地下水中铜、铅、镉含量的测定原理

在 pH 值为 8~9 的氨性溶液中，用铁与铜试剂（简称 Fe-DDTC）共沉淀水中痕量的铜、铅、镉。分离富集后的样品溶液，经过雾化由载气送入电感耦合等离子体发射光谱仪的 ICP 焰炬中，经过蒸发、解离、原子化和离子化等过程，发出被测元素的特

① MOS 级化学试剂是金属—氧化物—半导体电路专用的特纯试剂的简称。

② BVⅢ 级硝酸要求各金属元素杂质限度为 2×10^{-8}。

征谱线，其谱线的信号强度与待测物浓度成正比。通过测量各元素特征谱线的信号强度，计算样品溶液中元素的含量。

安全警示：该法所使用的强酸具有腐蚀性，使用时应避免吸入或接触皮肤。强酸溅到身上时，应立即用大量水冲洗，严重时应立即就医。有机试剂具有强烈挥发性和毒性，对人体健康有害且易燃，操作时应在通风橱中进行，防止与明火接触，并按规定要求佩戴劳动防护用品，不慎吸入后应迅速撤离现场至空气新鲜处，严重时应立即就医。

2. 样品的制备和处理

1）采集地下水样品，用硝酸酸化至 pH 值小于 2 后澄清，取上清液 200 mL 于 250 mL 硬质玻璃烧杯中。

2）加入无水乙醇 2 mL，滴加甲基橙指示剂 2 滴，用氨水中和到指示剂刚变色（pH 值≈4），加入铁标准溶液 2 mL（若 200 mL 水样中铁质量大于 2 mg，可不补加），搅匀。

3）加入铜试剂溶液 2 mL，搅匀，再用氨水调整溶液 pH 值为 8~9。放置 2~3 h 或过夜。在抽滤器上垫好滤膜，将沉淀倾入并抽气过滤。

过滤完毕，沉淀连同滤膜放回原烧杯，用 5 mL 热硝酸溶液清洗残留在过滤器上的沉淀，承接于原烧杯中。

4）加入过氧化氢 0. 3 mL，在温热条件下溶解滤膜上的沉淀，滤膜用少许超纯水冲洗后弃去，将溶液在低温条件下蒸发到 2 mL 左右，冷却。

5）将制备溶液移入 10 mL 带刻度的塑料比色管中，用超纯水定容至 5 mL，摇匀，供测定。

3. 样品含量的计算

溶液中待测物的质量浓度（ρ）和空白溶液中待测物的质量浓度（ρ_0）根据电感耦合等离子体发射光谱仪测量的离子计数率 I 在由最小二乘法回归的工作曲线（$I=a+bc$）上计算求得，或在仪器上直接读取。

4. 质量保证与控制

1）每批样品至少做 2 个试剂空白试验。

2）每批样品至少抽取 2 个做加标回收试验，分析结果应符合《地质矿产实验室测试质量管理规范》（DZ/T 0130—2006）“水样分析”中加标回收的质量要求。

3）每测定 10 个样品后，需要测定多元素混合校准溶液，测定结果的相对偏差应小于 10%，否则应重新绘制校准曲线。

4）每测定 10 个样品后，需要测定校准空白溶液，分析结果要与最近一次的空白试验结果一致。

5. 移液器的相关知识

移液器的使用包含吸头安装—容量设定—吸液、放液—卸吸头 4 个步骤。

（1）吸头安装

移液器末端垂直插入吸头，左右微微转动即可安装到位。不可反复撞击移液器，以免移液器的零部件因强烈撞击而松散，同时应防止调节刻度的旋钮被卡住。

（2）容量设定

从大体积调节至小体积时，逆时针旋转至刻度即可；从小体积调节至大体积时，可先顺时针调过设定体积，再回调至设定体积，以保障最佳的精确度。注意不可将调节旋钮旋出量程范围外，否则会损坏移液器内机械装置。

（3）吸液、放液

吸液：移液器按钮按至第一挡，释放按钮，进行吸液。切记不能过快，以免液体倒吸入移液器内部。垂直吸液具体方法：对于 5 mL 和 10 mL 的移液器，吸头应浸入液面 5 mm，慢吸液体，达到预定体积后，在液面下停顿 3 s，再离开液面。吸取挥发性液体时，应润洗吸头 4~6 次，让套筒室内的蒸气饱和，可以避免产生漏液。

放液：紧贴容器器壁，移液器按钮先按到第一挡，略作停顿，再按至第二挡，排除余液。

（4）卸吸头

按下按钮，抛弃使用过的吸头，将移液器竖直挂在移液器架上。

应把移液器调至最大值的刻度，使弹簧处于松弛状态，以保护弹簧。

当移液器吸头内有液体时，切勿将移液器水平放置或倒置，以免液体倒流引起腐蚀。

6. 试剂等级划分

（1）按试剂质量分类

试剂分类见表 3-9。

表 3-9　　试剂分类

级别	等级	缩写	标签颜色	用途
一级	优级纯	GR	绿色	纯度最高，适用于最精密的分析研究
二级	分析纯	AR	红色	纯度较高，适用于精确的微量分析，为分析实验室广泛应用
三级	化学纯	CP	蓝色	纯度略低，适用于一般的微量分析以及要求不高的工业分析和快速分析
四级	实验试剂	LR	棕黄色	纯度较低，但高于工业用试剂，适用于一般的定性检验

（2）按试剂用途划分类

根据不同用途的要求，可将试剂分为很多特定的等级。

1）色谱纯（GC、LC）：气相色谱、液相色谱分析专用。质量指标注重干扰色谱峰的杂质。色谱纯试剂主成分含量高。

2）指示剂（ID）：配制指示溶液用。质量指标为变色范围和变色敏感程度。指示剂可替代化学纯试剂，也适用于有机合成。

3）生化试剂（BR）：用于配制生物化学检验试液和生化合成。质量指标注重生物活性杂质。生化试剂可替代指示剂，可用于有机合成。

4）生物染色剂（BS）：配制微生物标本染色液。质量指标注重生物活性杂质。生物染色剂可替代指示剂，可用于有机合成。

5）光谱纯（SP）：用于光谱分析，分别作为分光光度计标准品、原子吸收光谱标准品、原子发射光谱标准品。

6）电子纯（MOS）：金属-氧化物-半导体电子工业专用高纯化学品，适用于电子产品生产中，电性杂质含量极低。

7）当量试剂（3N、4N、5N）：主成分含量分别为99.9%、99.99%、99.999%以上。

8）电泳试剂：质量指标注重电性杂质含量控制。

四、任务实施

1. 接受委托

按照委托方要求，填写委托单（见表3-7）和样品接收单。

2. 查阅有关标准

1）仔细阅读《地下水质分析方法　第22部分：铜、铅、锌、镉、锰、铬、镍、钴、钒、锡、铍及钛量的测定　电感耦合等离子体发射光谱法》（DZ/T 0064.22—2021），检查所需的各种仪器是否齐全，所需的试剂种类、纯度、数量是否满足要求，并检查实验室提供的纯水等级是否满足要求。

2）查找任务实施过程中可能存在的事故隐患，并提出预防与防护措施。

解读检测标准原始记录见表3-10。

表3-10　　解读检测标准原始记录

项目	项目内容
一、委托内容分析	
样品名称	

续表

<table>
<tr><th>项目</th><th colspan="4">项目内容</th></tr>
<tr><td>检测项目</td><td colspan="4"></td></tr>
<tr><td>检验标准</td><td colspan="4"></td></tr>
<tr><td>样品存放条件</td><td colspan="4"></td></tr>
<tr><td>完成时间</td><td colspan="4"></td></tr>
<tr><td colspan="5">二、质量标准内容</td></tr>
<tr><td>记录标准编号</td><td colspan="4"></td></tr>
<tr><td>方法工作原理</td><td colspan="4"></td></tr>
<tr><td>检出限</td><td></td><td>定量限</td><td colspan="2"></td></tr>
<tr><td>适用范围</td><td colspan="4"></td></tr>
<tr><td>检测对象名称</td><td></td><td>检测对象结构式</td><td colspan="2"></td></tr>
<tr><td>样品处理方法</td><td colspan="4"></td></tr>
<tr><td colspan="5">三、仪器确认清单</td></tr>
<tr><td>仪器全称</td><td colspan="4"></td></tr>
<tr><td>仪器配置</td><td colspan="4"></td></tr>
<tr><td>仪器检定日期</td><td colspan="4"></td></tr>
<tr><td colspan="5">四、实验试剂确认清单</td></tr>
<tr><td>试剂名称</td><td>CAS 号</td><td>纯度/规格</td><td>生产厂家</td><td>有效期</td></tr>
<tr><td></td><td></td><td></td><td></td><td></td></tr>
<tr><td></td><td></td><td></td><td></td><td></td></tr>
</table>

注：CAS 号是化学物质的唯一数字识别号码。

3. 制定方案

小组合作制定地下水中铜、铅、镉含量测定方案，讨论后填写表 3-11。

表 3-11　地下水中铜、铅、镉含量测定方案

<table>
<tr><td>方案编码</td><td></td><td>方案制定时间</td><td></td></tr>
<tr><td>负责部门</td><td></td><td>方案制定人</td><td></td></tr>
<tr><td>小组成员</td><td colspan="3"></td></tr>
<tr><td>分析项目</td><td></td><td>任务依据</td><td></td></tr>
</table>

续表

分析方法		定量方法	
完成工时		测定地点	
一、绘制地下水铜、铅、镉含量测定操作流程图			
二、确定分工合作计划			
方案制定人		复核人	

4. 配制溶液

（1）标准溶液的配制

1）配制单元素标准溶液：采用单质金属配制浓度为 1.000 mg · mL^{-1} 的单元素标准溶液，或购买单元素标准溶液。

①铜标准溶液（1.000 mg · mL^{-1}）。称取 0.100 0 g 电解铜置于烧杯中，加入 10 mL 硝酸（1+1），微加热使铜完全溶解后，加入适量水及 10 mL 硝酸（1+1），冷却后移入 100 mL 容量瓶中，用水稀释至刻度，摇匀。电解铜处理：浸泡在盐酸（5+95）中，煮沸 5 min，取出后用蒸馏水冲洗干净，干燥后称样。

②铅标准溶液（1.000 mg · mL^{-1}）。称取 0.107 7 g 高纯氧化铅置于烧杯中，加入 20 mL 浓硝酸，低温加热至溶解，冷却后移入 100 mL 容量瓶中，用水稀释至刻度，摇匀。

③镉标准溶液（1.000 mg · mL^{-1}）。称取 0.114 2 g 高纯氧化镉置于烧杯中，加入 20 mL 硝酸（1+1），加热至溶解，冷却后移入 100 mL 容量瓶中，用水稀释至刻度，摇匀。

2）配制多元素混合校准溶液。分别取单元素标准溶液配制，也可用市售单元素标准溶液进行混合、稀释得到。具体配制方法：分别移取铜、铅、镉标准溶液 1.00 mL 到同一个 100 mL 容量瓶中，用硝酸（1+9）稀释到刻度，即可得到铜、铅、镉混合校准溶液（10 μg · mL^{-1}），其他浓度混合校准溶液依此方法配制。

（2）样品溶液的配制

无须配制，预富集后的样品溶液直接过滤后即可进样。

5. 测定铜、铅、镉含量

（1）参数设置

ICP 功率：1 400 W；冷却气流量：10.0 $L \cdot min^{-1}$；辅助气流量：0.2 $L \cdot min^{-1}$；载气流量：0.55 $L \cdot min^{-1}$；自动曝光时间：1~5 s；溶液提升量：1.5 $mL \cdot min^{-1}$；炬管位置：-3。

（2）绘制校准曲线

在仪器的最佳条件下，于波长 213.9 nm 处，以试剂空白调零，于铜 324.752 nm、铅 220.353 nm、镉 226.502 nm，测不同浓度的铜、铅、镉标准系列溶液的发射光谱，绘制出校准曲线或计算出回归方程。校准曲线的线性相关系数应大于 0.999 0，否则应重新绘制。

（3）水样的测定

每批样品测定时，同时测定空白溶液，平行做两份试验。样品测定中间用空白溶液清洗系统。

6. 记录数据、撰写报告

按式（3-1）计算液体样品中待测物的质量浓度。

$$\rho(B) = \rho - \rho_0 \tag{3-1}$$

式中 $\rho(B)$ ——样品中待测物 B 的质量浓度，$ng \cdot mL^{-1}$；

ρ——测定溶液中待测物的质量浓度，$ng \cdot mL^{-1}$；

ρ_0——空白溶液中待测物的质量浓度，$ng \cdot mL^{-1}$。

数据记录与处理见表 3-12。

表 3-12 数据记录与处理

项目	项目内容		
一、样品信息			
样品名称		样品编号	
检测项目		检测日期	
检验标准		判定依据	
实验室温度/ ℃		实验室相对湿度/%	
样品存放条件			
检验设备编号			
标准物质编号			

续表

<table>
<tr><th colspan="2">项目</th><th colspan="3">项目内容</th></tr>
<tr><td colspan="2">完成时间</td><td colspan="3"></td></tr>
<tr><td colspan="5">二、参数设置</td></tr>
<tr><td colspan="2">功率/W</td><td></td><td>冷却气流量/($L \cdot min^{-1}$)</td><td></td></tr>
<tr><td colspan="2">载气流量/($L \cdot min^{-1}$)</td><td></td><td>辅助气流量/($L \cdot min^{-1}$)</td><td></td></tr>
<tr><td colspan="2">积分时间/s</td><td></td><td>内标物</td><td></td></tr>
<tr><td colspan="5">三、标准溶液配制</td></tr>
<tr><td colspan="2">溶液配制方法</td><td colspan="3"></td></tr>
<tr><td colspan="5">四、定量分析</td></tr>
<tr><td colspan="2">组分名称</td><td>铜</td><td>铅</td><td>镉</td></tr>
<tr><td rowspan="3">质量分数/%</td><td>1</td><td></td><td></td><td></td></tr>
<tr><td>2</td><td></td><td></td><td></td></tr>
<tr><td>3</td><td></td><td></td><td></td></tr>
<tr><td rowspan="3">质量浓度/($ng \cdot mL^{-1}$)</td><td>1</td><td></td><td></td><td></td></tr>
<tr><td>2</td><td></td><td></td><td></td></tr>
<tr><td>3</td><td></td><td></td><td></td></tr>
<tr><td colspan="2">平均质量浓度/($ng \cdot mL^{-1}$)</td><td></td><td></td><td></td></tr>
<tr><td colspan="2">相对标准偏差/%</td><td></td><td></td><td></td></tr>
<tr><td colspan="2">质控样</td><td></td><td></td><td></td></tr>
<tr><td colspan="2">检验人（签名）</td><td></td><td>复核人（签名）</td><td></td></tr>
</table>

根据计算结果，对照相关标准，撰写地下水中铜、铅、镉含量测定报告。

五、任务测评

对电感耦合等离子体发射光谱仪的应用任务进行评价，完成表3-13。

表 3-13　电感耦合等离子体发射光谱仪的应用任务评价

评价指标		评价要素	配分	得分
专业能力	查阅标准	正确写出标准名称	1	
		正确说出检验原理	1	
		正确查找适用范围	1	
		正确查找发射光谱谱带	1	
		明确所需的试剂	1	
		明确所需的仪器	1	

续表

评价指标		评价要素	配分	得分
专业能力	查阅标准	明确实验的相关系数要求	1	
		明确测定结果小数点保留位数要求	1	
		明确安全注意事项及防护措施	1	
	制定方案	正确写出步骤名称	3	
		步骤顺序正确	3	
		流程图设计美观大方	2	
		能够进行合理分工，并规划时间	3	
	配制溶液	定容过头或不到，每次扣 2 分，扣完为止	10	
		重新配制标定溶液一次，扣 3 分，扣完为止		
		损坏仪器，每件扣 5 分，扣完为止		
	测定	仪器测定参数设置错误，每处扣 3 分，扣完为止	10	
		开关机操作顺序错误，每处扣 5 分，扣完为止		
	数据处理	计算错误，每处扣 2 分，扣完为止	10	
		有效数字位数修约错误，每处扣 1 分，扣完为止		
	校准曲线线性判断	相关系数≥0.999 9，得 10 分	10	
		0.999 5≤相关系数<0.999 9，得 8 分		
		0.999 0≤相关系数<0.999 5，得 6 分		
		0.995 0≤相关系数<0.999 0，得 4 分		
		相关系数<0.995 0，得 2 分		
	检测结果精密度判断	相对平均偏差≤2.0%，得 10 分	10	
		2.0%<相对平均偏差≤3.0%，得 8 分		
		3.0%<相对平均偏差≤4.0%，得 6 分		
		4.0%<相对平均偏差≤5.0%，得 4 分		
		5.0%<相对平均偏差≤6.0%，得 2 分		
		相对平均偏差>6.0%，得 0 分		

续表

评价指标		评价要素	配分	得分
专业能力	检测结果准确度判断	与准确浓度相对偏差≤3.0%，得 10 分	10	
		3.0%<与准确浓度相对偏差≤4.0%，得 8 分		
		4.0%<与准确浓度相对偏差≤5.0%，得 6 分		
		5.0%<与准确浓度相对偏差≤6.0%，得 4 分		
		6.0%<与准确浓度相对偏差≤7.0%，得 2 分		
		与准确浓度相对偏差>7.0%，得 0 分		
通用能力和职业素养		不迟到，不早退，不旷课，不偷懒	2	
		主动与他人合作，能帮助他人共同完成组长分配的任务	2	
		通过有效沟通，及时发现问题、分析问题、解决问题	2	
		能查阅相关书籍，充分利用网络资源，有效获取学习信息	2	
		按时、按质完成工作任务	2	
		原始记录书写规范，如实填写，无涂改	2	
		实验中穿戴工作服、电绝缘鞋、安全帽等劳动防护用品，严格遵循电气安全操作规程	3	
		实验场所始终保持整洁，仪器设备摆放有序，不乱扔、乱倒固体废弃物或液体废弃物	3	
		实验结束后关闭电源和气源，罩好仪器防尘罩，正确填写仪器使用记录	2	
合计			100	

思考与练习

简答题

1. 简述地下水中铜、铅、镉含量的测定原理。

2. 简述移液器的容量设定方法。

3. 简述移液器的吸液、放液方法。

4

气相色谱分析技术

气相色谱法（GC）是重要的仪器分析手段之一，具有分离效能高、分析速度快、灵敏度高、对复杂的多组分混合物定性与定量分析结果准确、容易自动化操作、选择性高等特点。该技术已经广泛地应用于石油、精细化工、环境科学、医药、生化、电力、食品、矿山等各个领域，成为工农业生产、科研、教学等部门不可缺少的重要分离、分析工具。

本模块通过 5 个项目开展活动，使学生掌握一定的理论知识，并具备较高的操作技能和基本的气相色谱仪安装、维护技能。

建议课时：24 课时。

4.1 认识气相色谱仪

学习目标

1. 了解气相色谱仪的结构。
2. 了解气相色谱仪的工作原理。
3. 了解相关国家标准的内容。
4. 熟悉气相色谱仪各部件名称及功能。
5. 培养严谨细致的工匠精神。
6. 培养探索未知、追求真理和勇攀科学高峰的职业素养。

思政小课堂-16

赤子之心　精益求精

陆婉珍是中国科学院院士，我国石油分析的先驱、近红外光谱领路人、《现代科学仪器》顾问。1955年，她放弃在美国的优越生活和科研条件，克服重重困难回到祖国。陆婉珍研制出电量法测定硫、氮、氯、水、盐和痕量砷的分析技术，为工艺过程的控制做出了重要贡献。她探索未知，勇攀科学高峰，首次开发出了弹性石英毛细管色谱柱，这是我国气相色谱技术发展的一个里程碑。

陆婉珍崇尚工匠精神，指导建成了包括原油在内的较为完备的油品近红外模型数据库，不仅用于炼油企业，在国防建设上也得到了应用。陆婉珍身上彰显着以爱国主义为核心的民族精神和勇攀科学高峰的职业素养，值得我们学习和弘扬。

思政目标：培养爱国精神和勇攀科学高峰的职业素养。

思考：请说说陆婉珍有哪些值得学习的优秀品质。

一、任务分析

1. 任务流程的确定

认识气相色谱仪任务流程如图4-1所示。

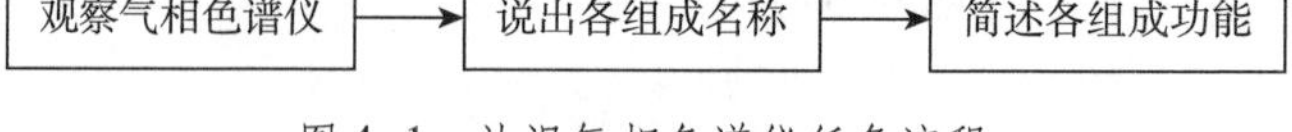

图4-1　认识气相色谱仪任务流程

2. 任务实施的准备

（1）相关国家标准

1）《实验室气相色谱仪》（GB/T 30431—2020）。

2）《气相色谱仪测试用标准色谱柱》（GB/T 30430—2019）。

3）《化学试剂 气相色谱法通则》（GB/T 9722—2023）。

（2）相关文件

对应品牌的仪器使用说明书或者操作规程。

（3）仪器

气相色谱仪（含毛细管柱、自动进样器、微量注射器、氢火焰离子化检测器）及周边配套仪器（氮气气瓶、氢气发生器、空气发生器、容量瓶、吸量管、移液器等）。

（4）试剂

甲醇（色谱纯）、丙酮（分析纯）。

3. 任务难点的分析

理解国家标准，记住仪器不同组成部分的名称。

二、相关知识

1. 气相色谱仪的基本组成和工作原理

（1）气相色谱仪的基本组成

气相色谱仪是一种应用成熟的分析仪器，其种类繁多，但都是由气路系统、进样系统、分离系统、检测系统、温度控制系统和数据处理系统 6 大部分组成的。气相色谱仪的组成见表 4-1。

表 4-1　气相色谱仪的组成

组成名称	部件	作用
气路系统	气源系统、净化系统、压力流量控制系统、仪器气路	提供纯净的载气、助燃气和燃气，保证气路密闭、流速稳定和流速测量准确
进样系统	自动进样器或微量进样针、汽化室	精确地将样品定量注入色谱系统，有效汽化样品，用载气快速将汽化的样品送入分离系统
分离系统	柱温箱、色谱柱（色谱仪的核心部件）	柱温箱保障精确地控制温度，色谱柱将多组分样品分离成单一组分
检测系统	检测器，如氢火焰离子化检测器（FID）、热导检测器（TCD）	将经过色谱柱分离后的单一组分的信息转化为可以记录的电信号，对单一组分进行测定
温度控制系统	温度控制装置	控制柱温箱、汽化室和检测器的温度
数据处理系统	计算机、气相色谱工作站	将检测器输出的模拟信号转化为随时间变化的色谱图，并通过软件对样品进行定性和定量分析

（2）气相色谱仪的工作原理

气相色谱仪以气体作为流动相（载气），当样品经过进样口进入汽化室并汽化后，由载气运载样品进入填充柱或毛细管柱。由于样品中各组分的沸点、极性及吸附系数不同，各组分在色谱柱中不断被吸附和脱吸附，最终各组分得到分离，依次进入连接着色谱柱的检测器。根据各组分的物理化学特性，检测器将各组分按顺序检测出来，其电信号转化为数字信号，最后通过串口或网络接口传输至色谱工作站，由色谱工作站记录并分析各组分的气相色谱图，从而得到各组分的分析报告。

气相色谱仪的工作原理如图 4-2 所示。

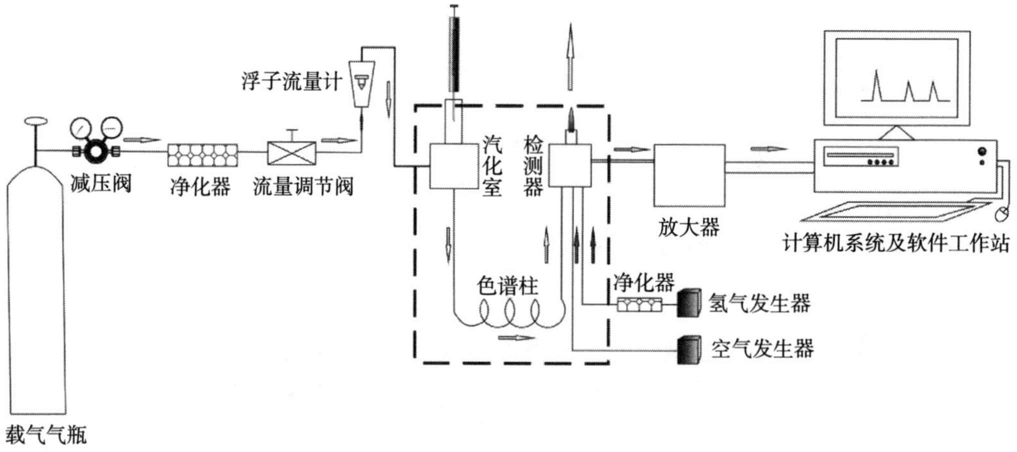

图 4-2　气相色谱仪的工作原理

2. 气相色谱仪的周边设备

（1）气瓶及载气种类

气相通常指的是流动相采用的气体，气相色谱仪（配 FID）的载气采用高纯度的氮气（纯度为 99.999%），还可以选择氢气、氩气、氦气。

载气的纯度越高越好，因为载气中的杂质（如氧气、水等）容易与色谱柱的固定相相互作用，导致固定相变性和流失，柱效降低，损坏色谱柱，改变样品的保留值；对于检测器而言，载气中如果有大量的杂质，特别是检测器能够响应的杂质，会导致仪器的基线噪声变大，灵敏度降低；气体中夹带的粒状杂质可能使气路控制系统失灵。

例如，对于电子捕获检测器（ECD）而言，氧气是 ECD 能够响应的组分，载气中如果有大量的氧气易使 ECD 的灵敏度降低。

所以，气相色谱仪主机和气源之间通常安装一根净化管（装有硅胶、分子筛、活性炭等物质），载气经过时可以除去微量的水分及油等杂质。

载气净化的目的是保障基线的稳定性及提高仪器的灵敏度。净化程度主要取决于使用的检测器及分析要求（常量或者微量分析）。

气相色谱仪的载气见表 4-2。

表 4-2　气相色谱仪的载气

载气名称	应用范围	优缺点
氮气（N_2）	配 FID	氮气相对分子质量较大，扩散系数小，柱效相对较高且价格便宜，但导热系数低，灵敏度差，定量线性范围较窄，因此在热导检测器中应用较少

续表

载气名称	应用范围	优缺点
氢气（H_2）	配 TCD	氢气具有相对分子质量小、导热系数大、黏度小等特点，是氢火焰离子化检测器中必用的燃气，但氢气易燃、易爆，使用时要特别注意安全
氩气（Ar）	配 FID、TCD 等	氩气相对分子质量大，导热系数小，但成本高，因而应用较少
氦气（He）	配 FID、TCD 等，特别适合 TCD	氦气相对分子质量小，导热系数大，黏度小，使用时线速度大，但成本高，常用于气质联用分析

（2）气体发生器

气相色谱仪一般采用的气体发生器有氢气发生器和空气发生器。

使用氢气发生器可避免在工作场所使用较为危险的氢气气瓶，而且氢气发生器在特定的时间内只产生一定量可以控制的氢气。

氢气发生器主要由电解系统、压力控制系统、净化系统和显示系统组成。氢气发生器按工作原理可划分为两种，即纯水电解制氢和碱液电解制氢。氢气发生器如图 4-3 所示。

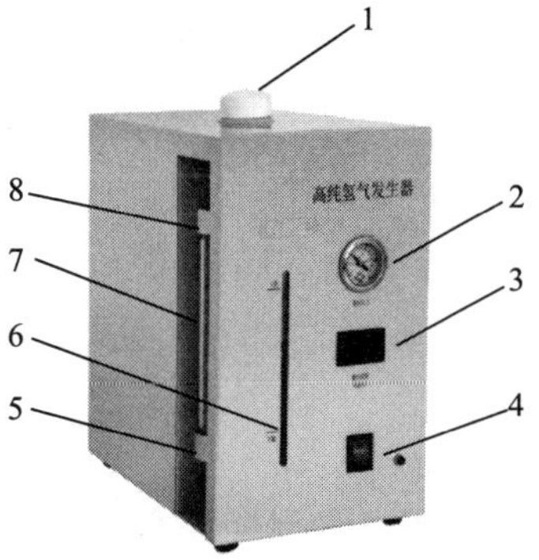

图 4-3　氢气发生器

1—进液口盖　2—压力表　3—流量指示器　4—电源开关　5、8—干燥管盖　6—液位观察窗　7—干燥管

1）纯水电解制氢的工作原理：把满足要求的电解水（电阻率大于 1 MΩ · cm^{-1}，电子或分析行业用的纯水或二次蒸馏水皆可）送入电解槽阳极室，通电后水便立刻在阳极分解，分解出的负氧离子（O^{2-}）随即在阳极放出电子，形成氧气（O_2），氧气从阳极室排出，经水槽上盖的小孔排入大气；氢质子以水合离子的形式，在电场力的作用下，通过 SPE 离子膜①到达阴极，吸收电子后形成氢气，从阴极室排出，经气水分

① SPE 离子膜是由高阻隔性材料、聚乙烯（PE）及相关连接料共挤形成的超功能性 PE 膜，无须复合就能达到传统的尼龙膜与 PE 膜复合才能具有的高强度、高阻隔、耐穿刺等功能。

离器除去从电解槽携带出的大部分水分，含微量水分的氢气再经干燥器吸湿后，纯度便达到 99.999%以上。

氢气发生器工作原理如图 4-4 所示。

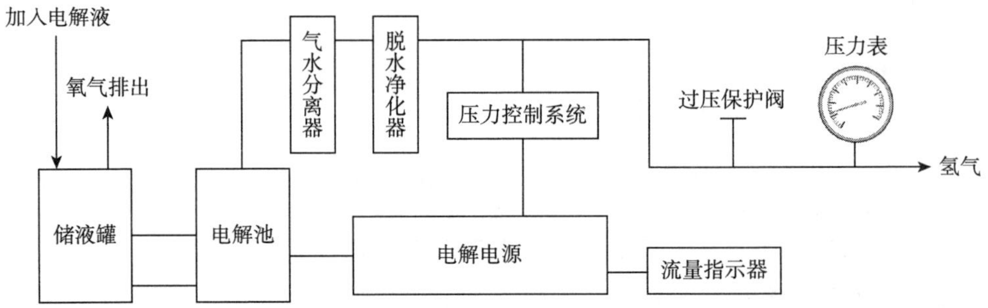

图 4-4　氢气发生器工作原理

2）碱液电解制氢的工作原理：传统隔膜碱液电解法。电解槽内的导电介质为氢氧化钾水溶液，两极室的分隔物为优质隔膜，与耐腐蚀、传质良好的格栅电极等组成电解槽。向两极施加直流电后，水分子在电解槽的两极立刻发生电化学反应，在阳极产生氧气，在阴极产生氢气。氢气进入气水分离器，除去从电解槽携带出的大部分水分，含微量水分的氢气再经干燥器吸湿后，纯度便达到 99.999%以上。

（3）自动进样器

自动进样可减少分析人员的重复操作，实现手动进样难以达到的高精度分析，避免不同分析人员之间的操作误差。

气相色谱仪-自动进样器如图 4-5 所示。

图 4-5　气相色谱仪-自动进样器

3. 气相色谱仪的特点

（1）高灵敏度

气相色谱仪可检出 1×10^{-10} g 的物质，可用于超纯气体、高分子单体的痕量杂质分析和空气中微量毒物的分析，且分析速度快，一般几分钟即可完成，有利于指导和控制生产。

（2）高选择性

气相色谱仪可有效地分离性质极为相近的各种同分异构体和各种同位素。

（3）高效能

气相色谱仪可把组分复杂的样品分离成单组分。

（4）所需试样量少

一般气体试样用几毫升，液体试样用几微升或几十微升。

（5）设备和操作简单

设备和技术发展已经很成熟，设备集成化程度高，操作越来越简单和智能化。

（6）应用范围广

气相色谱仪可分析低含量的气、液体，亦可分析高含量的气、液体，并且不受组分含量的限制。

（7）仪器价格便宜

近年来，气相色谱仪价格越来越便宜。

三、任务实施

说出气相色谱仪及周边设备各部件名称及功能，完成表 4-3。

表 4-3　　气相色谱仪及周边设备各部件名称及功能

组成	部件	功能
气路系统	氮气气瓶	
	空气发生器	
	氢气发生器	
	输气管路	
	净化系统	
	压力表	
进样系统	自动进样器	
	微量进样针	
	汽化室	
分离系统	柱温箱	
	色谱柱	
检测系统	氢火焰离子化检测器	
	电子捕获检测器	
	热导检测器	
数据处理系统	计算机	
	气相色谱工作站	
温度控制系统	温度控制装置	

四、任务测评

对认识气相色谱仪任务进行评价，完成表 4-4。

表 4-4　　认识气相色谱仪任务评价

评价指标		评价要素	配分	得分
专业能力	确认实验室条件	正确检查实验室条件是否符合要求	15	
	认识气相色谱仪	正确说出实验室现有仪器的类型	10	
		正确说出仪器的组成部分	10	
		正确写出仪器的部件名称	15	
		正确写出仪器各部件功能	15	
	使用氢气发生器	按照正确开停机顺序，安全使用氢气发生器	15	
通用能力和职业素养		不迟到，不早退，不旷课，不偷懒	2	
		主动与他人合作，主动参与讨论	3	
		能查阅资料进行自主学习	3	
		按时、按质完成工作任务	3	
		实验中穿戴工作服、电绝缘鞋、安全帽等劳动防护用品，严格遵循电气安全操作规程	3	
		实验场所始终保持整洁，仪器设备摆放有序，不乱扔、乱倒固体废弃物	3	
		实验结束后关闭电源，罩好仪器防尘罩，正确填写仪器使用记录	3	
合计			100	

思考与练习

一、填空题

1. 气相色谱仪由________、________、________、________、____________和数据处理系统组成。

2. 在气相色谱仪中，________是色谱仪的核心部件。

3. 氢气发生器主要由________、____________、净化系统和显示系统组成。

二、简答题

1. 简述气路系统的作用。

2. 简述气相色谱仪的工作原理。

3. 为什么气相色谱仪的载气要求越纯越好？

4.2 使用气相色谱仪

学习目标

1. 了解气相色谱分析专业术语及定义。
2. 掌握气相色谱分析仪的使用技能。
3. 掌握气相色谱仪的操作。
4. 培养精益求精的工匠精神。
5. 在实验过程中养成实事求是的素养。

思政小课堂－17

传承创新　勇于突破

随着科学技术的快速发展，新科技在各个领域的应用在逐渐拓宽、深化。新形势下，迫切需要一支拥有现代科技知识、精湛技艺技能和较强创新能力的高素质技能队伍。

新时代的技能人才，不但是传统技艺的传承者，还要成为攻关新兴技术、破解工艺难题的行业专家。杨永修和团队夜以继日攻关，终于结束了多缸发动机核心部件须由国外加工的历史。龙斌让国产掘进机技术领跑全球，打破国外垄断，破解世界级难题。他们勤学苦练，精益求精，创新突破。年轻的大国工匠们把青春奋斗融入党和国家事业中，为“中国智造”贡献力量。

思政目标：培养科学精神和创新精神。

思考：新时代的技能人才需要具备哪些素质？

一、任务分析

1. 任务流程的确定

使用气相色谱仪任务流程如图 4-6 所示。

图 4-6　使用气相色谱仪任务流程

2. 任务实施的准备

（1）相关文件

对应品牌的仪器使用说明书或者操作规程。

（2）仪器

气相色谱仪（含毛细管柱、自动进样器、微量注射器、氢火焰离子化检测器）及周边配套仪器（氮气气瓶、氢气发生器、空气发生器、容量瓶、吸量管、移液器等）。

（3）试剂

甲醇（色谱纯）、丙酮（分析纯）。

3. 任务难点的分析

理解气相色谱分析相关专业术语。

二、相关知识

1. 气相色谱仪的开机流程①和使用

1）打开氮气气瓶总阀，调节减压阀（沿顺时针方向转动可加压），调整分压表压力为 0.2~0.5 MPa。打开气体净化管开关，打开空气发生器和氢气发生器电源开关。

2）打开气相色谱仪电源开关，待仪器自检发出两声蜂鸣后，气相色谱仪屏幕进入主菜单界面。

3）打开计算机电源开关，双击打开工作站软件，计算机主机会“哔”一声，表示计算机与气相色谱仪完成联机。

4）在工作站中设置汽化室、柱温箱、检测器温度分别达到 180 ℃、60 ℃、180 ℃，设置自动点火，点击“方法下载”并运行气相色谱仪。观察工作站软件中的变化，观察基线的变化，观察气相色谱仪屏幕上参数的变化。

5）数据采集。待工作站软件中显示基线平直后，进样，采集数据，记录峰面积和保留时间等数据。

① 参照具体仪器使用说明书。

2. 气相色谱仪的关机流程①

1）关闭氢气发生器和空气发生器电源开关，使火焰熄灭，并排出发生器中残留的气体。

2）设置进样口、检测器温度低于 50 ℃，柱温箱温度低于室温。

3）待进样口、检测器温度低于 50 ℃，柱温箱温度低于室温时，退出工作站软件，关闭气相色谱仪电源开关，关闭计算机电源开关。

4）关闭氮气气瓶阀门。

5）做好实验室“7S”工作。

3. 气相色谱仪的专业术语

气相色谱图示例如图 4-7 所示。

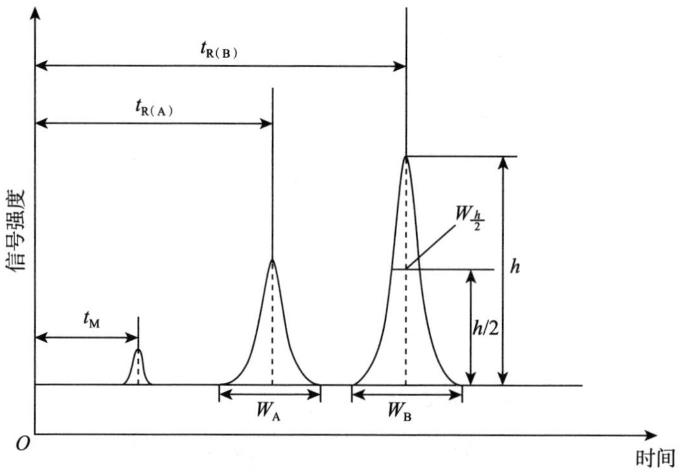

图 4-7　气相色谱图示例

1）色谱法：利用组分在两相间分配系数不同而进行分离的技术。

2）流动相：携带样品流过整个系统的流体。

3）固定相：在色谱分离中固定不动，对样品产生吸附作用的相。

4）基线：在正常操作条件下，仅有流动相通过检测器系统时所产生的响应信号的曲线。

5）死时间 t_M：不能被固定相吸附或溶解的组分从进样开始流经色谱柱到出现峰最大值所需要的时间，亦即流动相到达检测器所需的时间。例如，气相色谱中不活泼气体（空气、甲烷等）流出色谱柱所需的时间就是死时间。

① 参照具体仪器使用说明书。

6）保留时间 t_R：组分从进样到出现峰最大值所需的时间。当操作条件不变时，组分的 t_R 为定值，因此保留时间是色谱法的基本定性参数。

7）调整保留时间 t'_R：扣除了死时间后的保留时间，即 $t'_R = t_R - t_M$。

调整保留时间 t'_R 体现的是组分在色谱柱中被吸附或溶解的时间。因其扣除了与组分性质无关的 t_M，所以 t'_R 作为定性指标比保留时间 t_R 更合理。

8）死体积 V_M：不能被固定相滞留的组分从进样到出现峰最大值所消耗的流动相的体积，即从进样器到检测器的流路中未被固定相占有的空隙的总体积。死时间相当于流动相充满死体积所需的时间。死体积大，色谱峰扩张（展宽），柱效降低。

9）保留体积 V_R：组分从进样到出现峰最大值时所需流动相的体积，一般可用保留时间乘流动相流速求得。

$$V_R = t_R \cdot F_0 \tag{4-1}$$

式中　F_0——载气流速。

10）调整保留体积 V'_R：保留体积扣除死体积后的体积，反映将待测组分从固定相中携带出色谱柱所需流动相的体积。

$$V'_R = t'_R \cdot F_0 \tag{4-2}$$

调整保留体积和调整保留时间同属于色谱定性参数。

11）塔板理论：塔板理论是半经验理论。塔板理论可解释流出曲线的形状、浓度极大值的位置及评价柱效，但它的某些假设与实际色谱过程并不相符，因而不能很好地解释与动力学过程相关的一些现象，如色谱峰峰型的变化、理论塔板数与流动相流速的关系等。

若色谱柱的总长度为 L，塔板高度为 H，则色谱柱中塔板数 n 为

$$n = \frac{L}{H} \tag{4-3}$$

塔板数与色谱参数的关系为

$$n = 5.54 \times \left(\frac{t_R}{W_{\frac{h}{2}}}\right)^2 = 16 \times \left(\frac{t_R}{W}\right)^2 \tag{4-4}$$

式中　h——峰高；

$W_{\frac{h}{2}}$——半峰宽；

W——峰宽。

有效理论塔板数 $n_{有效}$ 为

$$n_{有效} = 5.54 \times \left(\frac{t'_R}{W_{\frac{h}{2}}}\right)^2 = 16 \times \left(\frac{t'_R}{W}\right)^2 \tag{4-5}$$

理论塔板高度 H 与有效塔板高度 $H_{有效}$ 的关系为

$$H_{有效} = \frac{L}{n_{有效}} \tag{4-6}$$

三、任务实施

任务实施部分以 GC 2014 气相色谱仪为例。

1. 仪器基本操作

按仪器使用说明书完成开机和关机操作。

2. 工作站参数设置

1）开机过程中，设置进样口、柱温箱、检测器温度分别达到 180 ℃、60 ℃、180 ℃。

2）关机过程中，设置进样口、检测器温度低于 50 ℃，柱温箱温度低于室温。

3）设置自动进样器参数。一般，进样前溶剂洗针 1 次，进样前样品清洗 1 次，连续除样品气泡 5 次，进样体积为 1 μL，进样后溶剂清洗次数为 2 次。

四、任务测评

对使用气相色谱仪任务进行评价，完成表 4-5。

表 4-5　　　　使用气相色谱仪任务评价

评价指标		评价要素	配分	得分
专业能力	查阅仪器使用说明书	正确归纳仪器使用方法	5	
		正确总结安全注意事项	5	
	开机检查	正确调节气瓶压力	5	
		正确判断气瓶气路各连接处的气密性情况	5	
		正确判断水封完好情况	5	
		正确判断检测器情况	5	
	设置参数	正确进行仪器初始化操作	5	
		正确选择波长	5	
		正确设置进样口、检测器温度	5	
		正确设置柱温箱温度及程序升温	5	
	测定吸光度	安全点燃火焰	5	
		正确测量空白溶液及标准使用溶液吸光度	15	
	关机	测量完毕通氮气空烧	5	
		关机操作顺序正确	5	

续表

评价指标	评价要素	配分	得分
通用能力和职业素养	不迟到，不早退，不旷课，不偷懒	2	
	主动与他人合作，通过讨论发现问题、分析问题、解决问题	3	
	能查阅资料进行自主学习	2	
	按时、按质完成工作任务	2	
	原始记录书写规范，如实填写，无涂改	2	
	实验中穿戴工作服、绝缘鞋、安全帽等劳动防护用品，严格遵循电气安全操作规程	3	
	实验场所始终保持整洁，仪器设备摆放有序，不乱扔、乱倒固体废弃物	3	
	实验结束后关闭电源，罩好仪器防尘罩，正确填写仪器使用记录	3	
合计		100	

思考与练习

简答题

1. 什么是色谱法？

2. 举例说明流动相和固定相的含义。

3. 为什么将调整保留时间作为定性指标更合理？

4.3 调校气相色谱仪

学习目标

1. 掌握气路检查方法。
2. 掌握微量注射器的使用方法。
3. 掌握色谱柱的安装方法。
4. 培养“绿水青山就是金山银山”的环保理念，提高学生的环保意识。

思政小课堂-18

怀生态心 绘青绿图

徐晓白（1927 年 5 月 28 日—2014 年 3 月 27 日），江苏苏州人，环境化学家、无机化学家，中国科学院资深院士，中国科学院生态环境研究中心研究员、博士生导师、学位评定委员会主任。徐晓白 1948 年毕业于交通大学化学系，早期在荧光材料、稀土二元化合物以及核燃料后处理工艺等方面做出了贡献。她在发展环境有机毒物的痕量分析、环境行为与生态毒理方面做了大量的开拓性工作，为我国环境化学学科的发展做出了卓越的贡献。

在徐晓白半个多世纪的科研生涯中，她始终以国家发展和需要作为自己科学研究的主攻方向，为此，她屡转研究方向，兢兢业业，全力以赴。她在大气污染、水污染等方面也做了许多工作，并提出了切实可行的有效防治方案，她的科研成果在推动环境保护等方面起到了重要作用 。她常怀生态文明之心，描绘青山绿水图，积极投身于我国环境保护事业，推动生态文明建设。

思政目标：培养学生低碳环保的理念。

思考：结合实际，请你为环保出谋划策。

一、任务描述

1. 任务流程的确定

调校气相色谱仪任务流程如图 4-8 所示。

图 4-8 调校气相色谱仪任务流程

2. 任务实施的准备

（1）相关文件

对应品牌的仪器使用说明书或者操作规程。

（2）仪器

气相色谱仪（含毛细管柱、自动进样器、微量注射器、氢火焰离子化检测器）及周边配套仪器（氮气气瓶、氢气发生器、空气发生器、容量瓶、吸量管、移液器等）。

（3）试剂

甲醇（色谱纯）、丙酮（分析纯）、乙醇（分析纯）、肥皂水。

3. 任务难点的分析

正确使用微量注射器。

二、相关知识

1. 气体检漏的方法

气相色谱仪的流动相是气体，所以气体泄漏或者气压不稳定，将对检测结果产生明显影响，造成分析结果的误差或者分析失败。

气体检漏时应注意的位置：气瓶与压力表连接处、压力表与管线连接处、管线与净化器连接处（含进口与出口）、三通接口、管线与气相色谱仪电子压力流量控制模块（EPC）接口（含进口与出口）、分流进出口、色谱柱接口及色谱柱与检测器接口。

（1）皂膜检漏法

打开仪器电源开关后不升温，保证载气通过，用毛刷蘸肥皂水涂在上述接口处。若有气泡生成，则证明该处漏气，应重新拧紧各个接口直到不再漏气。

（2）堵气观察法

用橡皮塞堵住检测器出口，转子流量计读数为零，同时关闭稳压阀，压力表压力读数不下降，证明不漏气；反之，若转子流量计读数不为零，或压力表读数缓慢下降（半小时压力读数下降大于0.005 MPa），则表明该处漏气。应重新拧紧各个接口直到不再漏气。

2. 微量注射器的操作

（1）取样及排气泡

用微量注射器抽排丙酮或乙醚5~6次，再抽排被测样品溶液5~6次（慢吸液，快排液），然后缓慢抽取一定量的被测样品溶液（稍微大于需求量），将微量注射器反转，使针尖斜朝上，待气泡升到顶部时，将推杆轻轻往下拉一点，再向上推，直到针尖有液体排出，即表明不再有气泡。排去多余溶液，用滤纸或擦镜纸吸去针杆处的溶液（不可接触针头内侧）。

在进行气相色谱分析时，进样量要适当。若进样量过大，所得到的色谱峰峰形不对称程度增加，峰变宽，分离度变小，保留值发生变化，峰高、峰面积与进样量不成线性关系，无法定量。若进样量太小，又会因检测器灵敏度不够，不能检出。

色谱柱最大允许进样量可以通过实验进行确定。在其他实验条件不变的情况下，逐渐加大进样量，当所出峰的半峰宽变宽或保留值改变时，此进样量即最大允许进样量。对于内径为34 mm、柱长为2 m、固定液配比为15%~20%的色谱柱，液体进样量为0.1~10 μL；检测器为FID时进样量应小于1 μL。

（2）进样

取样后即刻进样。使微量注射器垂直于进样口，一手扶针头防止弯曲，另一手持微量注射器迅速刺穿进样口的硅胶垫，平稳、快速推进推杆，将样品注入后，立即拔出微量注射器。

进样操作要求准（保证前后取样量一致、准确）、稳（进样速度和进样时间要稳定）、快（进样和启动要快）。快速进样时，样品在汽化室汽化后随载气以浓缩状态进入柱内，而不被载气所稀释，因而峰的原始宽度窄，有利于分离；反之，若进样缓慢，样品汽化后被载气稀释，峰形变宽且不对称，既不利于分离，也不利于定量。

微量注射器手动进样如图4-9所示。

3. 色谱柱的安装

（1）填充柱的安装

未安装的不锈钢填充柱如图4-10所示。

在填充柱的进样器端，应留出一段空柱（至少50 mm），以防插入的进样针接触填在柱端的玻璃纤维或柱填充物；在检测器端，也应留出一段空柱（至少40 mm），以防喷嘴底端接触填在柱端的玻璃纤维或柱填充物。

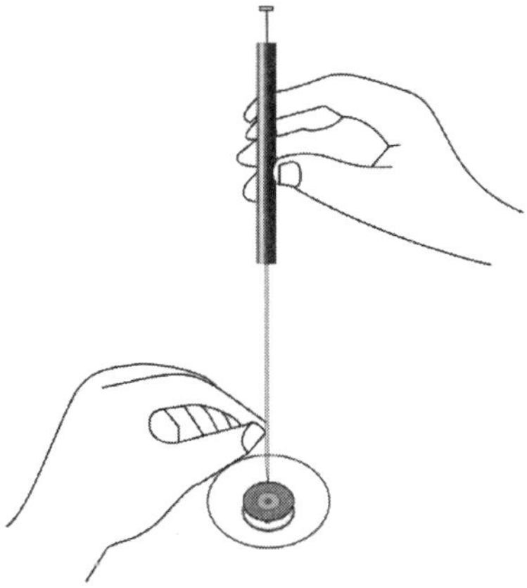

图 4-9 微量注射器手动进样

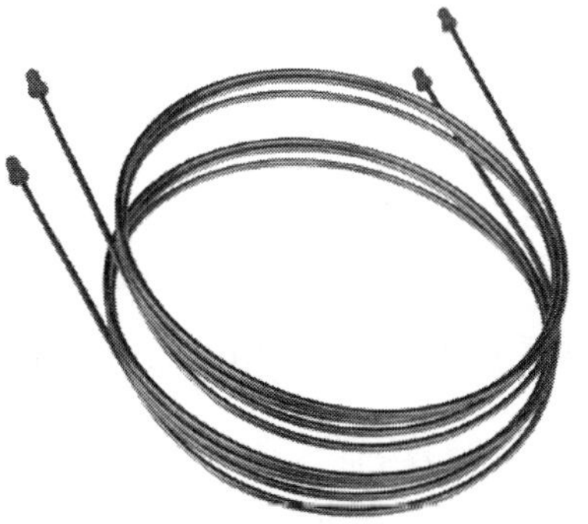

图 4-10 未安装的不锈钢填充柱

填充柱的安装如图 4-11 所示。

（2）毛细管柱的安装

1）毛细管柱的切割。戴好护目镜，使陶瓷刀垂直于毛细管柱，在毛细管柱上轻轻划痕。注意不可用力切断，否则可能造成毛细管柱碎片飞溅。

石英毛细管柱的切割如图 4-12 所示。

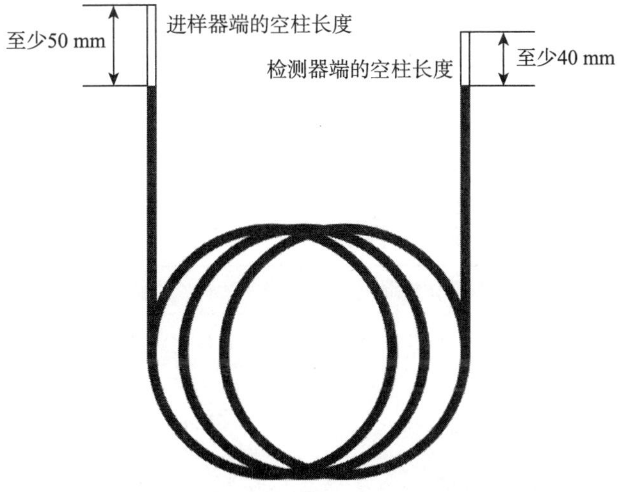

图 4-11 填充柱的安装

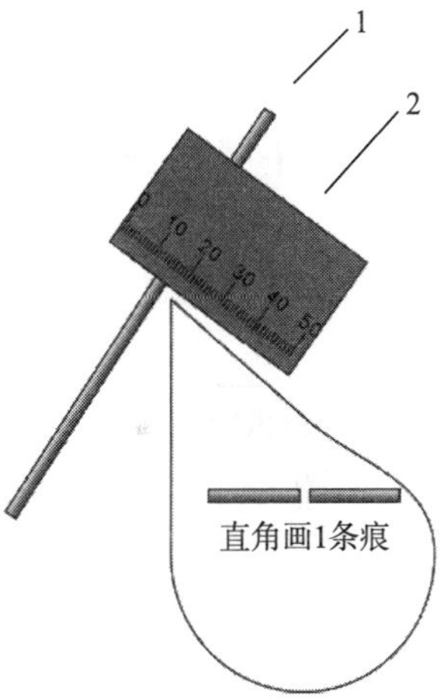

图 4-12 石英毛细管柱的切割

1—石英毛细管柱 2—陶瓷刀

双手分别握住毛细管划痕处，并使划痕朝外，轻轻将毛细管柱掰断。毛细管柱断口处应无毛口，边缘整齐。切割完毕，不要马上用手摸，建议一手捏住毛细管柱（离顶端 2~3 cm），另一手食指轻轻弹击，使尚未掉落的毛细管柱碎片脱离毛细管柱顶端。

2）毛细管柱的安装步骤如下：

①参照各仪器使用说明书提供的参数，准确将毛细管柱安装在进样口，拧紧螺帽，直到毛细管柱刚好不移动，再用扳手多拧 1/4 圈。

②连通载气，检查是否有载气流过。

③参照各仪器使用说明书提供的参数，准确将毛细管柱安装在检测器上，拧紧螺帽，直到毛细管柱刚好不移动，再用扳手多拧 1/4 圈。

使用扳手时不可太过用力，避免压断毛细管柱。

三、任务实施

1. 确认设备状态

1）确认气相色谱仪周边设备状态。检查确认氮气气瓶压力，检查确认空气发生器运转正常，检查确认氢气发生器的电解液是否在刻度线范围内。

2）确认气相色谱仪状态。检查气相色谱仪有无异响，检查气相色谱仪工作站软件是否正常运行。

2. 调校气相色谱仪

1）仪器气路的检漏。使用肥皂水检查气路是否漏气。

2）毛细管柱的安装。将毛细管柱安装在柱温箱内，并连接进样口和检测口。

3）微量注射器的操作。正确使用微量注射器。

四、任务测评

对调校气相色谱仪任务进行评价，完成表 4-6。

表 4-6　　调校气相色谱仪任务评价

评价指标		评价要素	配分	得分
专业能力	调试准备工作	正确确认氢气发生器和空气发生器工作正常	5	
		正确确认气相色谱仪运转正常	10	
		正确调节氮气气瓶输出压力	10	
	分析条件选择	正确选择测定波长	10	
		正确选择进样口、柱温箱、检测器温度	10	
		正确选择空气和氮气流量	10	
		正确选择氢气流量	10	
	关机	测量完毕通氮气空烧	5	
		关机操作顺序正确	10	

续表

评价指标	评价要素	配分	得分
通用能力和职业素养	不迟到，不早退，不旷课，不偷懒	2	
	主动与他人合作，通过讨论发现问题、分析问题、解决问题	3	
	能查阅资料进行自主学习	2	
	按时、按质完成工作任务	2	
	原始记录书写规范，如实填写，无涂改	2	
	实验中穿戴工作服、电绝缘鞋、安全帽等劳动防护用品，严格遵循电气安全操作规程	3	
	实验场所始终保持整洁，仪器设备摆放有序，不乱扔、乱倒固体废弃物	3	
	实验结束后关闭电源，罩好仪器防尘罩，正确填写仪器使用记录	3	
合计		100	

思考与练习

简答题

1. 简述皂膜检漏法。

2. 简述微量进样针的取样和排气泡方法。

3. 简述手动进样过程。

4.4 维护与保养气相色谱仪

学习目标

1. 掌握气相色谱仪故障原因并能排除故障。
2. 掌握进样系统的维护与保养。
3. 掌握分离系统的维护与保养。
4. 掌握检测系统的维护与保养。
5. 树立环保意识。

思政小课堂-19

学习进取　持续创新

郭玉全，1964 年出生，北京市琉璃河水泥有限公司熟料车间党支部书记、工会分会主席。郭玉全先后获得全国技术能手、中国水泥突出贡献奖、全国建材流通行业劳动模范、全国机械冶金建材首批首席金牌工人等荣誉，2014 年荣获全国五一劳动奖章，2015 年被评为全国劳动模范，2018 年当选全国“最美职工”。“郭玉全职工创新工作室”是 2017 年全国示范性和工匠人才创新工作室。

伴随水泥技术的不断发展，从看火到液压、润滑，从钳工到焊工……郭玉全几乎干过水泥生产线上的每一个工种，逐渐成为水泥窑边的“全科医生”。从物料输送工到如今的熟料车间党支部书记，郭玉全带领团队一路技术攻坚，建成了国内第一条飞灰工业化处置生产线，将垃圾焚烧后产生的飞灰变废为宝，为实现首都碧水蓝天做出了重要贡献。

思政目标：提高学生对本专业的认同感和环保意识。

思考：郭玉全为什么能从普通员工成长为全国劳动模范、最美职工？

一、任务分析

1. 任务流程的确定

维护与保养气相色谱仪任务流程如图 4-13 所示。

图 4-13　维护与保养气相色谱仪任务流程

2. 任务实施的准备

（1）相关文件

对应品牌的仪器使用说明书、仪器维护与保养手册。

（2）仪器

1）气相色谱仪。

2）石英毛细管柱。

3）石墨垫圈。

4）玻璃衬管。

5）微量注射器（10 μL）和注射器（5 mL）。

6）进样隔垫。

7）切割工具。

8）电器维修设备及工具。

（3）试剂

肥皂水、乙醇（分析纯）、异丙醇（分析纯）、丙酮（分析纯）、超纯水。

3. 任务难点的分析

完美切割及老化毛细管柱。

二、相关知识

1. 色谱柱的相关知识

（1）色谱柱的种类和选用原则

1）色谱柱的种类见表 4-7。

表 4-7　色谱柱的种类

色谱柱名称	柱材	内径/mm	长度/m	填料
填充柱	不锈钢、玻璃	2.6~3	0.5~6	固定液的浓度为 1%~30%，有硅藻土、玻璃、石英塑料担体（TPA）等

续表

色谱柱名称	柱材	内径/mm	长度/m	填料
毛细管柱	熔融石英、铝	0.1~0.53	10~100	固定相种类：聚二甲基硅氧烷 OV-17、聚乙二醇 PEG-20M 等 固定相膜厚：0.1~5 μm

2）选用原则。

①根据相似相溶原理，选用非极性的固定相分析非极性化合物。如果化合物可以用不同极性的固定相分析，则选用极性最小的固定相。非极性固定相的使用寿命长于极性固定相。

②对于偶极或氢键化合物，选用含腈基或聚乙二醇的固定相。

③对于轻烃或永久性气体，选用多孔层空心柱（PLOT）。

④聚二甲基硅氧烷用途广泛，性能稳定，是常用的固定相。聚乙二醇是另一类广泛应用的固定相，易受温度和有氧环境的影响，寿命短，但是极性比较强，对极性物质有特殊的分离效能。

⑤毛细管内径的选择原则如下：

0.53 mm 的毛细管可以替代填充柱，适用于痕量分析。

0.32 mm 的毛细管柱效中等，多用于无分流进样。

0.25 mm 为最常用的内径规格，有较高的柱效，负荷量较低，必须分流进样或无分流进样，用于复杂的多组分样品分析。

0.10 mm 的毛细管柱效高，负荷量低，流失较小，适合与质谱等高灵敏度检测器联用。

⑥毛细管长度的选择原则如下：

5~12 m 为短柱，可分离少于 10 个组分（不包含难分离物质对）的简单样品。

25~30 m 为中长柱，可分离 10~50 个组分的样品。

50 m 为长柱，可分离大于 50 个组分或包含难分离物质对的复杂样品。

⑦毛细管柱液膜厚度的选择原则如下：

0.1~0.2 μm 为薄液膜，负荷量低，高温下流失较小，适用于高沸点化合物的分析，适合配高灵敏度检测器。

0.25~0.33 μm 为标准厚液膜，是一般商品柱的标准液膜。

0.5~5.0 μm 为厚液膜，负荷量较高，在高温下流失较大，适用于分析低沸点样品。

石英毛细管柱的截面如图 4-14 所示。

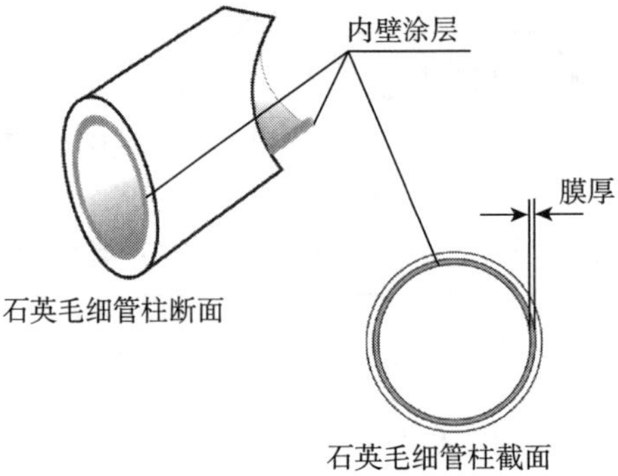

图 4-14　石英毛细管柱的截面

（2）色谱柱的老化

1）需要对色谱柱进行老化的情况。

①新的色谱柱。对新的色谱柱进行老化，可除去色谱柱中残留的有机溶剂及不够稳定的固定相，使色谱柱的性能更加稳定。

②长期使用的色谱柱。对长期使用的色谱柱进行老化，可除去其中残留的污染物。

2）色谱柱老化的通用方法。拆下色谱柱连接检测器的一端，放空，将该检测器端用堵头堵上。设置程序升温老化方法，升温速率为 5 ℃ · min^{-1}。第一阶段，老化温度设置为 $T_{cond}=T_{max}/2+T_{app}/2$（$T_{cond}$ 为老化温度，T_{max} 为推荐的最高色谱柱温度，T_{app} 为分析应用方法使用的最高温度），保留时间为 4 h；第二阶段，在比推荐的最高色谱柱温度低 30 ℃情况下进行老化（一般几小时可以完成老化，若色谱柱污染严重，则可过夜）。

3）填充柱的老化方法。关闭检测器，将色谱柱连接检测器的端口用堵头堵上。

①载气设置：保持分析时的流速，通常为 30~60 mL · min^{-1}。

②柱温箱温度设置：比分析时的操作温度（或者最大柱温限制）大约高 30 ℃。如果载气中含有氧气，升高柱温箱温度会损坏色谱柱，应在载气通过色谱柱 30~60 min，色谱柱中的空气完全被替代以后升高柱温箱温度。如果有必要，可使用氧气阱除去载气中的氧气。

③进样口和检测器温度设置：进样品温度保持分析时的设置值；当已经在色谱柱入口连接检测器时，检测器温度应高于柱温箱温度 30 ℃。

④老化时间：一般为 2~24 h。

4）毛细管柱的老化方法。

①载气设置：通过降低分流比节省载气。

②柱温箱温度设置：高于分析时的色谱柱操作温度 30 ℃，不要超过色谱柱的最高

温度，而且不要过快地升高温度（尤其是在使用极性柱时）。

③进样口和检测器温度设置：进样品温度保持分析时的设置值，检测器温度应高于柱箱温度大约 30 ℃。

④老化时间：通常为 2~3 h。如果色谱柱污染严重，则应适当延长老化时间。

如果载气中氧气浓度较高，应在老化毛细管柱过程中使用氧气阱。

2. 检测器的相关知识

（1）检测器的种类和应用

检测器的种类见表 4-8。

表 4-8 检测器的种类

检测器名称	载气种类	测定浓度	应用对象	样品是否破坏	工作原理	检测器类型
热导检测器（TCD）	氦、氢、氩、氮	50 mg · L^{-1} 以上	常量、半微量的无机气体及有机化合物	否	当携带了样品的载气流过检测器时，导热系数的差异使热丝的温度发生变化，引起电阻值发生变化而产生信号	浓度检测器
氢火焰离子化检测器（FID）	氮、氦	数毫克每升	微量的有机化合物	是	组分在氢火焰中燃烧生成碳正离子，被收集转变成电流，经放大后即为检测器信号	质量检测器
电子捕获检测器（ECD）	氮	数微克每升	有机卤素等化合物	否	当电负性大的物质通过检测器时，将会捕获低能热电子，引起电流减小，为保持电流恒定所加上的相应脉冲数的变化即为色谱信号	浓度检测器
火焰光度检测器（FPD）	氦、氮	约 0.1 mg · L^{-1}	微量的有机硫、有机磷化合物	是	含硫或含磷化合物在火焰中燃烧发出特征波长的光，经光电倍增管转变为电信号输出	质量检测器

续表

检测器名称	载气种类	测定浓度	应用对象	样品是否破坏	工作原理	检测器类型
氮磷检测器（NPD）	氮	约 0.1 mg · L^{-1}	微量的有机氮、有机磷化合物	是	将涂有碱金属盐（如硅酸钠或硅酸铷）的陶瓷珠（电子转移反应的催化剂）放置在燃烧的氢火焰和收集气之间，当试样蒸气和氢气流经碱金属盐表面时，含氮、磷的化合物便会从被氢气还原的碱金属蒸气处获得电子而离子化；失去电子的碱金属则形成盐再沉积到陶瓷珠表面	质量检测器

①浓度检测器测量载气中某一组分浓度的瞬时变化，即检测器的响应值与该组分的浓度成正比。

②质量检测器测量单位时间内进入检测器的载气中某一组分的含量变化，即检测器的响应值与单位时间内某一组分进入检测器的量成正比，如氢火焰离子化检测器和火焰光度检测器。

所有不损坏样品分子结构的检测器都是浓度检测器。

（2）检测器使用注意事项

1）TCD。

①TCD 的结构。热导池由池体和热敏元件构成，分为双臂和四臂热导池。热导池池体中，只通纯载气的孔道称为参比池，通载气与样品的孔道称为测量池。

双臂热导池池体由不锈钢或铜制成，具有两个大小、形状完全相同的对称孔道（一个为参比池，一个为测量池），每个孔道装有一根热敏铼钨丝（其电阻值随本身温度的变化而变化），其形状、电阻值在相同的温度下基本相同。双臂热导池检测器结构如图 4-15 所示。

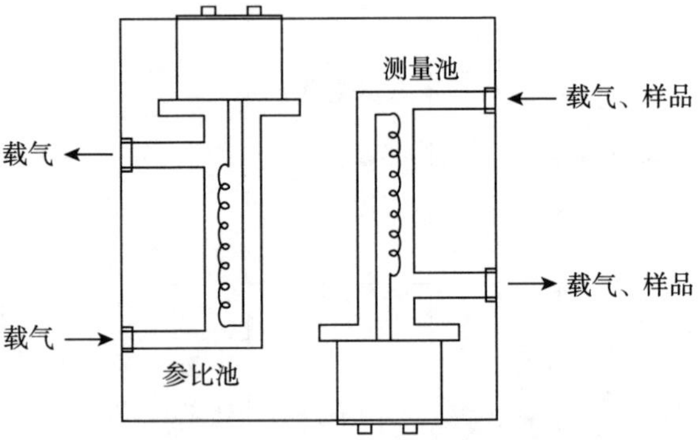

图 4-15　双臂热导池检测器结构

四臂热导池具有 4 根相同的铼钨

丝，灵敏度比双臂热导池约高一倍。目前大多采用四臂热导池。四臂热导池中，有两臂为参比池，另两臂为测量池。四臂热导池检测器结构如图 4-16 所示。

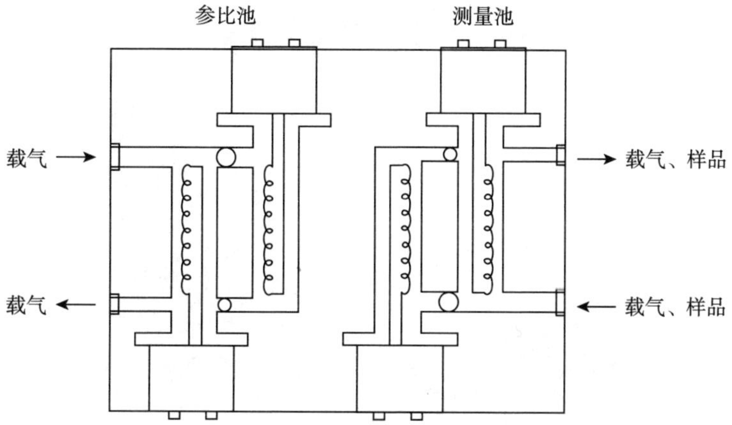

图 4-16　四臂热导池检测器结构

②TCD 的工作原理。TCD 的工作原理是基于不同气体具有不同的导热系数。

热丝具有电阻随温度变化的特性。当恒定直流电通过热导池热丝时（此时池内已预先通有一定流速的纯载气），热丝被加热。载气的热传导作用使热丝的一部分热量被载气带走，一部分传给池体。当热丝产生的热量与散失的热量达到平衡时，热丝温度就稳定在一定数值。此时，热丝电阻值也稳定在一定数值。由于参比池和测量池通入的都是纯载气，同一种载气有相同的导热系数，因此两臂的电阻值相同，电桥平衡，无信号输出，记录系统记录的是一条直线。当有样品进入检测器时，纯载气流经参比池，载气携带样品流经测量池，由于载气和待测组分二元混合气体的导热系数和纯载气的导热系数不同，因而测量池中散热情况发生变化，使参比池和测量池中热丝电阻值之间产生差异，电桥失去平衡，检测器有电压信号输出，记录系统画出相应组分的色谱峰。

载气中待测组分的浓度越大，测量池中气体导热系数改变就越显著，温度和电阻值改变也就越显著，电压信号就越强。TCD 的定量基础是输出的电压信号（色谱峰面积或峰高）与样品的浓度成正比。

③热导池的气路形式。气路形式有 3 种，即直通式、扩散式和半扩散式。直通式热导池响应快，但对气流波动较敏感；扩散式热导池稳定，但响应慢、灵敏度低；半扩散式介于二者之间。

④TCD 的使用注意事项。在检测器通电之前，确保载气已经通过检测器，否则，检测器的热丝可能被烧断，导致检测器报废。关机时，待检测器温度降至室温后，先关闭仪器电源开关，再断开载气。载气必须安装除氧气装置，因为氧气会损坏检测器

的热丝。载气管道不能采用聚四氟乙烯管，避免氧气渗透通过聚四氟乙烯材质。TCD如图 4-17 所示。

图 4-17 TCD

⑤TCD 灵敏度的影响因素如下：

a. 载气与样品的导热能力相差越大，检测器灵敏度越高。相对分子质量小的氢气、氦气等导热能力强，而一般气体和蒸气导热能力较弱，所以 TCD 通常用氢气或氦气作为载气。用氢气或氦气作为载气的 TCD 灵敏度高，且峰形正常，易于定量，线性范围宽。TCD 通常不使用氮气或氩气作为载气，因其灵敏度低，线性范围窄。但若分析氢气或氦气，则宜用氮气或氩气作为载气。用氮气或氩气作为载气时要注意，因其相对导热率小，热丝达到相同温度所需桥电流值比氢气或氦气小得多。毛细管柱接 TCD 时，最好加尾吹气（尾吹气是从色谱柱出口直接进入检测器的气体，又称为补充气或辅助气。其作用是保障检测器在最佳载气流量条件下工作，消除检测器死体积的柱外效应），尾吹气的种类同载气。

b. 载气的纯度影响 TCD 的灵敏度。实验表明，当桥电流为 160~200 mA 时，用 99.999%的超纯氢比用 99%的普通氢灵敏度高 6%~13%。载气纯度对峰形亦有影响，用 TCD 进行高纯气中杂质检测时，载气纯度应比被测气体高 10 倍以上，否则将出倒峰。

c. TCD 为浓度型检测器，色谱峰的峰面积响应值反比于载气流量，因此，在检测过程中，载气流量必须保持恒定。在条件允许的情况下，载气流量应尽可能低，并避免流量波动，否则易导致基线噪声和漂移增大。为了有效地消除柱外峰形扩张，同时保持高灵敏度，TCD 载气加尾吹气的总流量应为 10~20 $mL \cdot min^{-1}$。参比池的气体流量通常与测量池相等，但程序升温时，可调整参比池的流量至基线波动和漂移最小为佳。

d. 一般认为，TCD 的灵敏度与桥电流的三次方成正比。所以，增大桥电流可提高灵敏度。但是，桥电流增大，噪声会由逐渐增大变成急剧增大，将导致信噪比下降，检测限变大。而且，桥电流越大，热丝越易被氧化，因此使用寿命也越短，过大的桥电流甚至可能使热丝被烧断。所以，在满足分析灵敏度要求的前提下，应尽量选取低的桥电流，这时噪声小，热丝寿命长。但是若 TCD 长期在低桥电流下工作，可能造成热导池污染，此时可用溶剂清洗热导池。一般，TCD 使用说明书中均有不同检测器温度推荐使用的桥电流值，实际工作时可参考此值来设定桥电流的具体数值。

e. TCD 的灵敏度与热丝和池体间的温差成正比。实际工作中，增大其温差有两个途径：一是提高桥电流，以提高热丝温度；二是降低池体温度，这取决于被分析样品的沸点。池体温度不能低于样品的沸点，以免样品在检测器内冷凝而造成污染或堵塞。对具有较高沸点的样品，采用降低检测器池体温度来提高灵敏度是有限的；对永久性气体，用此法可大大提高灵敏度。

⑥TCD 的应用。TCD 是应用较多的气相色谱检测器之一。TCD 特别适用于气体混合物的分析，对于氢火焰离子化检测器不能直接检测的无机气体的分析，TCD 更是显示出独到之处。TCD 在检测过程中不破坏被检测的组分，有利于样品的收集，可与其他仪器联用。

2）FID。FID 通过氢气和空气燃烧产生的火焰电离被测物质，所以在使用过程中要特别注意氢气的使用安全。若发现氢气泄漏，应立即关闭氢气阀门和氢气发生器。

FID 的灵敏度与氢气、空气和氮气的比例直接相关，一般设置氢气流量为 30~40 $mL \cdot min^{-1}$，空气流量为 300~40 $mL \cdot min^{-1}$，氮气流量为 30~40 $mL \cdot min^{-1}$（三者比例约为 1∶10∶1）。

一般，FID 的温度应高于色谱柱实际工作的最高温度，以防止检测器被污染。检测器一旦被污染，在光线下灵敏度会降低，噪声增加，严重时将无法点火。

FID 如图 4-18 所示。

图 4-18　FID

①FID 的结构。FID 的主要部件是离子室。离子室一般由不锈钢制成，包括气体入口、气体出口、喷嘴、极化极和收集极以及点火线圈等部件。极化极为铂丝做成的圆环，安装在喷嘴之上。收集极是金属圆筒，位于极化极上方。

②FID 的工作原理。在收集极和极化极间加一定的直流电压（常用为 150～300 V），以收集极作负极、极化极作正极，构成外加电场。载气一般用氮气，燃气用氢气，分别由入口处通入，调节载气和燃气的流量配比，使它们以一定比例混合后，由喷嘴喷出。在喷嘴附近安装有点火装置（一般极化极兼点火极），点火后，在喷嘴上方即产生氢火焰。当只有载气进入检测器时，载气中的有机杂质和流失的固定液在氢火焰（2 100 ℃）中发生化学电离（载气本身不会被电离），生成正、负离子和电子。在电场作用下，正离子移向收集极（负极），负离子和电子移向极化极（正极），形成微电流。微电流流经输入电阻产生电压降，经微电流放大器放大后，记录仪上便记录下信号，成为基流。载气流量、柱温等条件不变，该基流亦不变。在实际的分析过程中，基流越小越好。

当向气相色谱仪进样后，载气和分离后的组分一起从柱后流出，氢火焰中增加了样品组分被电离后产生的正、负离子和电子，从而使电路中收集极的微电流显著增大，这就是该组分的信号。该信号的大小与进入火焰组分的质量成正比，这就是 FID 的定量依据。

FID 结构如图 4-19 所示。

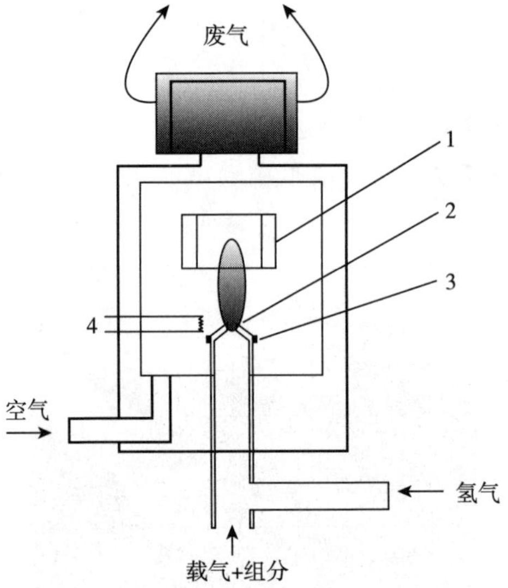

图 4-19　FID 结构

1—收集极　2—喷嘴　3—极化极　4—点火线圈

③FID 的特点。FID 灵敏度高，比 TCD 的灵敏度高约 1 000 倍；检测限低，可达 1×10^{-12} g；线性范围宽；结构简单；死体积一般小于 1 μL，响应时间仅为 1 ms；既可以与填充柱联用，也可以直接与毛细管柱联用；对能在火焰中燃烧电离的有机化合物都有响应，可以直接进行定量分析。虽然 FID 是通用检测器，但是不能检测永久性气体、卤化硅烷、甲醛、水蒸气、氨、一氧化碳、二氧化碳、二硫化碳、四氯化碳等。在 FID 中，氢气燃烧会产生大量水蒸气，若检测器温度低于 80 ℃，水蒸气不能以气体状态从检测器排出，冷凝成水，会使高阻值的收集极阻值大幅下降，灵敏度减小，噪声增加。所以，FID 温度必须设置在 120 ℃以上。在 FID 中，汽化室温度的变化对其性能无影响，但要保障样品汽化而不分解。

3）ECD。使用 ECD 必须严格防止放射性污染：ECD 有放射源（一般是 ^{63}Ni），所以检测器出口要通过管道连接到室外，建议连接到通风出口；非专业人员不得拆卸 ECD；定期检漏，至少每 6 个月进行一次放射性泄漏检测。

①ECD 工作温度设置。常见的温度范围为 250~300 ℃。无论柱温多低，ECD 温度都应不低于 250 ℃，以免温度较低导致检测器难以平衡。

②载气的选择。载气一般有两种选择：一种是氮气，另一种是含 5%（体积分数）甲烷的氩气。前者灵敏度较高，但噪声也较高；后者的检出限与前者基本相同，但线性范围更宽。氢气也可作为载气，但应使用氮气作为尾吹气。载气和尾吹气的流量之和一般为 60 mL·min^{-1}。若流量过小，峰拖尾严重；若流量过大，灵敏度降低。

③载气的净化。ECD 应避免接触氧气或湿气，否则噪声会明显增加。载气和尾吹气要安装净化管进行净化。

ECD 如图 4-20 所示。ECD 结构如图 4-21 所示。

图 4-20　ECD

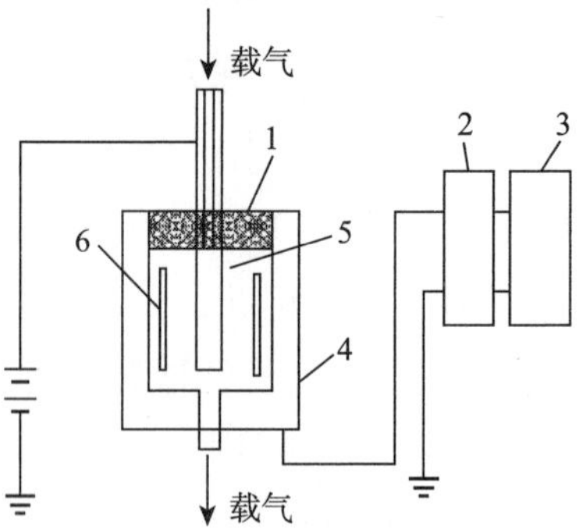

图 4-21 ECD 结构

1—绝缘体 2—放大器 3—记录仪 4—阴极 5—阳极 6—放射源

4）FPD。由于 FPD 使用的燃气为氢气，其安全使用问题可参考 FID。

FPD 的流量设置：一般，氢气流量为 60 ~ 80 mL · min^{-1}，空气流量为 100 ~ 120 mL · min^{-1}，尾吹气和柱流量之和为 20~25 mL · min^{-1}。

FPD 如图 4-22 所示。

图 4-22 FPD

FPD 结构如图 4-23 所示。

5）NPD。NPD 对含氮有机物的检测具有灵敏度高、选择性强、线性范围宽的优点，已成为目前测定含氮有机物最理想的气相色谱检测器；对于含磷有机物的检测，其灵敏度也高于 FPD，而且结构简单，使用方便。NPD 广泛用于环境、临床、食品、药物、香料、刑事法医等分析领域。

NPD 使用的燃气是氢气，其安全使用问题也可参考 FID。NPD 增加了一个热离子源（由铷盐珠组成），使用微型氢火焰，热离子源通电加热后，含氮和含磷化合物的电离效率大大提高。

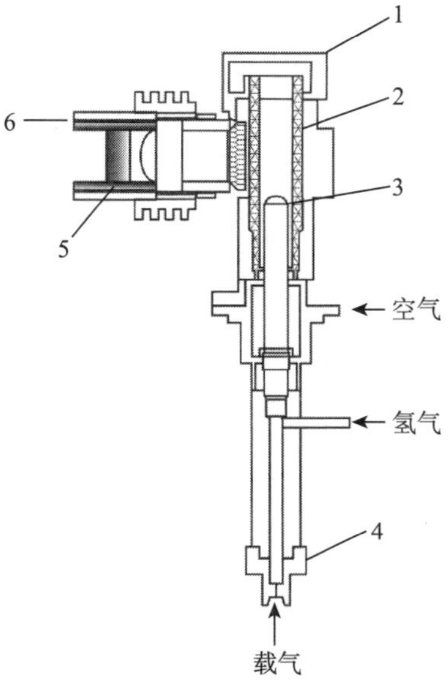

图 4-23 FPD 结构

1—检测器帽 2—玻璃衬套 3—点火喷嘴 4—色谱柱接口 5—滤光片 6—光电倍增管

NPD 如图 4-24 所示。

图 4-24 NPD

热离子源的温度变化对检测器的灵敏度有很大影响。温度越高，灵敏度越高，但铷盐珠的寿命越短。提高热离子源电压和氢气流量可以提高灵敏度。但需要注意的是，过小的气流会导致检测器的平衡时间过长；氢气流量过大，会形成 FID 样火焰，大大降低铷盐珠的使用寿命，破坏对氮、磷响应的选择性和可靠性。一般情况下，氢气的流量设定为 3~4 $mL \cdot min^{-1}$，空气的流量设定为 100~120 $mL \cdot min^{-1}$。NPD 采用填充柱和大口径柱，载气流量约为 20 $mL \cdot min^{-1}$，无尾吹气。在调整和设置热离子源的电压时，切记关闭检测器的电源，以免误烧铷盐珠。

使用 NPD 时应注意以下事项：

①色谱柱要做好老化，尤其是硅胶固定液的液膜要薄，避免二氧化硅进入检测器。

②在关闭载气之前（如更换气瓶或色谱柱），热离子源的电压应设置为 0，否则铷盐珠易被烧坏。

③在满足灵敏度要求的条件下，热离子源的电压应尽可能低。

④仪器要远离潮湿环境。不使用仪器时，建议将检测器温度保持在 100 ℃以上。

⑤如果一段时间（如过夜）不进样分析，应降低热离子源的电压，但不要将热离子源断电。降低电压后铷盐珠仍然是热的，再次进样时电压可以很快稳定下来。如果热离子源断电后再通电，检测器需要几小时才能达到平衡。

NPD 结构如图 4-25 所示。

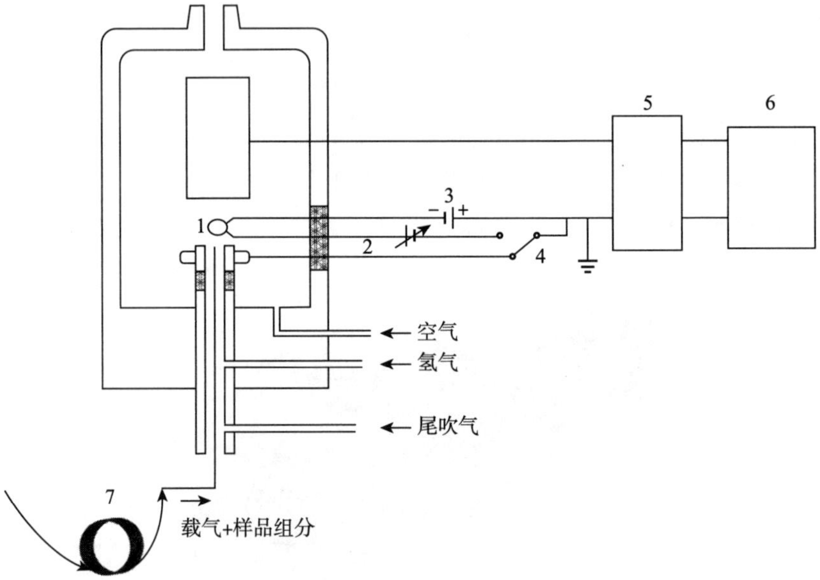

图 4-25 NPD 结构

1—电离源 2—加热系统 3—极化电压 4—喷嘴极性转换开关 5—放大器 6—记录仪 7—石英毛细管柱

3. 气相色谱仪的维护

如果仪器盖或面板变脏，可用干的软布或薄纸轻轻擦拭；若存在比较顽固的污渍，可用布蘸取稀释后的中性清洁剂（拧干多余水分）擦拭仪器外表的污渍处，然后用布蘸水（拧干多余水分）擦去残留清洁剂，再用干布擦去仪器外表残留的水分。避免水分残留在仪器表面，不可采用酒精或稀释剂类的溶剂清洁仪器表面，以免生锈或褪色。

（1）气路系统和进样系统的维护

气瓶应放置在专门的气瓶室内，室内应无腐蚀性气体，并安装气体监测报警系统，距气瓶 3 m 内不得有电炉和火种。气相色谱气路中，载气纯度要求为99. 999 5%以上，气路中应安装净化管，除去水分、烃类、氧气等。

1）清洗管线。将管线的接头拆下，取出需要清洗的管线，先擦洗管外壁灰尘，以免清洗完管内壁时再次产生污染。

用无水乙醇清洗管线并进行疏通，除去管路内大部分颗粒状堵塞物及易被乙醇溶解的有机物和水分。在此过程中，如发现管路不通，可用洗耳球加压吹洗；加压后仍无效的，可考虑用不锈钢捅针疏通管路。如此法不能奏效，可使用酒精灯加热管线，使堵塞物在高温下炭化，再将堵塞物清除。

选择清洗液的顺序：应先使用高沸点溶剂，再使用低沸点溶剂浸泡和清洗。可供选择的清洗液有萘烷、甲醇、蒸馏水、丙酮、乙醚、石油醚、乙醇等。

2）清洗进样器。清洗进样器（包括汽化室）前应先疏通。通常用不锈钢捅针除去进样器中的堵塞物（进样隔垫的碎片、样品中被炭化的高沸点物），然后用无水乙醇或丙酮冲洗。

可选用体积比为 2∶1∶4 的硫酸/硝酸/水混合溶液清洗进样器，然后用蒸馏水清洗，最后用丙酮或乙醇清洗。清洗完后烘干，装上仪器通载气半小时，加热到 120 ℃保持几小时后即可正常工作。在拆装进样器时，应注意不要碰断加热器引线或使引线碰到外壳。

使用注射器前，可先用丙酮清洗，以免污染样品，但最好用样品清洗注射器 2 次。使用注射器后，要立即清洗，以免注射器被样品中的高沸点物质污染。采用以下清洗液依次清洗：5%氢氧化钠水溶液、蒸馏水、丙酮、氯仿，最后用真空泵抽干。

3）更换配件。进样隔垫和 O 形环是耗材，长时间使用会产生磨损，应定期进行更换，以防止系统漏气、进样口被污染和样品损失。隔垫有正、反两个方向，切勿装反。安装隔垫后，螺帽松紧应适度，过松会漏气；过紧会使隔垫变形，影响隔垫寿命和导致进样困难。

如果衬管受到污染，不挥发的基体将残留在衬管中，吸附之后注入的样品，导致鬼峰①、峰丢失、峰面积重现性差、灵敏度下降、拖尾等问题。每次维护时，建议直接更换新的衬管。

二甲基二氯硅烷（DMCS）去活玻璃衬管的过程：

①用 1 $mol \cdot L^{-1}$ 盐酸清洗玻璃衬管。

②用丙酮清洗玻璃衬管和石英棉并吹干。

③用 5% DMCS/正己烷浸泡玻璃衬管和石英棉 12 h。

---

① 鬼峰指色谱图基线上出现类似色谱峰的基线波动，又称为空白峰。

④取出玻璃衬管和石英棉，用正己烷冲洗。

⑤用甲醇清洗 2~3 次，然后用甲醇浸泡 1 h。

⑥取出吹干即可使用。

（2）分离系统的维护

划伤后的色谱柱可能由于高温加热而从划痕处发生断裂，因此应保护色谱柱，避免划伤。色谱柱必须装在柱架上，毛细管柱不能接触柱温箱内壁；柱温箱加热前，应确保所有接头不泄漏。载气需要安装净化管除去氧气和其他杂质。每月对色谱柱进行老化，除去色谱柱中的水分及分析残留物质。

（3）检测系统的维护

定期吹扫和清洁气相色谱仪，清除色谱电路板、进样口及检测器所吸附的灰尘及有机物质。

在气相色谱仪的使用过程中，检测器会被流失的固定相、样品中的高沸点组分、易分解或有腐蚀性的物质污染。清洗检测器可采用以下方法：若污染物质仅限于高沸点组分，通常可将检测器加热到最高使用温度，再通入载气，即可清除；若检测器仅存在程度较轻的污染，可在进样口注入几十微升蒸馏水或丙酮等溶剂，待 1~2 h 后，检查基线是否平稳；当上述两种简单方法不能解决问题时，可拆开检测器，同时还要选择适宜的溶剂（既能溶解污染物，又不对检测器造成新的污染和损坏）。不要直接用手触摸清洗过的部件，以免污染检测器。

（4）气体发生器的维护

气体发生器包括氮气发生器、氢气发生器和空气发生器等，实验室常用的是氢气发生器和空气发生器。

气体发生器常见的净化填料是活性炭、变色硅胶和分子筛。活性炭属于一次性耗材，成本较低，不建议高温活化后重复使用。若发现气体发生器内置的变色硅胶已经有部分变红，则需要将变色硅胶放入瓷盘中 120 ℃烘烤 4~5 h，并做好更换日期标记。分子筛的更换频率小于变色硅胶（变色硅胶更换两三次，分子筛更换一次），方法是将分子筛放入瓷盘中 500 ℃烘烤 5 h。实验室分子筛存放 1~2 份备件，密封后置于干燥皿中保存。

定期检查电解液，若电解液变脏，应将旧电解液抽出，换新电解液。

4. 仪器常见故障现象及排除方法

（1）氢火焰离子化检测器点不着火

应检查是否已接通氢气和空气，再确认点火线圈是否完好可用。若上述条件都具备仍无法点火，则可能是检测器与色谱柱接头处漏气。

（2）分离不完全

1）几个峰重叠。处理方法：降低载气流量，减少进样量，降低柱温。对于之前能完全分离，一段时间后便不能完全分离的，表明固定液已流失，色谱柱已达到使用期限，需要更换固定液。

2）分离时间太长导致色谱峰变宽或平坦。处理方法：提高柱温。

3）检测器灵敏度太低，无法检测含量少的组分。处理方法：调整进样量，提高检测器灵敏度。

（3）峰形不规则

1）出现拖尾峰。处理方法：采用强极性固定液，消除担体活性和提高柱温。

2）出现平顶峰。处理方法：减少进样量，提高柱温和载气流量。

（4）TCD 典型故障

1）TCD 被污染，导致基线漂移或出现阶型基线，并可能出现高噪声。

2）TCD 热丝被烧断，导致基线降为零点。

3）TCD 电源供应不稳定，导致出现脉冲干扰峰。

（5）载气的影响

1）载气流量偏低会引起保留时间增长、灵敏度降低或出现圆顶峰、拖尾峰。

2）载气流量偏高会引起高噪声或组分分离不开。

3）载气控制不稳，易造成不规则基线漂移或波状基线漂移。

以上情况应检查减压阀是否超过使用范围，必要时应更换减压阀，再检查载气是否存在漏气等情况。

（6）电路故障

1）检测器、进样口不加热。处理方法：检验电路是否正常通电。

2）若基线出现正弦波，可能由放大电路故障引起。处理方法：更换损坏的电子元件。

三、任务实施

1. 确认设备状态

1）检查确认氮气气瓶压力，检查确认空气发生器运转正常，检查确认氢气发生器的电解液在刻度线范围内。

2）检查确认气相色谱仪无异响，确认气相色谱仪的软件正常运行。

2. 维护与保养气相色谱仪

（1）进样系统维护与保养

根据实际情况，完成进样隔垫的更换、自动进样器的维护、玻璃衬管的更换和维护与保养。

（2）分离系统维护与保养

根据实际情况，完成石英毛细管柱的维护与保养。

（3）检测系统维护与保养

根据实际情况，完成检测器的维护与保养。

四、任务测评

对维护与保养气相色谱仪任务进行评价，完成表 4-9。

表 4-9　维护与保养气相色谱仪任务评价

<table>
<tr><th colspan="2">评价指标</th><th>评价要素</th><th>配分</th><th>得分</th></tr>
<tr><td rowspan="8">专业能力</td><td rowspan="3">仪器主要故障判断</td><td>能够判断仪器是否存在故障</td><td>10</td><td></td></tr>
<tr><td>能够分析仪器故障（问题）原因</td><td>10</td><td></td></tr>
<tr><td>能够确定故障（问题）排除方法</td><td>10</td><td></td></tr>
<tr><td rowspan="5">仪器维护与保养措施</td><td>仪器维护与保养措施选择得当</td><td>10</td><td></td></tr>
<tr><td>仪器维护与保养操作规范，没有造成仪器二次损坏</td><td>10</td><td></td></tr>
<tr><td>进样口干净</td><td>10</td><td></td></tr>
<tr><td>火焰呈蓝色水滴状</td><td>10</td><td></td></tr>
<tr><td>色谱柱干净、完好</td><td>10</td><td></td></tr>
<tr><td colspan="2" rowspan="8">通用能力和职业素养</td><td>不迟到，不早退，不旷课，不偷懒</td><td>2</td><td></td></tr>
<tr><td>主动与他人合作，通过讨论发现问题、分析问题、解决问题</td><td>3</td><td></td></tr>
<tr><td>能查阅资料进行自主学习</td><td>2</td><td></td></tr>
<tr><td>按时、按质完成工作任务</td><td>2</td><td></td></tr>
<tr><td>原始记录书写规范，如实填写，无涂改</td><td>2</td><td></td></tr>
<tr><td>实验中穿戴工作服、电绝缘鞋、安全帽等劳动防护用品，严格遵循电气安全操作规程</td><td>3</td><td></td></tr>
<tr><td>实验场所始终保持整洁，仪器设备摆放有序，不乱扔、乱倒固体废弃物</td><td>3</td><td></td></tr>
<tr><td>实验结束后关闭电源，罩好仪器防尘罩，正确填写仪器使用记录</td><td>3</td><td></td></tr>
<tr><td colspan="3">合计</td><td>100</td><td></td></tr>
</table>

思考与练习

一、填空题

1. 如果化合物可以用不同极性的固定相分析，则选用极性最________的固定相。

2. 0.1~0.2 μm 薄液膜的特点是负荷量低，高温下流失较小，适合于________沸点化合物的分析。

3. 将检测器加热到最高使用温度后，再通入载气，即可清除________。

4. 注射器使用前可先用________清洗，以免污染样品。

二、简答题

1. 什么情况下需要对毛细管柱进行老化?

2. 简述气体发生器的维护方法。

4.5 气相色谱仪的应用

——再生水中苯系物的测定

学习目标

1. 了解相关质量标准的内容。
2. 熟悉所需的仪器和试剂。
3. 掌握溶液配制方法。
4. 掌握仪器操作技能。
5. 掌握实验室“7S”管理操作。
6. 具有精益求精的工匠精神。
7. 树立水质安全的法治意识。

思政小课堂-20

滴水掘金 精炼人生

潘从明，甘肃民勤人，中共党员，金川集团铜业有限公司贵金属冶炼高级技师、贵金属冶炼分厂提纯工序工序长。2020年1月，潘从明主创的“镍阳极泥中铂钯铑铱绿色高效提取技术”荣获国家科学技术进步二等奖。

1996年，潘从明从技校铸造专业毕业后，被分配到贵金属车间蒸馏岗位。他之前没有学习太多化学课程，而蒸馏岗位则需要大量的化学知识储备。10多年间，潘从明啃下了120多本化学和冶金专业书籍，光学习笔记就写了30多万字。

从一名学徒到普通工人、高级技师，再到国家级技能大师、大国工匠，再到最美职工、全国劳动模范，潘从明在技术创新的道路上锲而不舍，成为铂族稀贵金属提炼核心技术的传承人和创新者。潘从明能从铜镍冶炼的废渣中提取 8 种以上稀贵金属，只看溶液颜色便能精确判断 99.99%的产品纯度。潘从明带领他的团队取得国家级发明专利 30 项，获得省部级以上奖项 56 项，在国家级期刊发表论文共 18 篇。

思政目标： 培养学生创新精神和工匠精神。

思考： 潘从明的“滴水掘金”术是如何练成的？

一、任务引入

某污水处理厂委托某检测技术有限公司检测再生水，需要检测其苯系物含量是否合格。检测技术有限公司检测部门根据业务部所提需求，将该检测任务分解，要求工作过程符合“7S”规范，检测过程符合《再生水水质　苯系物的测定　气相色谱法》（GB/T 39298—2020）的规定。

分析检验业务委托单见表 4-10。

表 4-10　　分析检验业务委托单

客户签章：　　　　委托单编号：

<table>
<tr><td>*委托单位
（中文/英文）</td><td colspan="6">某污水处理厂</td></tr>
<tr><td>*委托地址
（中文/英文）</td><td colspan="6"></td></tr>
<tr><td>*联系人</td><td></td><td>电话</td><td colspan="2"></td><td>手机</td><td></td></tr>
<tr><td colspan="3">电子邮箱（默认由电子邮箱收取电子版报告）</td><td colspan="2"></td><td>传真</td><td></td></tr>
<tr><td>*商品/样品名称
（中文/英文）</td><td colspan="3">再生水</td><td colspan="2">型号/规格</td><td>500 mL/瓶</td></tr>
<tr><td>*样品数/质量</td><td colspan="3">500 mL，5 瓶</td><td colspan="2">制造商/产地</td><td></td></tr>
<tr><td>样品描述
（如外观、包装、储存等）</td><td colspan="6">包装完整，常温阴凉处保存</td></tr>
<tr><td rowspan="2">*委托检验
项目和要求采用
的检验方法</td><td colspan="6">苯系物含量，参照国家标准检测</td></tr>
<tr><td colspan="6">委托人保障样品资料的真实性，同意支付所需费用。
□委托人同意采用本公司使用的检验方法
□委托人要求采用其指定的检验方法（请注明）
如有项目需分包，委托人是否同意分包：□是 □否　*委托人签名：</td></tr>
</table>

续表

检验目的	□强制性检验 □监督抽查 □委托检验（非强制性） □食品复检		
检验报告要求	□中文 □英文 □中英对照 □一中一英 □结果评定 □自取 □邮寄 说明：如需英文报告，请务必详细填写英文单位全称、地址、样品名称及制造商		
备注			
以下由本公司受理人员填写：			
要求完成时间	年 月 日 时	受理时间	年 月 日
收费/元	检验费： 其他： 计费人：		
备注			

说明：以□标记的栏目用“√”选择，标记 * 的为必填内容。

二、任务分析

本任务目标是检测再生水中苯系物的含量。需要理解分析检验业务委托单，查阅并读懂有关国家标准，确定相关检测仪器，并懂得按照标准要求准备相应的试剂。

1. 任务流程的确定

气相色谱仪的应用任务流程如图 4-26 所示。

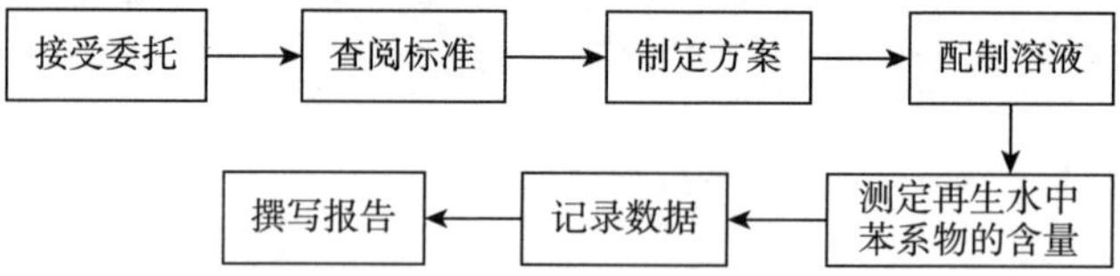

图 4-26　气相色谱仪的应用任务流程

2. 任务实施的准备

（1）相关国家标准

《再生水水质　苯系物的测定　气相色谱法》（GB/T 39298—2020）。

（2）相关文件

对应品牌的气相色谱仪使用说明书或者操作规程。

（3）仪器

1）气相色谱仪：配石英毛细管柱，30 m（长）×320 μm（内径）×0.5 μm（膜厚)，固定相为聚乙二醇，或其他等效毛细管柱。

2）吹扫捕集装置：为 1/3 碳纤维、1/3 硅胶和 1/3 活性炭的均匀混合填料或其他等效吸附剂。

3）采样瓶：棕色玻璃瓶，配备螺旋盖（带聚四氟乙烯涂层密封垫），40 mL 或其他规格。

4）气密性注射器：5 mL。

5）微量注射器：10 μL、100 μL、500 μL。

（4）试剂准备

1）色谱纯甲醇。

2）超纯水。

3）苯系物标准溶液。

①苯系物标准储备溶液：100~1 000 $\mu g \cdot mL^{-1}$ 甲醇溶液，市售，避光保存。如开封后的标准储备溶液需保存，应在-20~-10 ℃冷冻密封保存。使用时恢复至室温并检测，如其响应值或苯系物种类发生异常，则弃去不用。

②苯系物标准溶液（Ⅰ）：20.0 $\mu g \cdot mL^{-1}$。取适量苯系物标准储备溶液用甲醇稀释至 20.0 $\mu g \cdot mL^{-1}$，于 4 ℃冷藏，此溶液现用现配。

③苯系物标准溶液（Ⅱ）：10 $\mu g \cdot mL^{-1}$。取适量苯系物标准溶液（Ⅰ）用甲醇稀释至 10 $\mu g \cdot mL^{-1}$，此溶液现用现配。

4）抗坏血酸。

5）盐酸（1+1）。

（5）气体

1）氮气（或氦气）：纯度大于 99.999%。

2）氢气：纯度大于 99.999%。

3）空气：普通压缩空气或高纯空气。

3. 任务重点、难点的分析

任务重点：苯含量的测定、外标法定量分析。

任务难点：气相色谱仪规范操作、分析方法的建立和优化。

三、相关知识

1. 再生水中苯系物含量测定的原理

样品中的苯系物经高纯氮气吹扫后吸附于捕集管中，将捕集管加热并以高纯氮气反吹，被热脱附出来的组分经气相色谱分离后，用氢火焰离子化检测器（FID）进行检测，以保留时间定性，采用外标法根据峰高或峰面积定量，计算各组分含量。

该方法所使用的强酸具有腐蚀性，使用时应避免吸入或接触皮肤。强酸溅到身上时，应立即用大量水冲洗，严重时应立即就医。有机试剂具有强挥发性和毒性，对人体健康有害且易燃，操作时应在通风橱中进行，防止与明火接触，并按规定要求佩戴劳动防护用品。不慎吸入后，应迅速撤离现场至空气新鲜处，严重时应立即就医。

2. 样品的制备和处理

无须配制样品。

全程序空白：将样品瓶装满水并密封带到现场，与采样的样品瓶同时开盖和密封，运回实验室后按照与样品相同的操作步骤进行处理和测定，用于检查从样品采集到分析全过程是否受到污染。

3. 样品含量的计算

样品中各被测组分含量以质量浓度 ρ 计，数值以 $\mu g \cdot L^{-1}$ 表示，按式（4-7）计算：

$$\rho = (\rho_1 - \rho_0) \times f \tag{4-7}$$

式中 ρ_0——空白试验中被测组分的质量浓度，$\mu g \cdot L^{-1}$；

ρ_1——从校准曲线上查得被测组分的质量浓度，$\mu g \cdot L^{-1}$；

f——试样的稀释倍数（若未对试样进行稀释，则 $f = 1$），计算结果小于 $100\ \mu g \cdot L^{-1}$ 时小数点后保留 1 位有效数字，大于或等于 $100\ \mu g \cdot L^{-1}$ 时保留 3 位有效数字。

4. 质量保证与控制

重复性条件下获得的 2 次测定值之差不得超过平均值的 5%。

5. 数据分析基础

（1）数据有效性判断

在同一实验室，由同一操作者使用相同设备，按相同的测试方法，在短时间内对同一被测对象相互独立进行测试，取平行测定结果的算术平均值作为测定结果。各被测组分平行测定结果的相对平均偏差见表 4-11。

表 4-11　平行测定结果的相对平均偏差

各被测组分含量 ρ /（$\mu g \cdot L^{-1}$）	相对平均偏差/%
$0.5 \leqslant \rho < 10.0$	$\leqslant 10.0$
$10.0 \leqslant \rho \leqslant 100.0$	$\leqslant 5.0$

（2）分离度

分离度指相邻两组分色谱峰的保留时间之差与两个色谱峰平均峰宽的比值，是柱效能、选择性影响的总和，是色谱柱的总体分离效能指标。

色谱图的分析如图 4-27 所示。

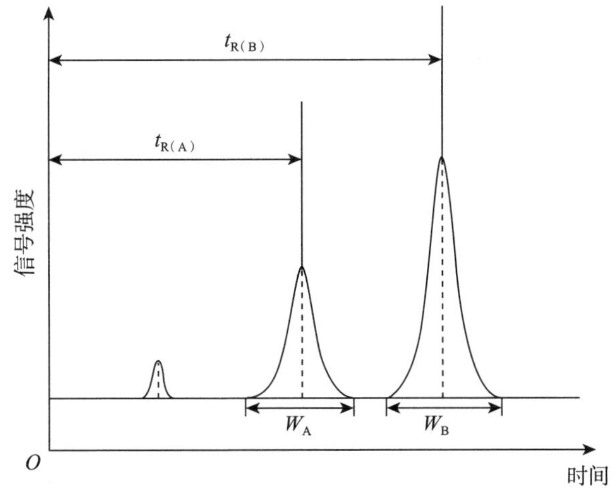

图 4-27 色谱图的分析

分离度 R 可以按式（4-8）计算：

$$R=\frac{t_{R(B)}-t_{R(A)}}{(W_A+W_B)\div 2} \tag{4-8}$$

式中 $t_{R(A)}$、$t_{R(B)}$——两个组分的保留时间；

W_A、W_B——两个组分色谱峰的峰宽。

R 值越大，意味着相邻两个组分分离越好。由图 4-27 可以看出，两个组分要达到完全分离，首先两组分色谱峰之间的距离必须足够大，即保留时间相差足够大；其次色谱峰必须窄。从理论上来说，若峰形对称且满足正态分布，则当 $R=1$ 时，分离程度可以达到 98%；当 $R=1.5$ 时，分离程度可达到 99.7%。因而可以用 $R=1.5$ 作为相邻两峰完全分离的标志。

当两组分的色谱峰分离较差，峰底宽度难于测量时，可用半峰宽来代替峰宽。分离度 R 按式（4-9）计算：

$$R'=\frac{t_{R(B)}-t_{R(A)}}{(W_{\frac{1}{2}(A)}+W_{\frac{1}{2}(B)})\div 2} \tag{4-9}$$

式中 $W_{\frac{1}{2}(A)}$、$W_{\frac{1}{2}(B)}$——两个组分色谱峰的半峰宽。

R' 和 R 的物理意义一样，但数值不同，$R=0.59R'$，应用过程中应注意分离度的计算方法。

（3）定性分析方法

1）与标样对照的方法。一般采用与标样的保留时间对比，看是否一致；或者利用峰高增量定性；或者利用双色谱系统定性。

常用色谱图上两峰间的距离衡量色谱柱的选择性，其距离越大，说明色谱柱的选择性越好。

2）与其他分析仪器联用的定性方法。气相色谱有很好的分离效能，但不能对已经分离的每一个组分都进行直接定性分析，而质谱法、红外光谱法、紫外光谱法和核磁共振波谱法对纯物质有很强的定性分析能力。将气相色谱仪与质谱仪联用，可以进行定性和定量分析。

（4）定量分析方法

1）定量校正因子。定量校正因子包括绝对校正因子和相对校正因子。

①绝对校正因子。同一检测器对不同物质具有不同的响应值，相同的峰面积并不意味着有相等的量。定量分析的依据：

$$m_i = f_i \times A_i \tag{4-10}$$

式中 m_i——某一组分的质量浓度；

f_i——定量校正因子，是单位峰面积或峰高所代表的组分的质量浓度，也称绝对校正因子；

A_i——峰面积。

采用绝对校正因子的缺点：绝对校正因子受操作条件影响较大，要严格控制色谱条件，不易准确测定，没有统一标准，无法直接引用。

②相对校正因子。相对校正因子与待测物、基准物和检测器类型有关，与操作条件（如进样量等）无关。

$$f'_i = \frac{f_i}{f_s} = \frac{\dfrac{m_i}{A_i}}{\dfrac{m_s}{A_s}} = \frac{m_i}{m_s} \times \frac{A_s}{A_i} \tag{4-11}$$

式中 f_i——待测物校正因子；

f_s——基准物校正因子；

A_i——待测物峰面积；

A_s——基准物峰面积。

2）定量方法如下：

①归一化法。把所有出峰的组分含量之和按 100%计的定量方法，称为归一化法。各组分校正因子一致时可用该法。

优点：简便、准确，不需标准对照物质，不必准确称量和准确进样，操作条件稍有变化对结果影响较小。

缺点：试样中所有组分必须全都出峰，必须已知所有组分的校正因子，不适合微量组分的测定。

②内标法。内标法指加入样品中不含的纯物质作为标准对照物质（内标物），以待测组分和内标物的响应信号对比进行定量分析的方法。

优点：准确性较高，操作条件和进样量的稍许变动对定量结果的影响不大，适用于微量组分的测定，应用广泛。

缺点：内标物不容易选择；每个试样的分析都要进行两次称量，不适用于大批量试样的快速分析。

③外标法。外标法也称为校准曲线法，当样品中各组分不能完全流出，又没有合适内标物时，可采用此法。绘制校准曲线具体做法：用标准样品配制成不同浓度的标准系列，在与被测组分相同的色谱条件下，等体积准确量进样，测量各峰的峰面积或峰高，用峰面积或峰高对样品浓度绘制校准曲线，此校准曲线应是通过原点的直线。若校准曲线不通过原点，说明测定方法存在系统误差。校准曲线的斜率即为绝对校正因子。

优点：绘制好校准曲线后，计算时可直接从校准曲线上读出含量。校准曲线绘制后可以使用一段时间（在此段时间内，可经常用一个标准样品对校准曲线进行单点校正，以确定该校准曲线是否还可使用）。

缺点：每次样品分析的色谱条件（检测器的响应性能、柱温度、流动相流量及组成、进样量、柱效等）很难完全相同，因此容易出现较大误差；绘制校准曲线时，一般使用被测组分的标准样品（或已知准确含量的样品），因此对样品前处理过程中被测组分的变化无法进行补偿。

6. 毛细管柱的进样方式

（1）分流进样

分流进样是毛细管柱首选的进样方式，注入样品后大部分样品被放空，仅有约1/100的样品进入毛细管柱，分流比可在1/200~1/20的范围调节。分流进样适用于大部分气体或液体样品的分析，尤其对未知样品使用分流进样，可保护毛细管柱不被污染，防止柱效降低。

分流进样方式：由总流量阀控制载气的总流量，载气进入汽化室分成两路，一路作为隔垫吹扫气（流量仅为1~3 $mL \cdot min^{-1}$），另一路进入汽化室与汽化的样品蒸气混合后再分为两部分，其中大部分经分流口放空，仅小部分进入毛细管柱。若载气总流量为104 $mL \cdot min^{-1}$，隔垫吹扫气流量为3 $mL \cdot min^{-1}$，则101 $mL \cdot min^{-1}$载气进入汽化室。当分流流量为100 $mL \cdot min^{-1}$时，柱内流量仅为1 $mL \cdot min^{-1}$，此时分流比为1/100。此气路设计将柱前压调节阀安装在分流气路上，在载气总流量不变的情况下，提高柱前压，使柱流量增大，可加快分析速度；若保持柱前压不变，通过调节总流量阀可改变分流比，即总流量越大，分流比也越大。

分流进样时，汽化室的衬管大部分都不是直通式，管内有缩径处或装有烧结板，在缩口处放置有玻璃珠或硅烷化玻璃毛，以增大与样品接触的面积，保障样品完全汽化。填充物应位于衬管中间温度最高处，也是注射器针尖位置，可减少分流歧视。分流进样如图 4-28 所示。

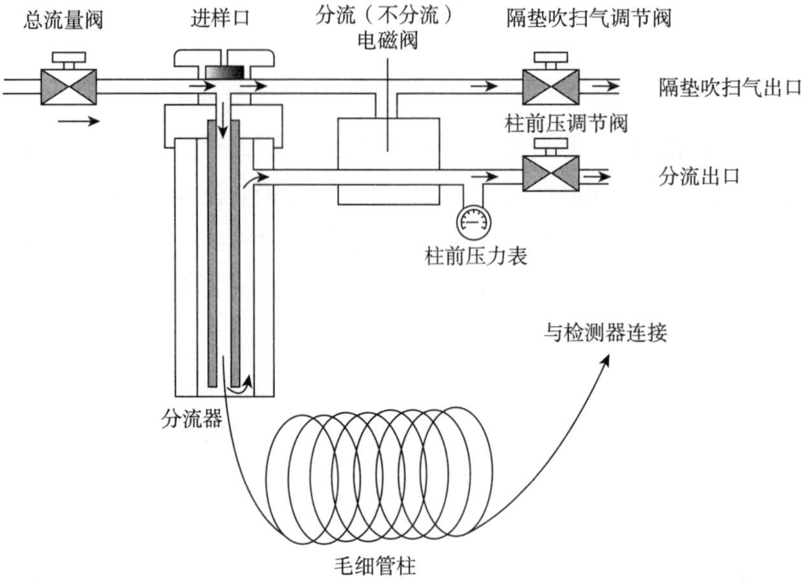

图 4-28 分流进样

（2）不分流进样

当分流进样不能满足分析灵敏度要求，或分析溶剂含量大的样品中痕量组分时，可使用不分流进样技术。

为消除溶剂效应，可采用瞬间不分流技术，即当进样开始时关闭分流电磁阀，使系统处于不分流状态，此时进入系统的载气流量仅为进入毛细管柱和隔垫清扫所需的载气流量（$3\sim5\ mL\cdot min^{-1}$），然后向汽化室注入 $2\sim3\ \mu L$ 样品，经 $30\sim80\ s$，待大部分汽化样品开始进入毛细管柱，立即开启分流电磁阀，使系统处于分流状态。此时存留在汽化室的大部分溶剂气体（包括约 5%的样品组分）很快从分流口放空，从而明显地消除了溶剂拖尾，使分流状态一直保持到分析结束，将原来被掩盖在溶剂拖尾峰中的组分分离出来。

由上述可知，不分流进样不是绝对不分流，而是一种将瞬间不分流与大部分时间分流相组合的进样方式。为获得准确的分析结果，确定瞬间不分流的时间间隔就成为操作的关键。依据大多数文献和报道，此时间间隔多采用 0. 75 min，以保证 95%的样品进入色谱柱。此时间间隔也可自行测定，具体方法：首先设置一个长的时间间隔，如 120 s，以保障全部样品组分都进入色谱柱，分析后从谱图上找到紧挨拖尾溶剂峰后的一个被完全分离的色谱峰作为测定标志，测出该峰的峰面积值，它就代表 100%的样品进入了色谱柱；然后逐步缩短不分流时间间隔，如 100 s、80 s、60 s、40 s，分别进样分析；最后计算标志色谱峰的峰面积与第一次分析时的峰面积比值，直到此值≥0. 95，即为瞬间不分流的最佳时间间隔。不分流进样如图 4-29 所示。

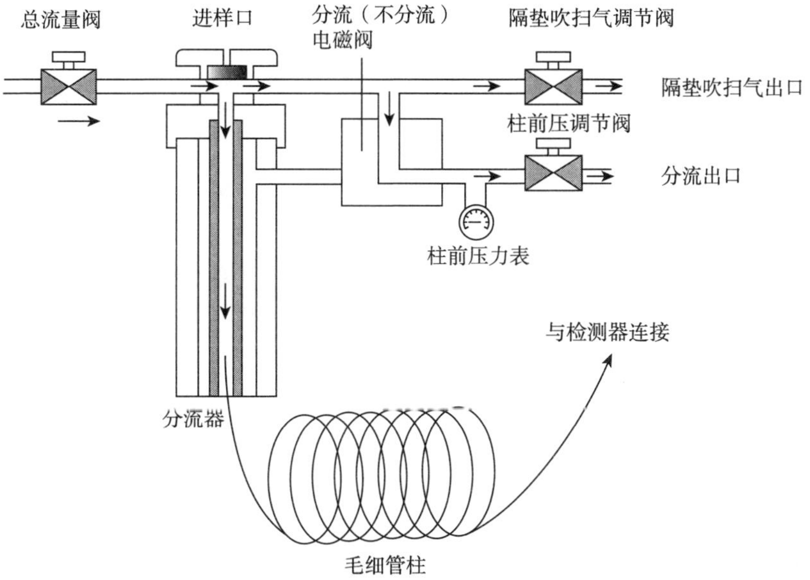

图 4-29　不分流进样

使用高沸点溶剂比低沸点溶剂有利，因为溶剂沸点高时，容易实现溶剂聚焦，且可使用较高的色谱柱初始温度，还可减少注射器针尖歧视以及汽化室的压力突变。

（3）冷柱头进样

对受热不稳定的样品，可将其直接注入处于室温或更低温度下的毛细管柱柱头。此时汽化室的结构特点如下：无加热装置，但有冷空气或制冷剂（液态氮或二氧化碳）的入口和出口；注射器入口处无进样隔垫，但有停止阀可阻止或允许注射器针尖将样品注入冷柱头。进样时，先把注射器针尖插入进样通道，停在停止阀上部，再开启停止阀，将针尖插到毛细管柱柱头上，快速注射（约 0. 5 μL）样品，然后将注射器针尖提回到停止阀上部，关上阀门，拔出注射器，立即开始程序升温分析。

冷柱头进样如图 4-30 所示。

此进样系统的密封是依据专用注射器（外径 0. 23 mm、长 80 mm）和进样通道（内径 0. 3 mm）的紧密配合来实现的。

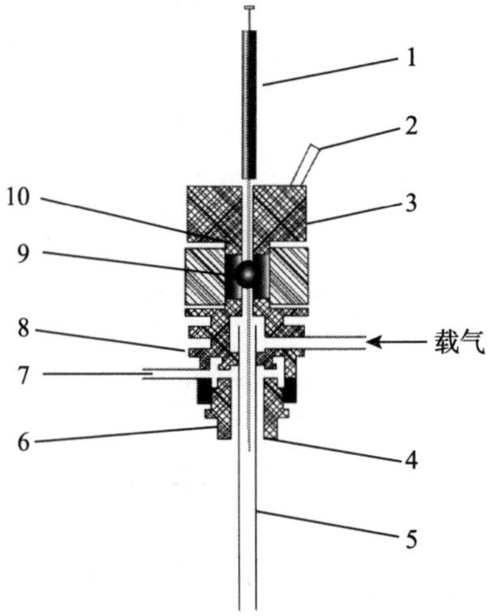

图 4-30　冷柱头进样

1—微量进样针　2—阀手柄　3—加热块　4—制冷剂入口　5—石英毛细管柱　6—固定螺母
7—制冷剂入口　8—空气冷却系统　9—不锈钢旋转阀　10—阀密封垫

冷柱头进样时，柱温比所用溶剂的沸点低 25～30 ℃，汽化后的溶剂在柱头处冷凝，并形成临时性液膜固定相，在载气的作用下伸展产生溢流区（见图 4-31 中 A）。当溶质分布于整个溢流区，会引起进样谱带的展宽（见图 4-31 中 B）。为抑制此种现象，可使用保留间隙技术。

保留间隙是一段经过去活处理但没有固定相的毛细管，它对任何溶质或溶剂都无保留作用，即分配比 $k'=0$。保留间隙的去活试剂应与溶剂的性质相近。如果样品的溶剂是非极性的，则应采用非极性去活试剂，以使溶剂与保留间隙表面有很好的润湿性。通常当进样 1～2 μL 时，保留间隙长度为 0.5～1.0 m，溶剂的溢流区就处于保留间隙柱区，溶剂蒸发并随载气向前移动，较易挥发的组分（分配比 $k<5$）被溶剂聚焦，较难挥发的组分保留在色谱柱柱头的固定相上（见图 4-31 中 C、D）聚焦，从而避免溶剂溢流造成的谱带加宽。

保留间隙的作用如下：

1）通过溶剂聚焦和固定液聚焦使进样谱带变窄。

2）解决溢流区太长产生峰劈裂问题。

3）可以作为保护柱使非挥发性脏组分不进入分析柱。

4）可作为细口径毛细管柱与自动柱上进样器匹配的界面。

5）用作 LC（LC 为液相色谱分析法的英文缩写）-GC 联用的界面。

保留间隙使用很多次后，钝化层会剥落下来露出表面的吸附点，所以工作中要注意更换新的保留间隙，实际经验是保留间隙约可进样 100 次。

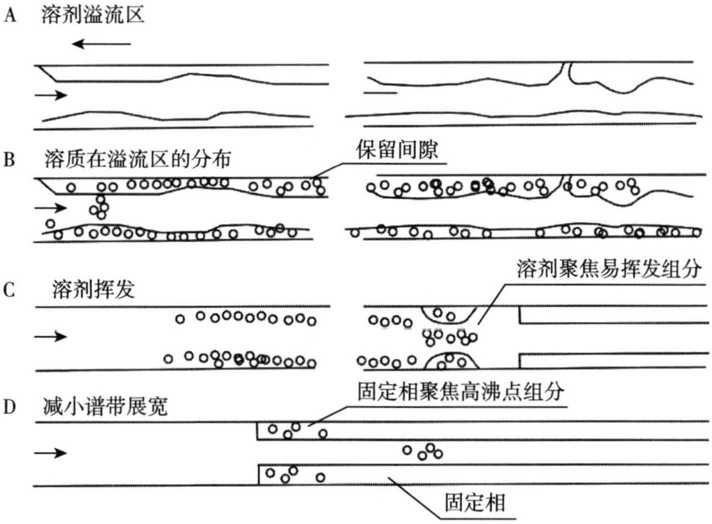

图 4-31 冷柱头进样方式的保留间隙作用机理

冷柱头进样的优点是消除了宽沸程样品进样失真和受热不稳定样品的吸附与分解；分离的柱效高，灵敏度、准确度和精密度都比较高。缺点是仅适用于分析浓度低于0.1%的样品，对高浓度样品需稀释后再进样，否则将引起柱超载；专用的细长注射器操作不当易损坏；长期使用柱头易被污染；各组分的保留值重复性较差。

冷柱头进样远不及分流进样、不分流进样应用普遍，冷柱头进样器不是气相色谱仪的标准配置，是需另购的选件，会增加分析成本。

（4）程序升温汽化进样（PTV）

将气体或液体样品注入汽化室处于低温的衬管后，立即按设定的程序升温步骤，迅速提高汽化室的温度，实现样品的快速汽化。PTV 汽化室的特点如下：

1）汽化室既有实现快速升温的程序升温电热装置，又有使之快速降温的半导体制冷装置或可通入制冷剂（液态氮或二氧化碳）的进、出口通道。

2）配有分流阀，可实现分流进样和不分流进样。

3）进样口可采用无隔垫进样头，配有专用的停止阀，也可配备有隔垫的进样头。

采用无隔垫进样头的 PTV 进样如图 4-32 所示。

由上述结构可看出，该进样器在实现程序升温汽化进样的同时，兼有分流/不分流进样和冷柱头进样的功能，是用于毛细管柱气相色谱分析的通用进样器。该进样器构造复杂，价格约为分流/不分流进样器的 3 倍，为冷柱头进样器的 1.5 倍。

该进样器既可将样品低温捕集，又可使样品快速汽化，完全消除宽沸程样品进样失真和分流歧视；可在汽化室实现对样品的浓缩；使不挥发物滞留在衬管中，保护毛细管柱。

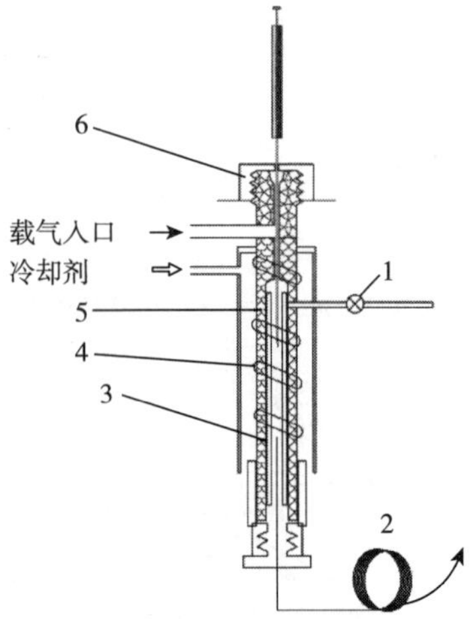

图 4-32 采用无隔垫进样头的 PTV 进样

1—分流/不分流电磁阀 2—石英毛细管柱 3—玻璃衬管 4—加热丝 5—衬管密封圈 6—无隔垫进样头

进样时，先关闭分流阀，控制汽化室温度稍低于溶剂的沸点，缓慢注入样品。进样后立即打开分流阀，可采用大的放空流量（高达每分钟几百毫升），同时以低的程序升温速率升高汽化室的温度，加速溶剂的汽化。待大部分溶剂蒸气放空后，立即关闭分流阀。待汽化室达到设定的高于柱温的温度后，可启动色谱柱程序升温程序进行样品分析。此方法的缺点是有部分低沸点组分会随溶剂一起放空，而使分析获得的样品组成失真。

从毛细管柱的直接进样、分流进样、不分流进样、冷柱头进样和程序升温汽化进样 5 种不同操作方式，可看到影响毛细管柱分离效果的因素远比填充柱复杂，但也提供了改善分离效果的更多调节因素。

掌握毛细管柱的不同进样技术是色谱分析工的重要技能之一。

7. 顶空分析

GC 本身分析时间较短（占 10%~15%），样品处理时间则占 60%。为提高工作效率，开发了固相萃取（SPE）、固相微萃取（SPME）、超临界流体萃取（SFC）等，但分析复杂样品中的挥发性组分时（如废水中的有机挥发物、司机血液中的酒精含量等），仍然耗费大量的时间。所以，目前多采用顶空分析技术。

顶空分析指通过分析样品基质上方的气体组分来测定这些组分在原样品中的含量。

顶空分析可分为静态顶空和动态顶空两种形式。

静态顶空分析如图 4-33 所示。

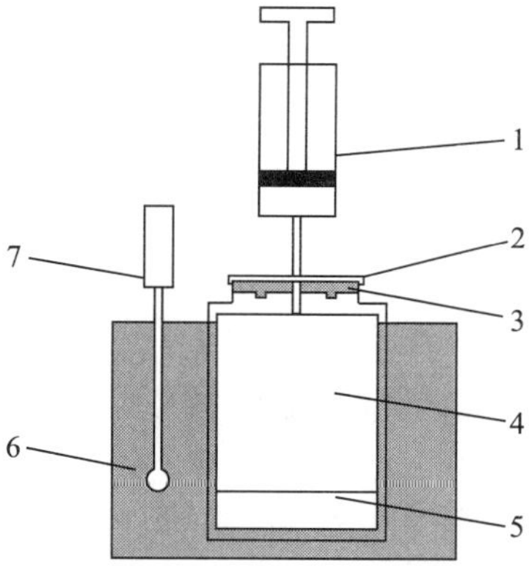

图 4-33 静态顶空分析

1—注射器 2—密封铝帽 3—密封隔垫 4—样品瓶 5—样品 6—恒温装置 7—控温装置

动态顶空分析如图 4-34 所示。

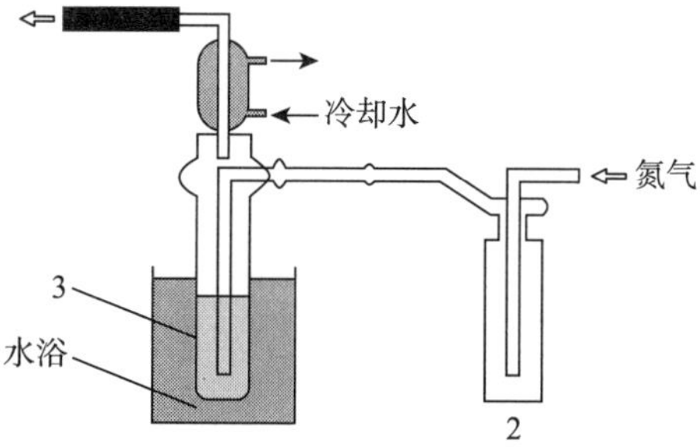

图 4-34 动态顶空分析

1—捕集管 2—洗气瓶 3—样品管

顶空分析的工作原理：将待测样品置入一密闭的容器中，加热升温后挥发性组分从样品基体中挥发出来，在气液（或气固）两相中达到平衡，直接抽取顶部气体进行色谱分析，即可检验样品中挥发性组分的成分和含量。使用顶空分析技术可以免除冗长烦琐的样品前处理过程，避免有机溶剂对分析造成干扰，减少对色谱柱及进样口的污染。因而，顶空分析是一种理想的样品净化方法。

传统的液液萃取以及 SPE 都是将样品溶在液体中，不可避免地会有一些共萃取物干扰分析，且溶剂本身的纯度也会严重影响痕量分析结果。而气体作溶剂就可避免不必要的干扰，因为高纯度气体很容易得到，且成本较低。

顶空分析的特点：顶空瓶加热范围、进样阀及定量环管加热范围、样品传输管路加热范围可在室温以上 5～185 ℃，以增量 1 ℃任设；阀定量管容积可选 0.5 mL、1.0 mL、3.0 mL 等。

四、任务实施

1. 接受委托

按照委托方要求，填写业务委托单和样品接收单。

2. 查阅标准

1）仔细阅读《再生水水质　苯系物的测定　气相色谱法》（GB/T 39298—2020），检查所需的各种仪器是否齐全，所需的试剂种类、纯度、数量是否满足要求，实验室提供的纯水等级是否满足需要。

2）查找项目实施过程中可能存在的事故隐患，并提出预防与防护措施。解读检测标准原始记录见表4-12。

表4-12　　解读检测标准原始记录

<table>
<tr><th>项目</th><th colspan="4">项目内容</th></tr>
<tr><td colspan="5">一、委托内容分析</td></tr>
<tr><td>样品名称</td><td colspan="4"></td></tr>
<tr><td>检测项目</td><td colspan="4"></td></tr>
<tr><td>检验标准</td><td colspan="4"></td></tr>
<tr><td>样品存放条件</td><td colspan="4"></td></tr>
<tr><td>完成时间</td><td colspan="4"></td></tr>
<tr><td colspan="5">二、质量标准内容</td></tr>
<tr><td>记录标准编号</td><td colspan="4"></td></tr>
<tr><td>方法工作原理</td><td colspan="4"></td></tr>
<tr><td>检出限</td><td></td><td colspan="2">定量限</td><td></td></tr>
<tr><td>适用范围</td><td colspan="4"></td></tr>
<tr><td>检测对象名称</td><td></td><td colspan="2">检测对象结构式</td><td></td></tr>
<tr><td>样品处理方法</td><td colspan="4"></td></tr>
<tr><td colspan="5">三、仪器确认清单</td></tr>
<tr><td>仪器全称</td><td colspan="4"></td></tr>
<tr><td>仪器配置</td><td colspan="4"></td></tr>
<tr><td>仪器检定日期</td><td colspan="4"></td></tr>
<tr><td colspan="5">四、实验试剂确认清单</td></tr>
<tr><td>试剂名称</td><td>CAS号</td><td>纯度/规格</td><td>生产厂家</td><td>有效期</td></tr>
<tr><td></td><td></td><td></td><td></td><td></td></tr>
<tr><td></td><td></td><td></td><td></td><td></td></tr>
</table>

3. 制定方案

小组合作制定再生水中苯系物含量测定方案，讨论后填写表 4-13。

表 4-13 再生水中苯系物含量测定方案

方案编码		方案制定时间	
负责部门		方案制定人	
小组成员			
分析项目		任务依据	
分析方法		定量方法	
完成工时		测定地点	
一、绘制再生水中苯系物含量测定操作流程图			
二、确定分工合作计划			
方案制定人		复核人	

4. 配制溶液

（1）标准溶液的配制

根据《再生水水质 苯系物的测定 气相色谱法》（GB/T 39298—2020）的规定，配制相关浓度的标准工作溶液和样品溶液。

1）低浓度校准曲线的绘制。分别移取 0 μL、50 μL、100 μL、200 μL、500 μL 苯系物标准溶液（Ⅱ）置于一系列 100 mL 容量瓶中，用水稀释至刻度，摇匀。该系列标准溶液的质量浓度分别为 0 $\mu g \cdot L^{-1}$、0.5 $\mu g \cdot L^{-1}$、1.0 $\mu g \cdot L^{-1}$、2.0 $\mu g \cdot L^{-1}$、5.0 $\mu g \cdot L^{-1}$。

2）高浓度校准曲线的绘制。分别移取 0.00 mL、0.50 mL、1.00 mL、2.00 mL、5.00 mL、10.00 mL 苯系物标准溶液（Ⅰ）置于一系列 100 mL 容量瓶中，用水稀释至刻度，摇匀。该系列标准溶液的质量浓度分别为 0.0 $\mu g \cdot L^{-1}$、5.0 $\mu g \cdot L^{-1}$、10.0 $\mu g \cdot L^{-1}$、20.0 $\mu g \cdot L^{-1}$、50.0 $\mu g \cdot L^{-1}$、100.0 $\mu g \cdot L^{-1}$。

（2）样品溶液的配制

无须配制，直接过滤后进样。

5. 测定再生水中苯系物的含量

（1）分析方法参数设置

1）柱温：采用程序升温，40 ℃保持 6 min，以 5 ℃ · min^{-1} 的升温速率升至 100 ℃，保持 2 min，再以 5 ℃ · min^{-1} 的升温速率升至 200 ℃。

2）进样口温度：200 ℃。

3）检测器温度：280 ℃。

4）载气流量：2.5 mL · min^{-1}。

5）分流比：10∶1。

（2）绘制校准曲线

1）按照从低浓度到高浓度的顺序，依次将校准溶液 5.0 mL 注入吹扫管中进行吹扫捕集，依次进样到气相色谱仪进行检测。

2）以校准溶液的质量浓度（μg · L^{-1}）为横坐标，测得的峰高或峰面积为纵坐标，绘制校准曲线并计算回归方程。

（3）水样的测定

将全程序空白和样品溶液放至室温后依次注入吹扫管中进行吹扫捕集，并进入气相色谱仪中。平行做两份试验。

6. 记录数据、撰写报告

记录各被测组分色谱峰的峰高或峰面积，从校准曲线上查得或由回归方程计算出各被测组分的质量浓度，同时以水为空白进行空白试验。样品中被测组分质量浓度超过 100 μg · L^{-1} 时，应稀释后再测定。

数据记录与处理见表 4-14。

表 4-14　　数据记录与处理

<table>
<tr><th>项目</th><th colspan="3">项目内容</th></tr>
<tr><td colspan="4">一、样品信息</td></tr>
<tr><td>样品名称</td><td></td><td>样品编号</td><td></td></tr>
<tr><td>检测项目</td><td></td><td>检测日期</td><td></td></tr>
<tr><td>检验标准</td><td></td><td>判定依据</td><td></td></tr>
<tr><td>实验室温度/℃</td><td></td><td>实验室相对湿度/%</td><td></td></tr>
<tr><td>样品存放条件</td><td colspan="3"></td></tr>
<tr><td>检验设备编号</td><td colspan="3"></td></tr>
<tr><td>标准物质编号</td><td colspan="3"></td></tr>
<tr><td>完成时间</td><td colspan="3"></td></tr>
</table>

续表

项目	项目内容		
二、分析方法			
载气流量/($\mathrm{mL\cdot min^{-1}}$)		分流比	
尾吹气流量/($\mathrm{mL\cdot min^{-1}}$)		氢气流量/($\mathrm{mL\cdot min^{-1}}$)	
空气流量/($\mathrm{mL\cdot min^{-1}}$)		柱温/℃	
进样口温度/℃		检测器温度/℃	
三、标准溶液配制			
溶液配制方法			

四、定性分析					
测定结果		t_M/min	t_R/min	t'_R/min	定性结论
标准溶液	苯				
	甲苯				
	苯乙烯				
样品溶液	色谱峰 1				
	色谱峰 2				
	色谱峰 3				

五、定量分析				
组分名称		苯	甲苯	苯乙烯
峰面积 A/($\mathrm{\mu V\cdot s}$)	1			
	2			
	3			
质量浓度/($\mathrm{\mu g\cdot L^{-1}}$)	1			
	2			
	3			
平均质量浓度/($\mathrm{\mu g\cdot L^{-1}}$)				
相对标准偏差/%				
质控样				
检验人（签名）			复核人（签名）	

根据计算结果，依据相关标准，撰写再生水中苯系物含量测定报告。

五、任务测评

对气相色谱仪的应用任务进行评价，完成表 4-15。

表 4-15　　　　气相色谱仪的应用任务评价

评价指标		评价要素	配分	得分
专业能力	查阅标准	正确写出标准名称	1	
		正确说出检验原理	1	
		正确查找适用范围	1	
		正确查找测定波长	1	
		正确确认所需的试剂	1	
		正确确认所需的仪器	1	
		正确画出任务实施流程图	1	
		明确实验的相关系数要求	1	
		明确测定结果小数点保留位数要求	1	
		明确安全注意事项及防护措施	1	
	制定方案	正确写出步骤名称	2	
		步骤顺序正确	3	
		流程图设计美观大方	2	
		能够进行合理分工，并规划时间	3	
	配制溶液	定容过头或不到，每次扣 2 分，扣完为止	10	
		重新配制溶液一次，扣 3 分，扣完为止		
		损坏仪器，每件扣 5 分，扣完为止		
	绘制校准曲线	仪器测定参数设置错误，每处扣 3 分，扣完为止	10	
		开关机操作顺序错误，每处扣 5 分，扣完为止		
	数据处理	计算错误，每处扣 2 分，扣完为止	10	
		有效数字位数修约错误，扣 1 分/处，扣完为止		
	校准曲线线性判断	相关系数≥0.999 9，得 10 分	10	
		0.999 5≤相关系数<0.999 9，得 8 分		
		0.999 0≤相关系数<0.999 5，得 6 分		

续表

评价指标		评价要素	配分	得分
专业能力	校准曲线线性判断	0.995 0≤相关系数<0.999 0，得4分		
		相关系数<0.995 0，得2分		
	检测结果精密度判断	相对平均偏差≤2.0%，得10分	10	
		2.0%<相对平均偏差≤3.0%，得8分		
		3.0%<相对平均偏差≤4.0%，得6分		
		4.0%<相对平均偏差≤5.0%，得4分		
		5.0%<相对平均偏差≤6.0%，得2分		
		相对平均偏差>6.0%，得0分		
	检测结果准确度判断	与准确浓度相对偏差≤3.0%，得10分	10	
		3.0%<与准确浓度相对偏差≤4.0%，得8分		
		4.0%<与准确浓度相对偏差≤5.0%，得6分		
		5.0%<与准确浓度相对偏差≤6.0%，得4分		
		6.0%<与准确浓度相对偏差≤7.0%，得2分		
		与准确浓度相对偏差>7.0%，得0分		
通用能力和职业素养		不迟到，不早退，不旷课，不偷懒	2	
		主动与他人合作，能帮助他人共同完成组长分配的任务	2	
		通过有效沟通，及时发现问题、分析问题、解决问题	2	
		能查阅相关书籍，充分利用网络资源，有效获取学习信息	2	
		按时、按质完成工作任务	2	
		原始记录书写规范，如实填写，无涂改	2	
		实验中穿戴工作服、电绝缘鞋、安全帽等劳动防护用品，严格遵循电气安全操作规程	3	
		实验场所始终保持整洁，仪器设备摆放有序，不乱扔、乱倒固体废弃物或液体废弃物	3	
		实验结束后关闭电源和气源，罩好仪器防尘罩，正确填写仪器使用记录	2	
合计			100	

思考与练习

一、填空题

1. 衡量色谱柱选择性的指标是______________。
2. 色谱法中用于定量的参数是______________。
3. 用色谱法进行定量分析时，要求混合物中每一个组分都出峰的是__________。
4. 保留体积扣除死体积后的体积称为______________。

二、简答题

1. 简述外标法的优缺点。

2. 简述顶空分析的工作原理。

3. 简述检验再生水中苯系物的工作原理。

5

高效液相色谱分析技术

高效液相色谱法（HPLC）是重要的仪器分析手段之一。高效液相色谱法引用了液相色谱分析技术的理论，但是又区别于液相色谱分析技术。从技术上看，高效液相色谱法采用了高压高速液体流动相，以及高分离效率的色谱柱和高灵敏度的检测器，各组分在两相中反复多次受到各种作用力而实现相互分离，即其本质是分离分析方法。

本模块通过 5 个项目开展活动，使学生能掌握一定的理论知识，并具备较高的操作技能和基本的高效液相色谱仪安装、维护技能。

建议课时：16 课时。

5.1 认识高效液相色谱仪

学习目标

1. 了解高效液相色谱仪的结构。
2. 了解高效液相色谱仪的工作原理。
3. 了解相关国家标准。
4. 熟悉高效液相色谱仪各部件名称及功能。
5. 了解溶剂过滤器、超声波清洗仪、平头进样针、自动进样器。
6. 培养严谨细致的工作作风。
7. 增强学生对环保行业和检测行业的职业认知，培养良好的职业道德。

思政小课堂-21

一株蒿草　济世报国

2015 年，屠呦呦因发现青蒿素治疗疟疾这一全新的治疗方法而被授予诺贝尔生理学或医学奖。受东晋名医葛洪《肘后备急方》启发，屠呦呦进行青蒿素的研发。她使用高效液相色谱仪测定青蒿素的含量。

经过 13 年的艰苦努力，屠呦呦团队在短期内将青蒿素贡献给世界，团队精神和无私合作加速了科学发现转化成药物。屠呦呦先后荣获国家最高科学技术奖和“最美奋斗者”等荣誉。2019 年，屠呦呦被授予“共和国勋章”。

屠呦呦团队通过一株蒿草实现了济世报国，也折射出他们对科学研究的专注执着、奉献精神、团结合作、创新精神、工匠精神。

思政目标：培养学生奉献精神、团结合作、创新精神、工匠精神。

思考：屠呦呦获得成功的原因是什么？

一、任务分析

1. 任务流程的确定

认识高效液相色谱仪任务流程如图 5-1 所示。

观察高效液相色谱仪 → 说出各组成名称 → 简述各组成功能

图 5-1　认识高效液相色谱仪任务流程

2. 任务实施的准备

（1）相关国家标准

1）《高效液相色谱仪》（GB/T 26792—2019）。

2）《液相色谱仪测试用标准色谱柱》（GB/T 30433—2021）。

3）《液相色谱仪用自动进样器》（GB/T 38125—2019）。

（2）相关文件

对应品牌的仪器使用说明书或者操作规程。

（3）仪器

高效液相色谱仪（含 C_{18} 色谱柱、自动进样器、检测器等）及周边配套仪器（计算机、溶剂过滤器、超声波清洗仪、平头进样针、针式过滤器等）。

（4）试剂

甲醇（色谱纯）、乙腈（色谱纯）。

3. 任务难点的分析

阅读理解国家标准，记住不同组成部分的名称。

二、相关知识

1. 高效液相色谱仪的基本组成和工作原理

（1）高效液相色谱仪的基本组成

高效液相色谱仪一般由输液系统、进样系统、分离系统、检测系统、数据处理系统等组成。高效液相色谱仪的组成见表 5-1。

表 5-1　　高效液相色谱仪的组成

组成名称	部件	作用
输液系统	流动相瓶、高压泵、在线脱气机（选配，一般配置自动进样器时需要）、梯度洗脱装置	流动相瓶：用来储存数量足够、符合要求的流动相。配有溶剂过滤器，以防止流动相中的颗粒进入泵内
		高压泵：将流动相瓶中的流动相连续不断地以高压形式引入液路系统，使样品在色谱柱中完成分离
		在线脱气机：防止流动相从色谱柱内流出时释放气泡并进入检测器从而引起噪声，导致不能正常检测
		梯度洗脱装置：在分离过程中通过逐渐改变流动相的组成增大洗脱能力
进样系统	自动进样系统、手动进样装置（主要由定量环、六通阀、平头进样针等部件组成）	进样系统将样品送入色谱柱。进样方式分为两种：手动进样或自动进样。手动进样时用平头进样针通过六通阀进样。 在企业特别是第三方检测机构中，比较常用的是自动进样器
分离系统	色谱柱、各种连接管等	分离系统对样品进行分离。分离系统是整个系统的核心，它的质量直接影响分离的效果，进而影响分析的结果
检测系统	各种检测器	将色谱柱连续流出的样品组分转变成易于测量的电信号，被数据处理系统接收，得到样品分离的色谱图
数据处理系统	计算机系统及打印机	对色谱数据进行处理及输出，并操控色谱仪参与分析过程

（2）高效液相色谱仪的工作原理

高效液相色谱仪的流动相瓶里的流动相，在输液系统（高压泵）的作用下，以恒定速度流向进样系统，再进入分离系统（色谱柱），继而进入检测系统。当含有多个组分的试样通过进样器进入色谱柱时，由于化学键合作用，各个组分极性不同，被色谱柱固定相吸附的能力不同，从而在色谱柱中被分开。各组分按不同的顺序，随着流动相，先后进入有关检测系统，根据比尔定律，会对不同的入射单色光产生吸收。经过吸收后的入射光，其透过部分被检测器的光电转换器变成电信号，再进入数据处理系统进行分析，最后打印出分析测试结果。

2. 液相色谱柱的结构和种类

（1）液相色谱柱的结构

液相色谱柱由柱管、螺帽、卡套（密封环）、筛板（滤片）、接头、螺栓（封头）与柱填料等组成。液相色谱柱是液相色谱仪的核心。C_{18} 色谱柱的结构如图 5-2 所示。

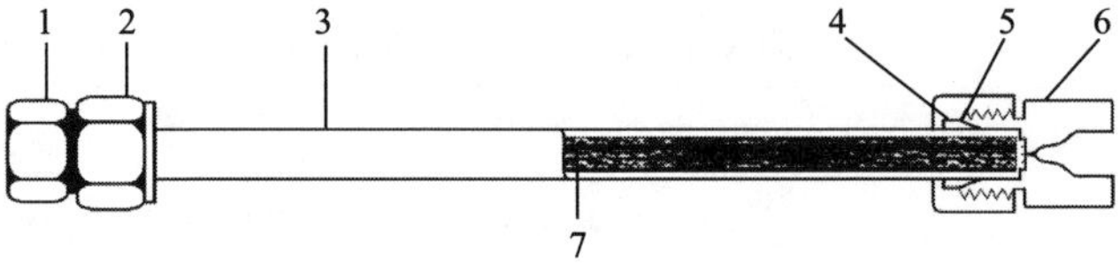

图 5-2　C_{18} 色谱柱的结构

1—接头　2—螺帽　3—柱管　4—后垫圈　5—前垫圈　6—筛板　7—柱填料

1）柱管。柱管多用不锈钢制成，若使用时柱压不高于 6.86 MPa，也可采用厚壁玻璃或石英管，管内壁要求有很高的光洁度。柱管用于柱填料的装填。

2）螺帽。螺帽即色谱柱两端套合于柱管端外壁的塑性圆柱帽，中部有小孔，多由聚四氟乙烯制成。螺帽用于固定筛板。

3）卡套。卡套指位于接头螺旋环内壁的弹性环，多由聚四氟乙烯制成。卡套用于色谱柱两端螺帽与柱外壁的密封。

4）筛板。筛板是色谱柱内紧贴柱管端的筛网状薄片，由烧结不锈钢或钛合金制成，孔径取决于填料粒度，一般为 0.2~20 μm。筛板可防止填料从柱管内漏出。

5）接头。接头指柱两端连接流动相与柱管的中空环套，由不锈钢制成。接头用于柱管路连通与柱管端高压固定。

6）螺栓。螺栓位于柱两端，用于对色谱柱进行密封。

7）柱填料。柱填料装填于柱管内的固定相担体，直接决定了色谱柱的类型与用途，是色谱柱的核心。柱填料多为无定形或球形硅胶基质，也有环糊精、活性炭、聚苯乙烯-二乙烯基苯、聚甲基丙烯酸酯、氧化铝等基质。柱填料用于色谱分离。

（2）液相色谱柱的种类

1）硅胶基质柱。硅胶基质柱包括反相硅胶柱、正相硅胶柱和离子交换柱。

①反相硅胶柱。反相硅胶柱是以硅烷化硅胶为基质，表面键合弱极性官能团的固定相，目前多用 C_{18}①、C_8、C_4、$—C_6H_5$（苯基）等。反相硅胶柱用于分离大多数有机化合物，应用范围最广。反相硅胶柱分类见表 5-2。

表 5-2　　反相硅胶柱分类

柱填料类型	应用范围	特点
C_{18}	可分离多种化合物，适用于极性样品或离子抑制样品	普遍适应性，保留性强，用途广，可用于正相
C_8	与 C_{18} 类似	与 C_{18} 类似，保留值稍小
C_3、C_4	用于肽类与蛋白质	保留值更小
C_1	普通反相溶剂分析疏水性强的化合物，使用高水含量溶剂分析高极性化合物，分离多官能团化合物	保留值最小，最不稳定，可用于正、反相
$—C_6H_5$（苯基）、$—C_7H_7$（苯乙基）	多用于分离分析含极性和非极性芳香族化合物的混合物	保留值适中；选择性不同，对极性芳香族化合物选择性更强；可用于正相

②正相硅胶柱。正相硅胶柱是以硅烷化硅胶为基质，表面键合极性官能团的固定相，目前较多的为$—NH_2$（氨基）、—CN（氰基）、DIOL（二醇基）。正相硅胶柱多用于分离光学异构体和反相硅胶柱不能分离的极性比较大的物质。正相硅胶柱分类见表 5-3。

表 5-3　　正相硅胶柱分类

柱填料类型	应用范围	特点
—CN（氰基）	适用于 ODS 上无保留或分离时间太长的组分、样品中同时含有亲水性和疏水性基团的化合物（难以采用 ODS）、氨基酸分析	中等极性，普适性好；保留适中；可用在正相和反相
$—NH_2$（氨基）	适用于单糖类、烃类化合物	保留性弱；极性大，不稳定，酸性条件下易水解；可用于反相
DIOL（二醇基）	适用于有机酸、肽类和蛋白质	极性大于氰基、小于氨基，可用于反相
手性柱	适用于手性异构体	不同化学性质的异构体采用不同类型的手性柱，部分可用于反相

① C_{18} 填料指十八烷基硅烷键合硅胶填料，简称 ODS。

续表

柱填料类型	应用范围	特点
HILIC （亲水作用柱）	适用于极性化合物，药物性极性代谢产物、多肽、有机酸、糖类	多用于蒸发光散射检测器（ELSD）检测、ODS上无保留的化合物分析、毒品检查。可用于反相

③离子交换柱。离子交换柱是以硅烷化硅胶为基质，以磺化交联键合强阳/阴离子基团（磺酸盐/季铵碱）的固定相，又分为强酸性、强碱性、弱酸性、弱碱性等不同规格。离子交换柱用于分离解离性较强的有机盐类化合物①。

2）聚合物基质柱。聚合物基质柱是指采用聚苯乙烯-二乙烯基苯、聚甲基丙烯酸脂、多孔性微球蛋白等聚合物凝胶作为主要填料的一类色谱柱。其相对于硅胶基质柱具有更强的疏水性及更宽泛的pH值适用范围（1.0~14.0），但柱效较低，主要应用于凝胶渗透色谱（GPC）、凝胶过滤色谱（GFC）及分子排阻色谱（MEC），可分离蛋白质类等大分子化合物。

3）其他无机物填料柱。无机物填料柱仅限于特殊用途，主要有石墨化碳、氧化铝、氧化锆等填料。无机物填料柱不需要进行表面改性，其自身表面即可对各类化合物有强保留，可在任意pH值（氧化铝除外，不能大于12.0）及高温度（可达100 ℃）下使用。

其中，石墨化碳填料柱能分离多种化合物，主要用于分离几何异构体；氧化铝填料柱刚性强，柱床稳定，可分离多种化合物且多用于制备色谱；氧化锆填料柱较氧化铝填料柱有更宽的pH值适用范围及能耐受更高的温度，但其应用尚待进一步研究。

3. 液相检测器的种类

液相检测器是液相色谱仪的“眼睛”，具体种类如下：

（1）UVD（VWD）

UVD指紫外吸收检测器，属于选择性检测器。UVD是目前HPLC中应用最广泛的检测器。它的主要特点是灵敏度高，线性范围宽，对流量和温度变化不敏感，可用于梯度洗脱。它要求被检测样品组分有紫外吸收。

（2）DAD

DAD指二极管阵列检测器，是UVD的一个分支，属于选择性检测器。在对每个洗脱组分进行光谱扫描，经计算机处理后，得到光谱和色谱结合的三维图谱。其中，吸收光谱用于定性分析（确证是不是单一纯物质），色谱用于定量分析，常用于复杂

① 不要同离子色谱混淆，离子色谱主要分离无机盐类化合物或某些带电离子。

样品（如生物样品、中草药）的定性和定量分析。

（3）FLD

FLD 指荧光检测器，属于选择性检测器。用紫外线照射色谱馏分，当检测样品组分具有荧光性能时，即可检出。

（4）RID

RID 指示差折光检测器，属于通用型检测器。被分析物溶解在流动相中以后，将改变流动相的折光率，所以可对所有能进行液相分析的样品产生响应。

（5）ELSD

ELSD 指蒸发光散射检测器，属于通用型检测器。ELSD 可以检测没有紫外吸收的有机物质，如人参皂苷、黄芪甲苷等。

（6）MSD

MSD 指质谱检测器，属于通用型检测器。MSD 在灵敏度、选择性、通用性及提供化合物的相对分子质量和结构信息等方面有突出的优点。

4. 高效液相色谱仪的柱温箱（或称色谱柱恒温箱）

柱温箱主要用途是保持色谱柱的恒温状态，通常只能加热不能制冷。一般情况下，柱温箱还会安装手动进样器。

正常工作条件：环境温度为 4~35 ℃，且全天温度波动较小；供暖设备或空调的气流不会直吹仪器，避免阳光直射仪器；没有振动；相对湿度保持在 20%~85%；没有冷凝或雾气。

为确保仪器有较长的使用寿命并保持其性能水平，应避免将仪器安装在有大量灰尘或腐蚀性气体的地方。

为确保正常运行，不要将仪器安装在有强磁场的地点。如果电源线有较高的电流噪声，则应安装电源保护器。

5. 高效液相色谱仪的自动进样器

自动进样器可以准确进样。

正常工作条件：环境温度为 5~35 ℃；相对湿度为 20%~80%；大气压力为 75~106 kPa；供电电源为交流电压 220 V±22 V，频率为 50 Hz±0.5 Hz；接地电阻≤4 Ω；室内应避免存在易燃、易爆和强腐蚀性气体及强烈的振动、电磁干扰和空气对流等；室内应通风良好。

（1）取样体积误差试验

启动进样器，排除管路气泡，清洗进样针，取 2 mL 的样品瓶，加入一定量的纯水，用分析天平称量记为 m_1。每次取样结束后，均对样品瓶进行称量，记为 m_2。

按式（5-1）计算取样体积：

$$V_m = \frac{m_1 - m_2}{\rho \times n} \tag{5-1}$$

式中 V_m——取样体积，mL；

m_1——样品瓶与总水质量，g；

m_2——样品瓶与取样后水质量，g；

ρ——试验温度下纯水的密度，g · mL^{-1}；

n——取样次数。

按式（5-2）计算取样体积误差：

$$S_s = \frac{\overline{V}_m - V_0}{V_0} \tag{5-2}$$

式中 S_s——取样体积误差；

$\overline{V}_m$——3 次取样体积的平均值，mL；

V_0——取样体积设定值，mL。

（2）进样重复性试验

将自动进样器连入测试用高效液相色谱系统，用 C_{18} 色谱柱连接进样器出口与检测器入口，设置检测器波长为 254 nm，以纯甲醇为流动相，流量设定为 10 mL · min^{-1}，运行并平衡系统。启动进样器，排除管路气泡，清洗进样针，在样品瓶加入一定量的 1×10^{-4} g · mL^{-1} 的萘标准溶液，放入自动进样器托盘指定位置。待系统完全稳定后，进样体积为 10 μL，连续进样 11 次，采集结束后保存色谱图。按式（5-3）计算萘峰面积相对标准偏差。

$$D_{RS} = \frac{1}{\overline{A}}\sqrt{\frac{\sum_{i=1}^{n}(A_i - \overline{A})^2}{n-1}} \tag{5-3}$$

式中 D_{RS}——相对标准偏差；

$\overline{A}$——峰面积平均值，mV · s；

A_i——第 i 次进样峰面积，mV · s；

n——进样次数，$n=11$。

（3）线性试验

进样重复性试验完毕后，设置进样器参数，进样体积根据定量环体积大小选取，应设置 9 个点（最大体积应为定量环体积的 1/2）。例如，若定量环体积为 100 μL，依次设定进样体积为 2 μL、4 μL、6 μL、8 μL、10 μL、20 μL、30 μL、40 μL、50 μL，每个体积连续测量 3 次，记录色谱峰面积，计算峰面积的平均值与取样体积两个变量

之间的相关系数 r。

（4）样品残留试验

待系统完全稳定后，设置自动进样器参数，进样前、后各清洗一次（清洗体积为系统管路总体积的 3~5 倍），依次注入 20 μL 的 1×10^{-4} g · mL^{-1} 的萘标准溶液和纯甲醇。重复进样 3 次，记录色谱峰面积，取算术平均值，按式（5-4）计算样品残留。

$$C_m = \frac{\overline{A}_{空白}}{\overline{A}_{样品}} \times 100\% \tag{5-4}$$

式中 C_m——样品残留；

$\overline{A}_{空白}$——3 次进样纯甲醇时，与进样萘标准溶液时相同保留时间处峰面积的平均值，mV · s；

$\overline{A}_{样品}$——3 次进样萘标准溶液峰面积的平均值，mV · s。

6. 高效液相色谱仪的周边设备

（1）溶剂过滤系统

高效液相色谱仪结构精密，流动相溶剂和样品中如果有细小颗粒，易使进样阀堵塞和磨损，同时也会加剧泵头内活塞杆和活塞的磨损。此外，液相色谱柱填料颗粒很细，色谱柱内腔很小，溶剂和样品中的细小颗粒易使色谱柱和毛细管柱堵塞，因此，应安装溶剂过滤系统。

高效液相色谱仪流动相和样品溶液的常用过滤设备有两种，分别是过滤头和溶剂过滤器。过滤头一般又称为针式过滤器，用于样品溶液的过滤。溶剂过滤器利用滤膜过滤流动相溶液中的杂质，使用真空泵（一般选用无油隔膜真空泵）加快过滤速率。

其中，起关键作用的就是滤膜。滤膜分为有机系和水系两种，滤膜种类根据过滤流动相溶液的性质选择。

溶剂过滤系统设备如图 5-3 所示。

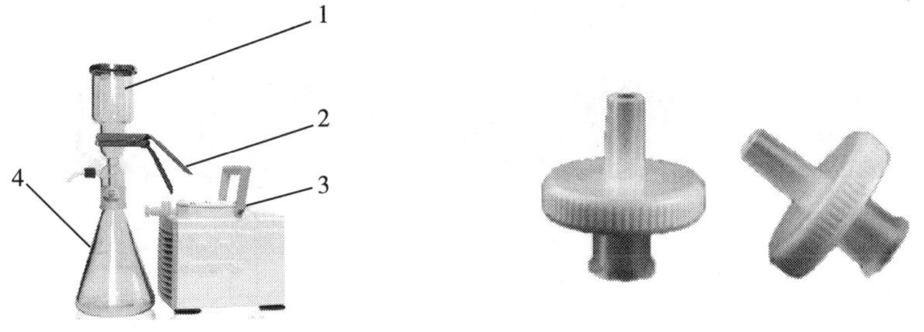

a） b）

图 5-3 溶剂过滤系统设备

a）溶液过滤器 b）过滤头

1—砂芯漏斗 2—鸭嘴夹 3—隔膜真空泵 4—溶剂瓶

液相色谱的滤膜见表 5-4。

表 5-4　　液相色谱的滤膜

滤膜名称	适用范围	特性
水系滤膜	水基溶液	不耐有机溶剂，具有较高的化学和热稳定性，流速快，耐酸碱能力强，具有高机械强度，对蛋白质吸附力较低
有机系滤膜	含有酸、碱性的水溶液，以及醇类、烃类、脂类、酚类、酮类等有机溶剂	疏水性滤膜，耐酸、耐碱，抗氧化，耐高温，强度好，化学性能稳定

（2）液相色谱流动相脱气方法及设备

液相色谱流动相脱气使用较多的方法有 5 种：超声波脱气法、氦气鼓泡吹扫脱气法、抽真空脱气法、在线真空脱气法、加热回流脱气法。

1）超声波脱气法。超声波脱气法比较简便，可进行快速、高效脱气，基本上能满足日常分析操作的要求，是上述方法中应用最广泛的。将配制好的流动相连带容器放入超声波脱气机的水槽中脱气 10～20 min，超声波引入溶液中时，会产生交替压力，溶液中的气体可通过气液界面“定向扩散”进入空化气泡，空化气泡逐步生长变大。当空化气泡在溶液表面崩溃时，气体会从气泡中逸出，完成脱气过程。

超声波清洗仪如图 5-4 所示。

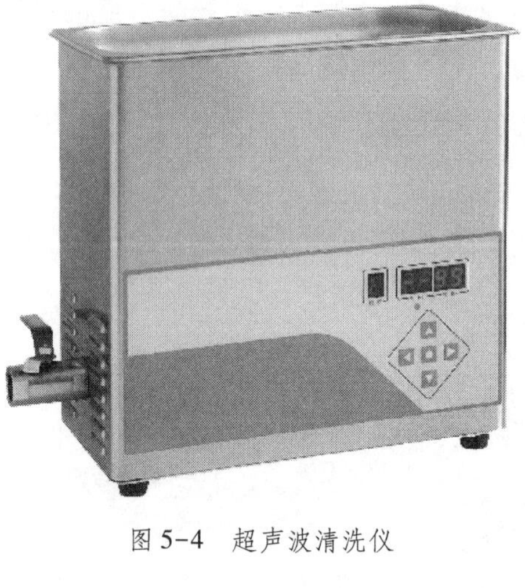

图 5-4　超声波清洗仪

使用注意事项如下：

①日常实验操作过程中会使用大量的玻璃器皿，如烧杯、锥形瓶、进样小瓶等，

可采用超声波清洗仪进行清洗。但若是精密器皿，应选用可调节功率的超声波清洗仪的低功率挡进行清洗。

②针对 HPLC、GC 等精密仪器中比较容易堵塞的零部件或孔隙较小的物件，如毛细管等，推荐采用 80 kHz 频率（不同仪器请参考设备供应商提供的操作规程）进行清洗，此时产生的空化泡更加细密，能够有效深入细小结构的内部，并且避免过高能量带来的蚀点。

2）氦气鼓泡吹扫脱气法。将氦气缓慢、均匀地通入流动相瓶中的流动相中，氦气分子置换并取代其他气体分子，而其本身在溶剂中的溶解度很小，微量的氦气所形成的小气泡对液相色谱检测无影响。

3）抽真空脱气法。将流动相通过一段由多孔性合成树脂膜制作的输液管，该输液管外有真空容器。启动真空泵，膜外一侧降压至 0.05～0.07 MPa，溶解的气体中相对分子质量小的氧气、氮气、二氧化碳就会从膜内移至膜外而被脱除。真空脱气会改变混合溶剂的组成，影响重现性，因此多用于单溶剂体系。

4）在线真空脱气法。真空脱气机是将液体中溶解的气体，通过脱气膜从液体中连续排出的脱气单元。

把在线真空脱气装置串联到储液系统中，并结合膜过滤器，可使流动相在进入输液泵前实现连续真空脱气。此法的脱气效果明显优于上述几种方法，并适用于多元溶剂体系。通过将在线真空脱气装置与高效液相色谱仪用的送液单元连接，可以在不改变流动相组分的状态下，连续排出流动相溶剂中的气体，防止因溶解气体而产生气泡，并由此导致送液不良、检测器基线噪声增大及溶解气体浓度变化造成的检测器基线变动等问题，从而进一步提高分析的稳定性和重复性。

在线真空脱气装置如图 5-5 所示。

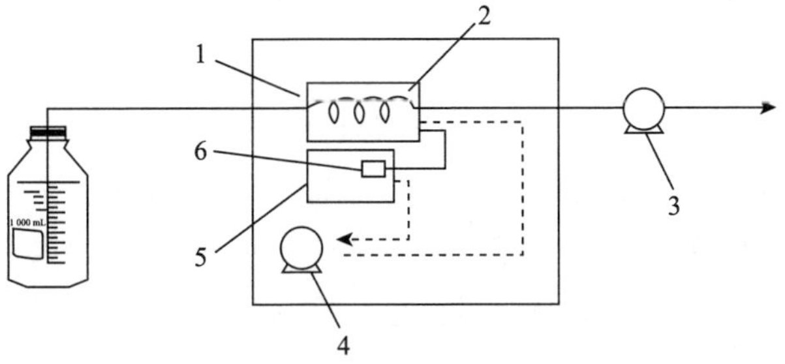

图 5-5　在线真空脱气装置

1—脱气室　2—脱气膜　3—送液单元　4—真空泵　5—控制基板　6—压力传感器

5）加热回流脱气法。此法的脱气效果较好。在操作时要注意冷凝塔的冷却效率，否则易导致溶剂丢失，改变混合流动相的比例。

(3) 固相萃取柱(SPE柱)

固相萃取柱是从层析柱发展而来的,用于萃取、分离、浓缩的样品前处理装置。固相萃取柱主要应用于食品、农畜产品、环境样品及生物样品中目标化合物的样品前处理。

1) 固相萃取工作原理。当复杂的样品溶液通过吸附剂时,吸附剂会通过极性相互作用、疏水相互作用或离子交换等选择性地保留目标物和少量与目标物性质相近的组分,其他组分则透过吸附剂流出小柱。用另一种溶剂体系选择性地把目标物洗脱下来,可实现对复杂样品的分离、纯化和富集。

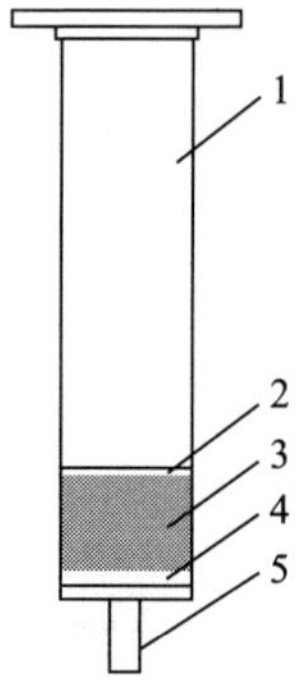

图5-6 固相萃取柱结构
1—柱管 2、4—筛板
3—吸附剂 5—通用接口

固相萃取柱结构如图5-6所示。

2) 固相萃取工作过程。最简单的固相萃取可以通过手工方式完成,即在固相萃取柱上端连接注射器,通过对注射器的挤压将萃取柱内的液体排挤出萃取柱。另外,也可以使用正压或负压固相萃取装置对批量样品进行固相萃取操作。随着科技的发展和样品数量的增多,越来越多的分析实验室开始使用自动固相萃取仪,特别是多通道固相萃取仪对批量样品进行处理。

固相萃取过程包括活化、平衡、上样、保留、淋洗、洗脱。

①活化。活化也称溶剂化,即加入合适的溶剂使吸附剂上的官能团展开,并除去吸附剂上可能存在的干扰物。对于反相吸附剂,常常用中等极性溶剂(如甲醇);对于正相吸附剂,常常用弱极性或非极性溶剂(如己烷)。

②平衡。平衡指除去活化溶剂,创造适宜的溶剂环境,所用溶剂通常与样品溶液的溶剂一致。对于离子交换柱,如果样品是碱性化合物,平衡液中往往需要加入酸;如果样品为酸性化合物,平衡液中往往需要加入碱。

③上样、保留。将样品倒入活化后的SPE小柱,然后利用加压、抽真空或离心的方法使样品进入吸附剂。采取手动或泵以正压推动或负压抽吸的方式,使液体样品以适当流速通过固相萃取柱,此时,样品中的目标萃取物被吸附在固相萃取柱填料上。当样品溶液通过吸附剂,吸附剂与某些化合物的作用力超过后者与溶剂的作用力时,这些化合物就会被吸附剂固定,该过程称为保留。

④淋洗。上样后,部分干扰物与目标化合物同时被保留,需要加入合适的溶液以最大限度地除去干扰物而不影响目标化合物的保留,该过程称为淋洗。通常情况下用上样时的样品溶剂淋洗不会影响回收率,但洗脱强度较大的溶剂能最大限度地去除干扰物,选择淋洗液时需要在回收率和净化效果之间找到平衡点。

⑤洗脱。利用洗脱能力较强的溶剂通过吸附剂,破坏吸附剂与被保留的化合物之间的作用力,使这些化合物随溶剂从吸附剂中流出,该过程称为洗脱。通常情况下,

能刚好洗脱目标化合物的洗脱液是最佳选择，此时洗掉的干扰物最少。选择洗脱液时，需要在回收率和净化效果之间找到平衡点。

固相萃取工作过程如图 5-7 所示。

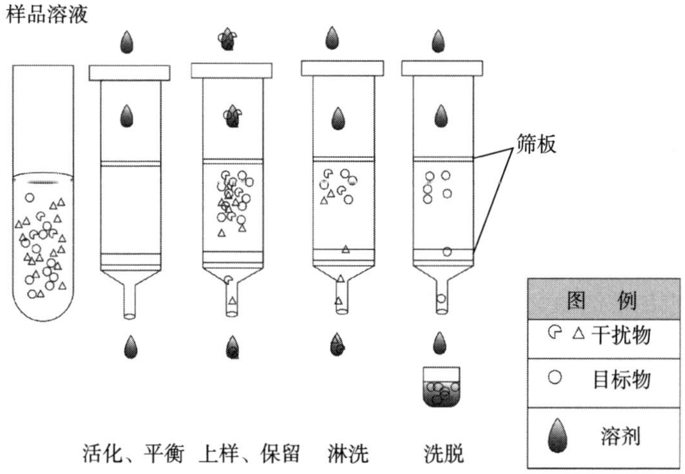

图 5-7 固相萃取工作过程

7. 高效液相色谱法与气相色谱法的比较

高效液相色谱法的应用范围十分广泛，几乎所有的化合物包括高沸点、极性、离子型化合物和大分子物质均可用高效液相色谱法分析测定，因而弥补了气相色谱法的不足。

在目前已知的有机化合物中，可用气相色谱法分析的约占 20%，而约 80%则需用高效液相色谱法来分析。高效液色谱法与气相色谱法对比见表 5-5。

表 5-5 高效液色谱法与气相色谱法对比

项目	高效液相色谱法	气相色谱法
流动相	采用液体（甲醇、乙腈、超纯水等），也称洗脱液，可以是离子型、极性、非极性、弱极性溶液，并允许与分析样品相互作用，能改善分离的选择性；液体流动相的动力黏度为 1×10^{-3} Pa·s，输送流动相压力为 2~20 MPa	采用不活泼气体（氮气、氩气、氦气等），亦称载气；气体流动相的动力黏度为 1×10^{-5} Pa·s，输送流动相压力为 0.1~0.5 MPa
固定相	可以是固体、液体，分离原理是依据吸附、筛析、分配、离子交换等多种原理进行样品分离；色谱柱一般长 15 cm，柱温一般是室温到 40 ℃	可以是固体、液体，分离原理是依据吸附和分配进行样品分离；色谱柱有填充柱和毛细管柱，填充柱一般长 1~10 m，毛细管柱一般长 30~100 m，柱温一般是室温到 300 ℃
检测器	UVD、DAD、FLD、RID、ELSD、MSD	TCD、FID、ECD、NPD、FPD

续表

项目	高效液相色谱法	气相色谱法
进样方式	需要将样品转换为溶液	需要将样品转换为气体
检测对象	分析沸点高、热稳定性差、大分子有机物，离子型无机化合物，热不稳定并具有生物活性的生物分子	分析热稳定、沸点低、小分子有机物，可以分析永久性气体，采用程序升温可以分析高沸点有机化合物，采用裂解技术可以分析高聚物
待测对象状态	液态	气态或液态

8. 高效液相色谱法的安全注意事项

1）检查、维护或更换仪器的部件之前应先切断电源，避免发生电击或短路事故。

2）请勿取下色谱仪的主盖板，以免仪器损坏或出现故障。常规的维护、检查和调试不需要取下主盖板。如果要取下主盖板进行维修，应联系厂商或者专业技术人员。

3）应更换正确型号和容量的熔丝，避免发生火灾。

4）如果有灰尘附着在电源线插头上，应拔出插头，然后用干布擦去灰尘。如果灰尘堆积，易引起火灾。

5）如果水进入仪器，应立即擦干，以防止仪器生锈。不得使用酒精或其他稀溶剂清洗仪器，以免仪器表面褪色。

6）应按规定妥善处理废弃的液体。

7）高效液相色谱法使用易燃的有机溶剂作为流动相，并在存放大量易燃物质的环境中使用，若发生静电事故，将造成比较大的损失。

预防静电事故可以采取如下措施：采用金属容器存放废液，并确保金属容器正确接地，保障容器和液体的电荷可以传送到地面（若将几乎不导电的液体排入该金属容器，则必须向容器内添加导电的安全溶液）；用盖子或其他保护性封口盖住废液瓶的进口和出口与管路之间的缝隙，从而防止容器外部的任何火花进入容器内部；确保带静电的物体远离废液瓶；高流速时，应使用内径至少为 2 mm 的管路作为排液管；若不使用导电的废液瓶，则需确保流入管路的一端总是浸没在容器中，并将接地金属物体置于废液中，确保环境相对湿度在65%以上。

8）高效液相色谱法使用的溶剂是易燃并且有毒的。安装仪器的房间应通风良好。严禁在仪器附近使用明火和可能产生火花的设备。安装仪器的房间应配备灭火器。

9）高效液相色谱仪的操作注意事项。拿放溶剂和样品时，应戴上防护手套和护目镜。如果溶剂溅到眼睛里，应立即用大量的水冲洗并就医，否则可能导致失明。

拿放任何有毒的或生物传染性样品时，应戴上防护手套；切勿使用破裂的储液瓶；如果使用氦脱气机，储液瓶内部的压力可能会使瓶破裂；不得在仪器附近使用易燃的喷雾剂（如发胶、杀虫剂等），以免被点燃而引起火灾。

10）高效液相色谱仪的流动相使用注意事项如下：

①如果管路中使用 PEEK（聚醚醚酮，一种具有耐高温、自润滑、易加工和高机械强度等优异性能的特种工程塑料）树脂部件，不得使用浓硫酸、浓硝酸、二氯乙酸和丙酮、四氢呋喃（THF）、二氯甲烷、氯仿和二甲基亚砜（DMSO）等流动相。这些流动相会软化 PEEK 树脂，从而导致管路断裂和流动相泄漏。短暂使用低于 0.5%（质量分数）的丙酮稀溶液（如为了检查梯度性能）不会有影响。

②仅可使用 HPLC 等级或相当于该级别的流动相，并在使用前用 0.45 μm 滤孔或更细的过滤器过滤，以除去其中的颗粒性杂质和其他异物。

③卤素离子可以腐蚀不锈钢材料管路，应避免使用含有卤素离子的流动相（如 KCl、NaCl、NH_4Cl）或能产生卤素离子的流动相。如果必须使用此类流动相，在分析结束后应立即用蒸馏水清洗整个管路。

④流动相要经常脱气。溶剂混合或温度、压力改变时容易产生气泡，会导致泵发生故障及检测器信号噪声。

三、任务实施

1. 认识高效液相色谱仪及周边设备

说出高效液相色谱仪及周边设备各部件名称及功能，完成表 5-6。

表 5-6　　高效液相色谱仪及周边设备各部件名称及功能

组成	部件	功能
输液系统	流动相瓶	
	高压泵（输液泵）	
	输液管路	
	在线脱气机（选配）	
	梯度洗脱装置	
	混合器	
	排液阀	
进样系统	自动进样器	
	平头进样针	
	定量环	
	六通阀	

续表

组成	部件	功能
分离系统	色谱柱	
	不锈钢管	
	树脂管	
检测系统	UVD	
	DAD	
	RID	
	FLD	
数据处理系统	计算机系统	
	软件工作站	
	打印机	
溶剂过滤器系统	隔膜真空泵	
	水系滤膜	
	有机系滤膜	
	抽滤瓶	
脱气仪	超声波清洗仪	

2. 正确使用溶剂过滤器、超声波清洗仪、平头进样针、自动进样器

使用溶剂过滤器过滤流动相，使用超声波清洗仪对流动相进行脱气，使用平头进样针进样，设置自动进样器进样量。

实验结束后，教师引导学生根据“7S”管理要求对实验室进行整理，发起学生讨论并总结观点。

四、任务测评

对认识高效液相色谱仪任务进行评价，完成表5-7。

表5-7　　认识高效液相色谱仪任务评价

评价指标		评价要素	配分	得分
专业能力	确认实验室条件	正确检查实验室条件是否符合要求	10	
	认识高效液相色谱仪	正确说出实验室现有仪器的类型	5	
		正确说出仪器的组成部分	5	
		正确写出仪器的部件名称	10	
		正确写出仪器各部件功能	10	

续表

评价指标		评价要素	配分	得分
专业能力	使用超声波清洗仪	按照正确开停机顺序，安全使用超声波清洗仪	10	
	使用溶剂过滤器	正确打开电源，规范使用真空泵	10	
		规范组装使用溶剂过滤器	10	
		规范检查各连接部位漏气、漏液情况	10	
通用能力和职业素养		不迟到，不早退，不旷课，不偷懒	2	
		主动与他人合作，主动参与讨论	3	
		能查阅资料进行自主学习	3	
		按时、按质完成工作任务	3	
		实验中穿戴工作服、电绝缘鞋、安全帽等劳动防护用品，严格遵循电气安全操作规程	3	
		实验场所始终保持整洁，仪器设备摆放有序，不乱扔、乱倒固体废弃物	3	
		实验结束后关闭电源，罩好仪器防尘罩，正确填写仪器使用记录	3	
合计			100	

思考与练习

简答题

1. 简述高效液相色谱仪的组成。

2. 简述高效液相色谱仪的工作原理。

5.2 使用高效液相色谱仪

学习目标

1. 了解高效液相色谱分析专业术语及定义。
2. 掌握高效液相色谱仪的使用方法。
3. 掌握高效液相色谱仪的使用注意事项。
4. 培养精益求精的工匠精神。
5. 培养实事求是的职业素养。

思政小课堂-22

激扬青春 技能报国

明天的中国，希望寄予青年。青年兴则国家兴，中国发展要靠广大青年挺膺担当。年轻充满朝气，青春孕育希望。广大青年要厚植家国情怀，涵养进取品格，以奋斗姿态，不负时代，不负华年。

2022 年世界技能大赛特别赛上，“青年鲁班”邵茹鹏用机械加手工的方式将木料连接处的缝隙控制在 0.2 mm 之内，数控铣项目选手周楚杰凭超强实力将工件尺寸精度保持在 0.02 mm 之内，抹灰与隔墙系统项目选手马宏达以一手“刮腻子”绝活、化学实验室技术项目选手姜雨荷以精准完美的实验为中国队摘取了金牌。他们以技能报国，让人生出彩。

思政目标：培养学生的爱国精神和工匠精神。

思考：你如何理解“青年兴则国家兴”？

一、任务分析

1. 任务流程的确定

使用高效液相色谱仪任务流程如图 5-8 所示。

图 5-8 使用高效液相色谱仪任务流程

2. 任务实施的准备

（1）仪器相关文件

对应品牌的仪器使用说明书或者操作规程。

（2）仪器

高效液相色谱仪（含 C_{18} 色谱柱、自动进样器、检测器等）及周边配套仪器（计算机、溶剂过滤器、超声波清洗仪、平头进样针、针式过滤器等）。

（3）试剂

甲醇（色谱纯）。

3. 任务难点的分析

理解六通阀进样器的工作原理，进行手动进样，理解流动相的流路。

二、相关知识

1. 高效液相色谱仪的开机流程①

在高效液相色谱仪开机之前，准备好所用流动相、标样及样品。流动相抽滤后脱气 30 min，放至室温，标样溶液和样品溶液用 0.45 μm 滤膜过滤。

2. 实时分析操作②

1）依次打开检测器、高压泵 B、高压泵 A 的电源，待自检通过。

2）把超声脱气好的流动相放置在托盘上。

3）排空操作：打开高压泵排空阀（沿逆时针方向旋转 90°以上），按“Purge”（排空）键，泵开始运行排空，检查流动相入口处流动相管路没有气泡后，等待仪器绿灯闪烁自动停止排空。

4）在计算机系统中，双击“软件工作站”图标，进入工作站；双击“仪器”，进入实时分析窗口；听到蜂鸣声，表示工作站软件已经与高效液相色谱仪连接成功。

点击“新建方法文件”，进入仪器参数设置界面；选中“高级详细项”，按方法要

① 参照具体仪器使用说明书。不同品牌的高效液相色谱仪可能存在开关机流程的差别。

② 以下操作规程以高压梯度洗脱系统为例。

求分别设定数据采集时间、泵流量（1.0 mL · min^{-1}）、B 泵浓度及最大压力限制（20 MPa）、检测器参数（D2 灯及波长），点击“下载到仪器”并退出，点击“另存方法文件”，打开泵开关，平衡基线 30 min。

5）基线平衡后点击“单次分析开始”，记录样品信息及设定数据存放路径，进行进样分析。

3. 再解析操作

1）双击打开“数据处理”，在资源管理器中找到数据文件并双击打开。

2）点击“向导”，编辑积分方法，点击“下一步”，选择定量方法及校准级别数；点击“下一步”，选择目标组分峰；点击“下一步”，填写组分名称及对应级别浓度值；点击“下一步”完成。

3）关闭数据文件。

4）打开方法文件，把数据添加到对应级别，得到校准曲线，直接点击“保存”；双击“打开样品数据文件”，点击“文件加载方法参数”，查看结果，点击“保存”。

5）打开格式文件，返回数据界面，拖动数据文件到格式文件里，点击“打印预览”，打印数据报告。

4. 高效液相色谱仪的关机流程①

1）点击工作站软件中的“文件”，打开方法文件，点击“冲洗方法”下载到仪器，更换流动相时应排气，关紧排气阀，依次点击“泵开关”“单次分析开始”“开始运行冲洗方法”，等待冲洗结束，最后用有机溶剂封存。

2）清洗结束后，停止系统运行，在工作站软件中，按“泵开/关”键，即停止泵工作。

3）退出工作站软件（可听到蜂鸣声，表示工作站软件与高效液相色谱仪断开连接），再完全退出。

4）关闭系统控制器高压泵 A 和高压泵 B 的电源开关。

5）关闭主机检测器的电源开关。

需要注意的是，关机时应按规定用相应的溶液冲洗色谱柱。不使用缓冲盐时，可直接用 100%甲醇冲洗系统 30 min 以上；使用缓冲盐时，先用（10%甲醇+90%水）冲洗系统 60 min 以上，然后逐步过渡到用 100%有机相冲洗系统 30 min 以上，最后用纯甲醇饱和色谱柱。此外，冲洗色谱柱时应将检测器的灯关掉，以延长检测器的寿命。

5. 高效液相色谱分析专业术语

高效液相色谱图有关参数如图 5-9 所示。

---

① 参照具体仪器使用说明书。

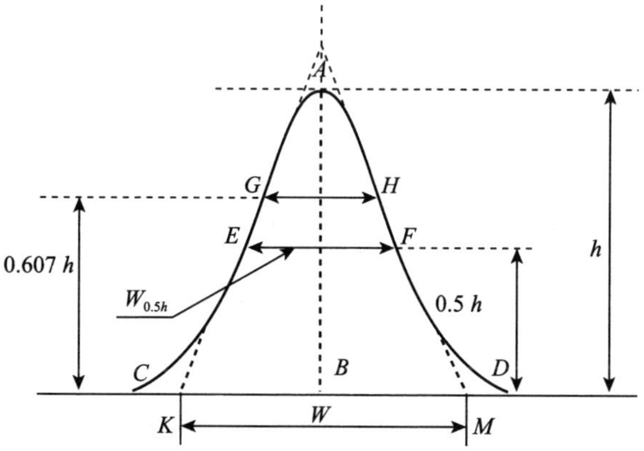

图 5-9 高效液相色谱图有关参数

(1) 色谱图

色谱图指色谱柱流出物通过检测器时产生的响应信号对时间的曲线图。

(2) 色谱峰

色谱峰指色谱柱流出组分通过检测器时产生的响应信号。

(3) 峰底

峰底指峰的起点与终点之间连接的直线（图 5-9 中的 *CD*）。

(4) 峰高

峰高（h）指峰最大值到峰底的距离（图 5-9 中的 *AB*）。

(5) 峰宽

峰宽（W）指在峰两侧拐点（*G*、*H*）处作切线与峰底相交两点间的距离（图 5-9 中的 *KM*）。

(6) 半峰宽

半峰宽（$W_{0.5h}$）指通过峰高的中点作平行于峰底的直线，此直线与峰两侧相交两点之间的距离（图 5-9 中的 *EF*）。

(7) 峰面积

峰面积指峰与峰底之间的面积（图 5-9 中的 *CEAFDC*），又称响应值。

(8) 基线

基线指在正常操作条件下，流动相产生的响应信号。

(9) 基线漂移

基线漂移指基线随时间定向的缓慢变化。

(10) 基线噪声

基线噪声指由各种因素引起的基线波动。

(11) 谱带扩展

谱带扩展指由于纵向扩散、传质阻力等因素的影响，组分在色谱柱内移动过程中谱带宽度增大的现象。

(12) 保留时间（t_R）

保留时间指组分从进样到出现峰最大值所需的时间。

(13) 死时间（t_M）

死时间指不被固定相滞留的组分，从进样到出现峰最大值所需的时间。

(14) 保留体积（V_R）

保留体积指组分从进样到出现峰最大值所需的流动相体积。

(15) 死体积（V_M）

死体积指不被固定相滞留的组分，从进样到出现峰最大值所需的流动相体积。

(16) 等度洗脱

等度洗脱指在整个运行过程中，溶剂组成保持不变的洗脱。

(17) 梯度洗脱

梯度洗脱指在整个运行过程中，溶剂组成发生渐变或台阶式变化的洗脱。

(18) 分离度

分离度用于评价待测物质与被分离物质之间的分离程度，是衡量色谱系统分离效能的关键指标。除另有规定外，待测物质色谱峰与相邻色谱峰之间的分离度应大于 1.5。

(19) 理论塔板数（N）

理论塔板数是分离效率的量度，用于评价色谱柱的分离效能。

(20) 拖尾因子

拖尾因子用于评价色谱峰的对称性。

(21) 重复性

重复性用于评价色谱系统连续进样时响应值的重复性能。采用外标法时，通常取各品种项下的对照品溶液，连续进样 5 次，除另有规定外，其峰面积测量值的相对标准偏差应不大于 2.0%；采用内标法时，通常配制相当于 80%、100%和 120%的对照品溶液，加入规定量的内标溶液，配成 3 种不同浓度的溶液，分别至少进样 2 次，计算平均校正因子，其相对标准偏差应不大于 2.0%。

6. 六通阀进样器

六通阀进样器主要由阀门、阀体、密封组件、凸轮、阀杆、手柄和阀盖等零部件组成。阀门由手柄驱动，通过手柄带动阀杆与凸轮旋转。凸轮具有定位驱动与锁定密封组件的开启与关闭功能。六通阀进样器工作流程如图 5-10 所示。

六通阀进样器的操作过程如下：

1) 采用平头进样针吸样后擦针，排气泡。

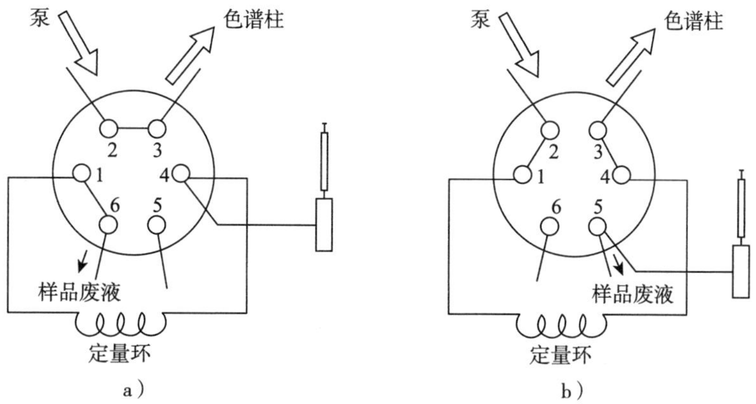

图 5-10 六通阀进样器工作流程

a）装填状态 b）进样状态

2）在手柄位于进样状态时插针到底部。

3）快速将手柄转到装填状态。

4）较快并匀速推动针杆，注入样品。

5）快速将手柄转回进样状态。

6）拔针。

7. 高效液相色谱法的流程

（1）等度洗脱系统

由简单的部件组成的简易等度洗脱系统，可用于稳定的分析。等度洗脱系统流程如图 5-11 所示。

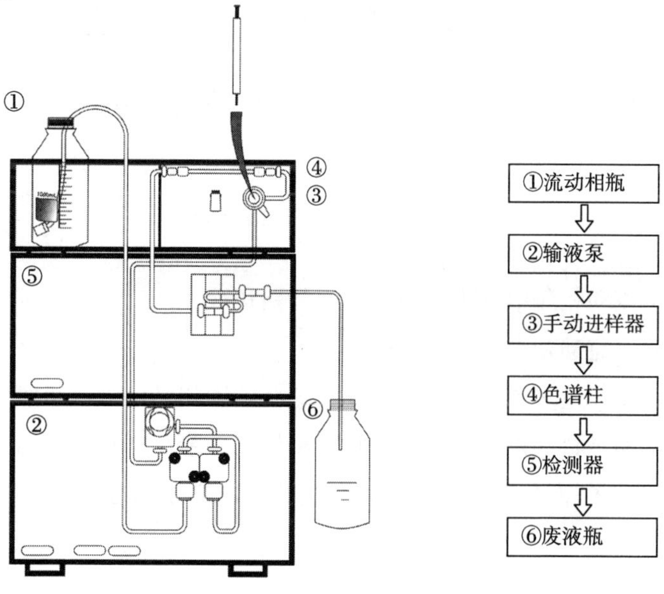

图 5-11 等度洗脱系统流程

1）流动相从流动相瓶中排出，由泵通过管路送液。

2）泵将流动相经过手动进样器、色谱柱和检测器，最后送至废液瓶。

3）样品通过手动进样器，用平头进样针注入系统。

4）在色谱柱中，通过流动相和色谱柱填充（固定相）的相互作用，组分被分离。

5）检测器检测从色谱柱中洗脱的组分，然后将信号数据发送到计算机。

6）流动相从检测器排出到废液瓶中。

（2）低压梯度洗脱系统

低压梯度洗脱系统安装在泵单元或自动进样器中，仅需要较小的空间。低压梯度洗脱系统流程如图 5-12 所示。

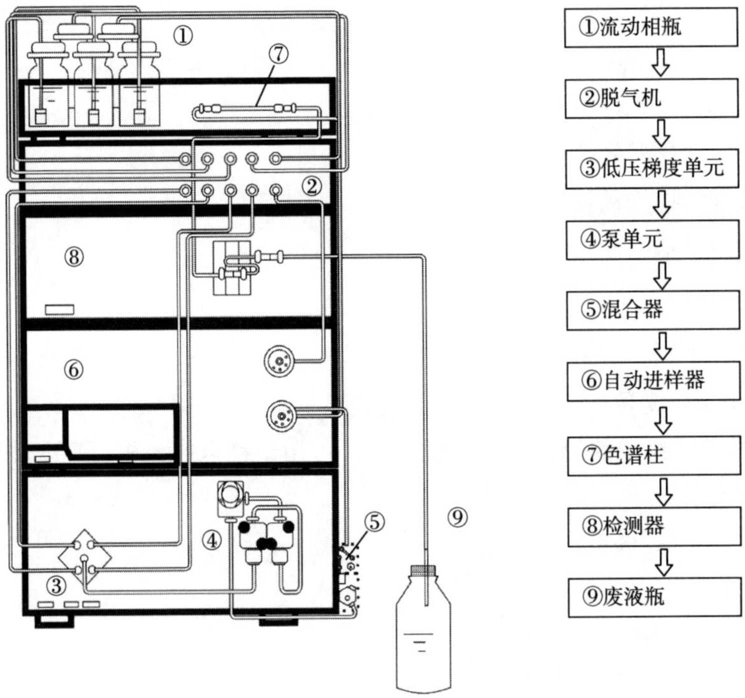

图 5-12　低压梯度洗脱系统流程

1）流动相从流动相瓶中排出，由泵通过管路送液。

2）脱气机除去流动相中溶解的气体。

3）低压梯度单元最多混合 4 种流动相，这些流动相已由脱气机脱气。

4）泵将流动相经自动进样器、色谱柱和检测器，最后送至废液瓶。

5）混合器提高了流动相的混合效率（在低压或高压梯度洗脱系统中，混合器是必需的）。

6）自动进样器自动将样品注入流路。

7）在色谱柱中，通过流动相和色谱柱填充（固定相）的相互作用，组分被分离。

8）检测器检测从色谱柱中分离的组分，然后将信号数据发送到计算机。

9）流动相从检测器排到废液瓶中。

（3）高压梯度洗脱系统

高压梯度洗脱系统采用系统控制器集中式控制所有组件，增强了操作的方便性，并且非常适用于自动分析。高压梯度洗脱系统安装在泵单元或自动进样器中，需要较小的空间。高压梯度洗脱系统流程如图 5-13 所示。

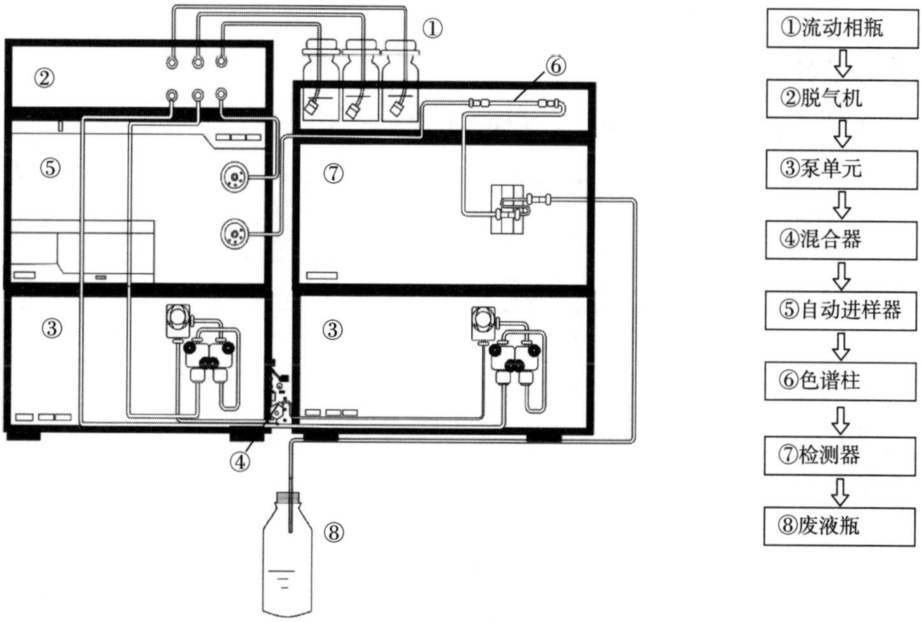

图 5-13　高压梯度洗脱系统流程

1）流动相从流动相瓶中排出，由泵通过管路送液。

2）脱气机除去流动相中溶解的气体。

3）泵将流动相经自动进样器、色谱柱和检测器，最后送至废液瓶。

4）混合器提高了流动相的混合效率（在低压或高压梯度洗脱系统中，混合器是必需的）。

5）自动进样器自动将样品注入流路。通过添加换架器，实现自动更换自动进样器支架。

6）在色谱柱中，通过流动相和色谱柱填充（固定相）的相互作用，组分被分离。

7）检测器检测从色谱柱中分离的组分，然后将信号数据发送到计算机。

8）流动相从检测器排出到废液瓶中。

三、任务实施

任务实施部分以 LC-16 高效液相色谱仪为例。

1. 仪器基本操作

根据仪器使用说明书，完成开机操作、手动进样操作和关机操作。

2. 工作站参数设置

1）设置柱温箱温度为 40 ℃。

2）设置自动进样器参数（按仪器的默认设置即可）。

3）下载参数并运行。

四、任务测评

对使用高效液相色谱仪任务进行评价，完成表 5-8。

表 5-8　使用高效液相色谱仪任务评价

评价指标		评价要素	配分	得分
专业能力	查阅仪器使用说明书	正确归纳仪器使用方法	10	
		正确总结安全注意事项	10	
	开机检查	正确检查流动相瓶、吸滤头及流动相情况	5	
		正确判断各连接处的密封情况	5	
		正确判断排气情况	5	
		正确判断自动进样器工作状态	5	
	设置参数	正确进行仪器初始化操作	5	
		正确选择测定波长	5	
		正确设置洗脱程序	5	
		正确设置流量	5	
	测定吸光度	安全运行仪器	5	
		正确测量基线及标准使用溶液色谱	5	
	关机	测量完毕依次用流动相、甲醇水冲洗 30 min	5	
		关机操作顺序正确	5	
通用能力和职业素养		不迟到，不早退，不旷课，不偷懒	2	
		主动与他人合作，通过讨论发现问题、分析问题、解决问题	3	
		能查阅资料进行自主学习	2	
		按时、按质完成工作任务	2	

续表

评价指标	评价要素	配分	得分
通用能力和职业素养	原始记录书写规范，如实填写，无涂改	2	
	实验中穿戴工作服、电绝缘鞋、安全帽等劳动防护用品，严格遵循电气安全操作规程	3	
	实验场所始终保持整洁，仪器设备摆放有序，不乱扔、乱倒固体废弃物	3	
	实验结束后关闭电源，罩好仪器防尘罩，正确填写仪器使用记录	3	
合计		100	

思考与练习

简答题

1. 简述六通阀进样器的操作过程。

2. 简述如何做色谱的重复性试验。

5.3 调校高效液相色谱仪

学习目标

1. 掌握流动相流路检查方法。
2. 掌握微量注射器的使用方法。
3. 培养“绿水青山就是金山银山”的环保理念，探讨节约成本、耗材的多次使用，牢固树立安全环保意识。
4. 培养学生的爱国情怀。

思政小课堂-23

领航新能源　弯道超车

陈清泉，1937 年 1 月 14 日出生于印度尼西亚，籍贯福建漳州，电动汽车、电力驱动和智慧能源学专家，中国工程院院士，香港工程科学院院士，多次荣获国际性科技杰出成就奖，被誉为“电动车三贤士”之一。

1982 年，陈清泉预判出电动汽车的发展前景，希望帮助祖国抓住机遇。他创造性地把汽车、电机、控制等技术融合到一起，形成一门全新学科。他提出的电动汽车研究核心和总体指导思想，将汽车技术、电机技术、电力驱动技术、电力电子技术和现代控制理论有机地结合起来，为现代电动车学奠定了基础。

在新能源的赛道上，陈清泉正带领我国实现弯道超车。正如他所言：“新能源汽车是汽车革命的主力军，当前汽车革命一定要跨界融合。我有信心，中国能够引领世界的汽车革命。”

思政目标： 培养学生的爱国精神和创新精神。

思考：在新能源赛道，陈清泉为什么有信心中国能够引领世界的汽车革命？

一、任务描述

1. 任务流程的确定

调校高效液相色谱仪任务流程如图 5-14 所示。

图 5-14　调校高效液相色谱仪任务流程

2. 任务实施的准备

（1）相关文件

对应品牌的仪器使用说明书或者操作规程。

（2）仪器

高效液相色谱仪（含 C_{18} 色谱柱、自动进样器、微量注射器、紫外检测器）及周边配套仪器（溶剂过滤器、一次性针式过滤器、超声波清洗仪、容量瓶、吸量管、移液器等）。

（3）试剂

甲醇（色谱纯）。

3. 任务难点的分析

正确使用自动进样器。

二、相关知识

1. 微量注射器的操作

（1）取样及排气泡

用微量注射器抽排丙酮或乙醚 5~6 次，再抽排被测样品溶液 5~6 次（慢吸液，快排液），然后缓慢抽取一定量的被测样品溶液（稍微大于需求量），将微量注射器反转，针尖斜朝上，待气泡升到顶部时，将推杆轻轻往下拉一点，再向上推，直到针尖有液体出来，即表示不再有气泡。排去多余溶液，用滤纸或擦镜纸吸去针杆处的溶液（不可接触针头内侧）。

（2）进样

取样后即刻进样，使微量注射器垂直于六通阀的进样口，一手扶针头防止弯曲，另一手持微量注射器迅速插入，并平稳、快速推进推杆。将样品注入后，立即拔出微量注射器。

2. 自动进样器的操作

参考各品牌的仪器使用说明书。

3. 色谱柱的安装

参考各品牌的仪器使用说明书。

4. 管路的安装

（1）管路的切割

安装时，多种类型的管和接口连接组成仪器的管路。在连接管路之前，必须切割管路并安装接口。

用于连接管路的管和接口由不锈钢或树脂制成。

1）不锈钢（SUS）材质管。不锈钢材质管由不锈钢构成。切割不锈钢材质管的方法：将仪器附带的锉刀（用来切割不锈钢材质管）与管路垂直放置，然后绕着管路切割，再来回弯曲直至折断。与切割线保持同等距离并握住管路的两边，上下并用锉刀将切割的表面锉平直。不锈钢材质管切割如图 5-15 所示。

需要注意的是，切割的表面应与轴向垂直，否则会产生死体积并展宽色谱峰。应确保管路的内径不变形，否则管路会被堵塞。

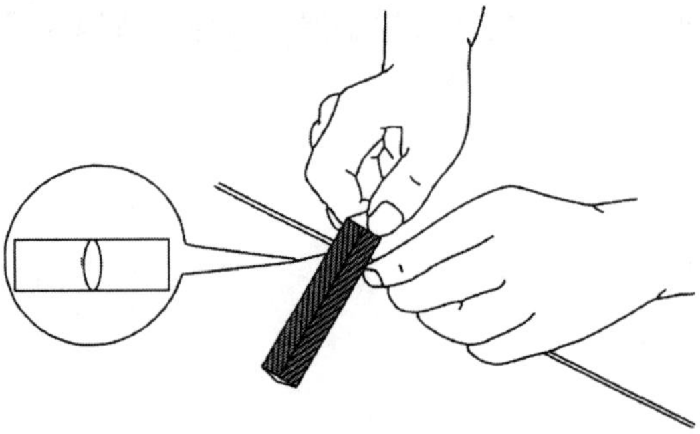

图 5-15　不锈钢材质管切割

液相不锈钢材质管的折断如图 5-16 所示。

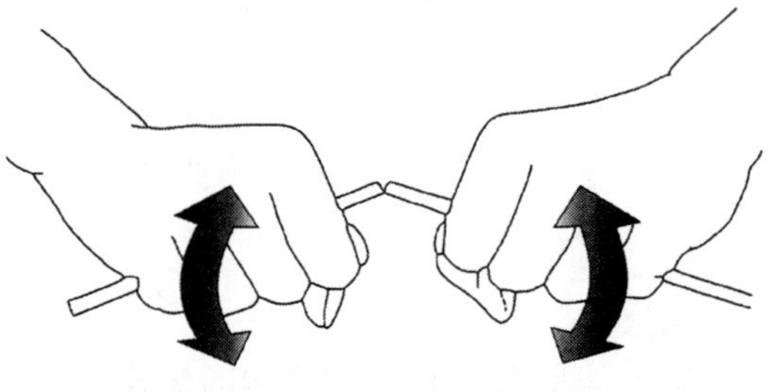

图 5-16　液相不锈钢材质管的折断

2）树脂材质管。树脂材质管通常有 FEP（全氟乙烯丙烯共聚物）管、PTFE（聚四氟乙烯）管、ETFE（乙烯-四氟乙烯共聚物）管、PEEK 管和 PE 管等。切割树脂材质管的方法：用切割刀成直角切割树脂材质管。

液相树脂材质管的切割如图 5-17 所示。

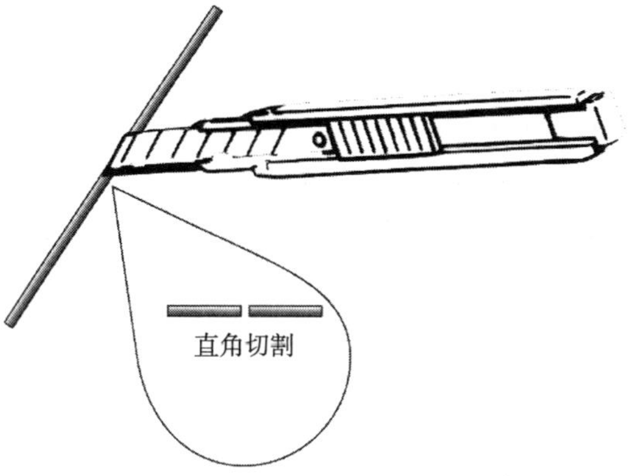

图 5-17 液相树脂材质管的切割

（2）管路的连接

1）安装管路的螺栓和刃环。在不锈钢材质管上安装不锈钢螺栓和刃环，在树脂材质管上安装树脂螺栓和刃环。如果将树脂螺栓安装到不锈钢材质管上，则会损坏螺栓并可能漏液。

2）拧紧螺栓。在管路的一端套上刃环，插入正确的开口，将刃环固定在管路上。

液相树脂材质管的连接如图 5-18 所示。

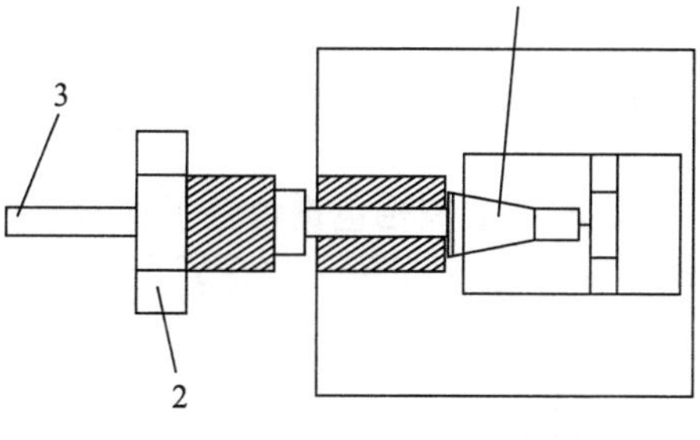

图 5-18 液相树脂材质管的连接

1—树脂刃环 2—树脂螺栓 3—树脂材质管

管路连接过程中应注意以下事项：

①将管路完全插入开口，直至接触开口底端，否则会产生死体积并可能展宽色谱峰。

②勿过度拧紧螺栓，否则会损坏螺纹。

③对于不锈钢材质螺栓，用开口扳手（附带的）拧紧或松开螺栓。如果螺栓与不

牢固的连接件或其他部件相连接，应使用另外的扳手固定连接件。对于树脂螺栓，用手拧紧或松开螺栓。

（3）刃环的固定

轻轻地松开并转动螺栓，以确认刃环已固定在管路上。

仪器的进样口和出样口均配有堵头（套管、堵头、盖子及类似物品），以防止运输过程中的灰尘污染。当仪器未连接其他液相色谱系统组件时，应将堵头放回原位。否则，灰尘和脏物会堵塞仪器。如果很长时间不使用仪器，请保留这些堵头。

树脂堵头使用注意事项：用手取下或拧紧堵头，不可使用金属扳手。

三、任务实施

任务实施部分以 LC-16 高效液相色谱仪为例。

1. 确认设备状态

1）确认高效液相色谱仪周边设备状态。

2）确认高效液相色谱仪状态。

2. 调校高效液相色谱仪

1）仪器流路的检漏。

2）C_{18} 色谱柱的安装。

3）微量注射器的操作。

4）自动进样器的安装操作。

四、任务测评

对调校高效液相色谱仪任务进行评价，完成表 5-9。

表 5-9　　调校高效液相色谱仪任务评价

评价指标		评价要素	配分	得分
专业能力	流速与仪器情况	正确调整流速	5	
		通过仪器面板，正确判断仪器情况	10	
		正确调节自动进样器参数	10	
	分析条件选择	正确选择波长	10	
		正确选择流动相比例	10	
		正确选择柱温	10	
		正确选择检测器	10	
	关机	测量完毕用流动相、甲醇水各冲洗 30 min	5	
		关机操作顺序正确	10	

续表

评价指标	评价要素	配分	得分
通用能力和职业素养	不迟到，不早退，不旷课，不偷懒	2	
	主动与他人合作，通过讨论发现问题、分析问题、解决问题	3	
	能查阅资料进行自主学习	2	
	按时、按质完成工作任务	2	
	原始记录书写规范，如实填写，无涂改	2	
	实验中穿戴工作服、电绝缘鞋、安全帽等劳动防护用品，严格遵循电气安全操作规程	3	
	实验场所始终保持整洁，仪器设备摆放有序，不乱扔、乱倒固体废弃物	3	
	实验结束后关闭电源，罩好仪器防尘罩，正确填写仪器使用记录	3	
合计		100	

思考与练习

简答题

1. 简述取样及排气泡的方法。

2. 简述切割不锈钢材质管的方法。

5.4 维护与保养高效液相色谱仪

学习目标

1. 熟悉仪器常见故障、原因及排除方法。
2. 掌握进样系统的维护与保养方法。
3. 掌握分离系统的维护与保养方法。
4. 掌握检测系统的维护与保养方法。
5. 增强学生的环保意识。

思政小课堂-24

拓荒盐湖　坚守不渝

柳大纲（1904 年 2 月 8 日—1991 年 9 月 14 日），中国分子光谱研究的先驱者，盐湖化学的奠基人。柳大纲恪守“一生常耻为身谋”的信念，在应用化学方面，从事过矿物原料化学、无机合成化学、核化学、青海柴达木盆地盐湖科学调查和盐湖化学、土壤加固等方面的研究，发表了大量科学论文著作，获得了一系列的重大研究成果。

柳大纲开拓了中国盐湖资源及其化学基础的研究，组织综合队伍考察，并组建了青海盐湖研究所。他拓荒盐湖，坚守不渝，无私奉献。他相信“盆地地区不大，而各种原料产地彼此距离又不远，将来南水北调或其他的水源问题解决了，实是一个理想的化工联合生产的巨大基地”。

现在“理想的化工联合生产的巨大基地”正逐步变为现实。仅以钾肥为例，我国的年产量从万吨级到十万吨级再到百万吨级、千万吨级，成为世界四大钾肥国之一。我们将继承传统，坚持创新，增强环保意识，为国家化学事业贡献力量。

思政目标：增强学生的环保意识和成本理念。

思考：请说说你将如何利用专业知识为环保做贡献。

一、任务分析

1. 任务流程的确定

维护与保养高效液相色谱仪任务流程如图 5-19 所示。

图 5-19 维护与保养高效液相色谱仪任务流程

2. 任务实施的准备

（1）相关文件

对应品牌的仪器使用说明书、仪器维护与保养手册。

（2）仪器

1）高效液相色谱仪。

2）C_{18} 色谱柱。

3）微量注射器（10 μL）和注射器（5 mL）。

4）电器维修设备及工具。

（3）试剂

甲醇（色谱纯）、异丙醇（分析纯）、丙酮（分析纯）、超纯水。

3. 任务难点的分析

进行系统维护和保养，更换氘灯。

二、相关知识

1. 高效液相色谱仪的日常维护

高效液相色谱仪的输液泵将流动相以稳定的流量（或压力）送至分析体系，进样器将样品导入，流动相将样品带入色谱柱，在色谱柱中各组分因在固定相中的分配系数或吸附力大小不同而被分离，并依次随流动相流至检测器，检测到的信号送至数据处理系统记录、处理或保存。高效液相色谱仪主要有高压输液系统、进样系统、分离系统、检测系统和数据处理系统。

（1）高压输液系统

高压输液系统一般包括流动相瓶、高压输液泵、过滤器、洗脱装置等。

1）流动相瓶。流动相瓶材料一般为不锈钢、玻璃、聚四氟乙烯或特种塑料聚醚醚酮（PEEK）衬里，容积一般为 0.5~2.0 L。

所有溶剂在注入流动相瓶之前必须经过 0.45 μm 滤膜过滤，除去溶剂中的机械杂质，以防输液管道或进样阀产生阻塞现象。

所有溶剂在使用前必须脱气。因为色谱柱是带压力操作的，而检测器是在常压下工作的。若不除去流动相中所含有的气体，则流动相通过色谱柱时其中的气泡受到压缩，流出色谱柱后到检测器时因常压又将释放出来，造成检测器噪声增大，基线不稳，仪器将不能正常工作（在梯度洗脱时尤其突出）。

2）高压输液泵。在日常操作过程中，为了延长泵的使用寿命和维持其输液的稳定性，应注意以下事项：

①任何杂质微粒都会磨损柱塞、密封环、缸体和单向阀，因此应预先除去流动相中的固体微粒。泵的入口后应连接砂滤棒。输液泵的滤器应经常清洗或更换。

②流动相不应含有任何腐蚀性物质，含有缓冲液的流动相不应保留在泵内，尤其是在停泵过夜或更长时间停泵的情况下，避免析出盐的微细晶体，损坏密封环和柱塞等。必须泵入纯水将泵充分清洗后，再换成适合色谱柱保存和有利于泵维护的溶剂（对于反相键合硅胶固定相，可以是甲醇或甲醇、水）。

③分析工作过程中，要注意防止流动相瓶内的流动相用完，否则空泵运转易磨损柱塞、缸体或密封环，导致漏液。

④输液泵的工作压力不要超过规定的最高压力，否则会使高压密封环变形，导致漏液。

3）过滤器。在高压输液泵的进口和它的出口与进样阀之间，应设置过滤器。在线过滤器由不锈钢烧结材料制造，维护时可以用扳手拧松后取下，并用棉签擦拭过滤孔上的脏物，再将在线过滤器放入异丙醇浴中，用超声波清洗仪清洗 5 min。

对于连接吸管的吸滤头，可以采用上述方法进行清洗。

4）洗脱装置。洗脱装置有等度洗脱和梯度洗脱两种方式。等度洗脱适合组分数目较少、性质差别不大的样品，梯度洗脱用于分析组分数目多、性质差异较大的复杂样品。采用梯度洗脱可以缩短分析时间，提高分离度，改善峰形，提高检测灵敏度，但是常常引起基线漂移和降低重现性。

用于梯度洗脱的溶剂应彻底脱气，以防止混合时产生气泡。每次梯度洗脱之后，应用 10~30 倍柱容积的初始流动相流经色谱柱，使其固定相和初始流动相达到完全平衡。

（2）进样系统

进样系统将样品准确注入色谱柱，一般有六通阀进样器和自动进样器。

1）六通阀进样器。六通阀进样器结构简单，使用方便，寿命长，日常无须维修。若遵守操作规程，六通阀进样器可以正常使用很久。六通阀转动阀芯时不能太慢，更不能停留在中间位置，否则流动相受阻，将使泵内压力剧增，甚至超过泵的最大压力，再转到进样位时，过高的压力将损坏柱头。为防止缓冲盐和样品残留在进样阀中，每次分析结束后应冲洗进样阀。通常可用纯水冲洗，或先用能溶解样品的溶剂冲洗，再用纯水冲洗。

在进样器内部，流路的切换是靠转子的转动来完成的。伴随着每次样品的导入，转子受到一定压力后发生转动，会不可避免地产生磨损，磨损到一定程度后，部件之间密封受到破坏，将导致漏液。

2）自动进样器。自动进样器由计算机工作站软件自动控制进样定量阀，按操作程序完成取样、进样、复位、样品管路清洗和样品盘的转动。自动进样器可以连续进行几十个到上百个样品的分析，进样重复性高，已经在企业中得到广泛的应用。

自动进样器每次进样时，高压阀转子都会旋转 2 次，而定子不动。定子为陶瓷材质，质地较硬；转子为高分子材质，质地较软。转子和定子互相摩擦，造成转子磨损，可能导致高压阀漏液，进样重复性变差，碎屑也会随流动相四处迁移，堵塞转子沟槽、管路和色谱柱，使柱压升高。因此，自动进样器可能出现系统流路压力升高或堵塞、进样量不准确、进样容易有残留等异常现象。

自动进样器装样流程如图 5-20 所示。

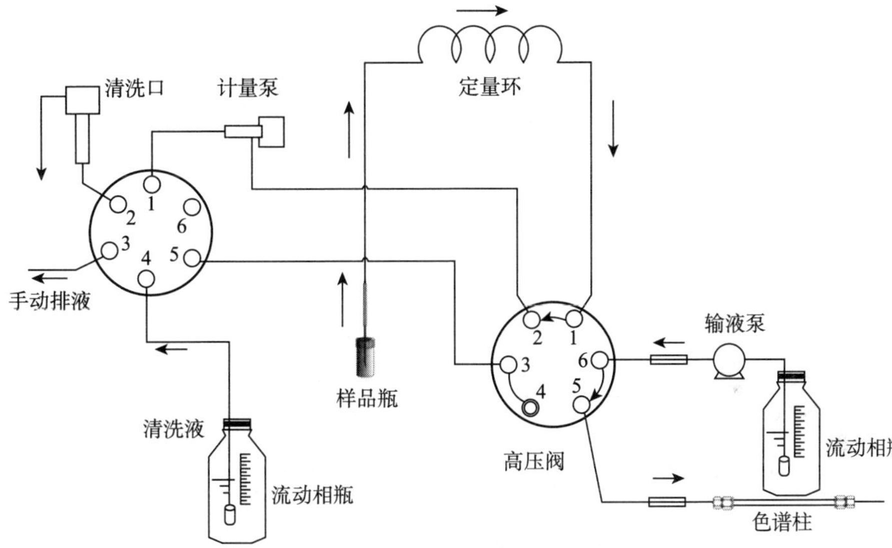

图 5-20　自动进样器装样流程

自动进样器进样流程如图 5-21 所示。

自动进样器进样后清洗流程如图 5-22 所示。

（3）分离系统

分离系统中的色谱柱是高效液相色谱仪的“心脏”。色谱柱的正确使用和维护非常重要，有助于有效延长色谱柱的寿命。

1）应避免色谱柱压力和温度急剧变化，同时避免机械振动。温度的突然变化或色谱柱从高处掉下都会影响柱内填料的填充状况，柱压的突然升高或降低也会影响柱内填料，因此应缓慢调节流动相的流量，在进样时阀的转动不能过缓（六通阀的转动速度太慢，会导致流路压力迅速升高，从而损坏色谱柱的填料）。

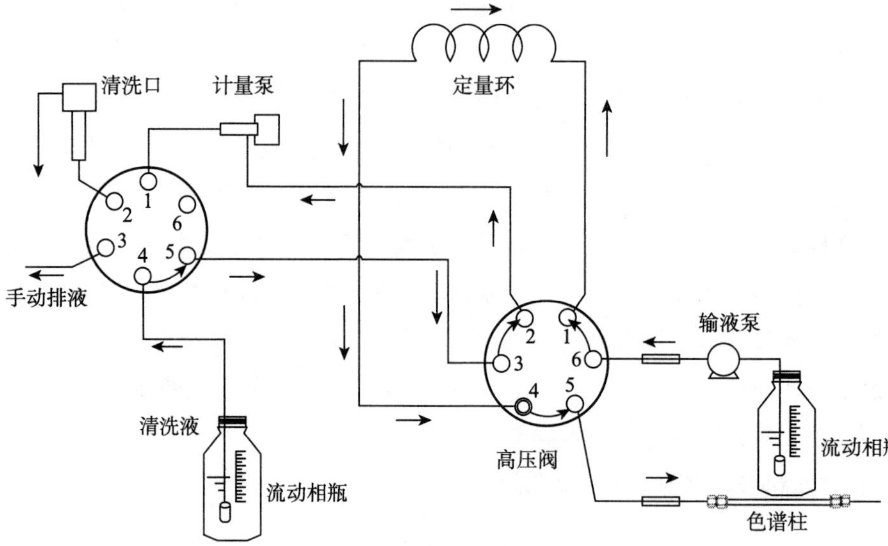

图 5-21　自动进样器进样流程

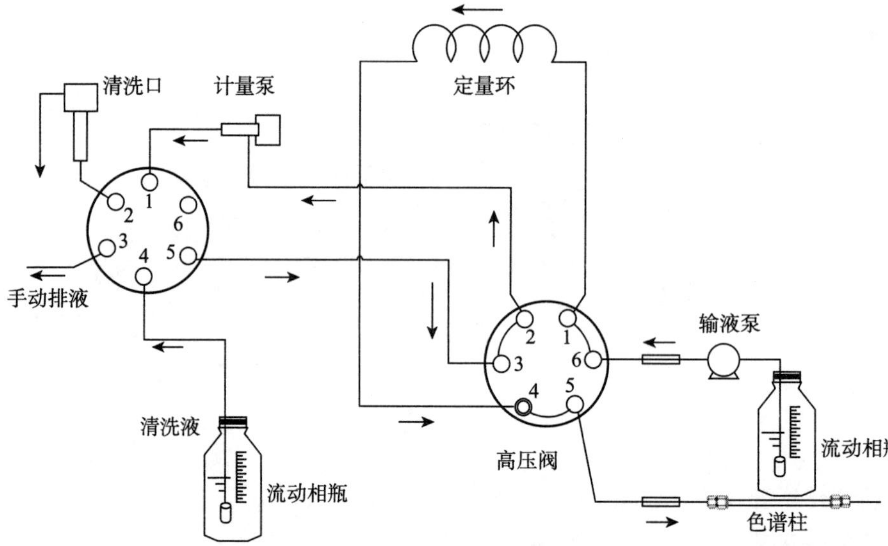

图 5-22　自动进样器进样后清洗流程

2）流动相改变时应逐渐改变溶剂的组成，特别是反相色谱柱，不应直接从有机溶剂变为水，反之亦然。

3）在色谱柱使用过程中，当柱头发生堵塞时，压力会突然升高，具体原因如下：①烧结滤片被堵塞，可以将滤片取出清洗或者更换；②柱头被大分子物质污染。一般情况下，色谱柱禁止反冲（除非注明该柱可以反冲），否则会迅速降低色谱柱的柱效。

4）选择、使用适宜的流动相（注意其酸碱度），避免固定相被破坏。可以在进样器前面连接预柱（如分析柱是键合硅胶时，预柱为硅胶），使流动相在进入分析柱之前预先被硅胶“饱和”，避免分析柱中的硅胶基质被溶解。

5）避免将基质复杂的样品尤其是生物样品直接注入分析柱，可对样品进行预处理或者在进样器和色谱柱之间连接保护柱。保护柱一般是填有相似固定相的短柱。保护柱价格比较便宜，可以经常更换。

6）经常用强溶剂冲洗色谱柱，从而清除残留在柱内的杂质。在进行清洗时，对流路系统中流动相的置换应以相混溶的溶剂逐渐过渡，每种流动相的体积约为柱体积的20倍。

7）色谱柱在保存过程中应该充满纯乙腈或者纯甲醇（根据厂家要求），柱接头要拧紧，防止乙腈或者甲醇挥发。禁止将缓冲液长时间留在色谱柱内。

装在高效液相色谱仪上的色谱柱若不常用，则应该每隔 4~5 d 开机冲洗 15 min。

8）每次分析工作完成，应该用洗脱能力强的洗脱液冲洗。若采用缓冲液做流动相，则使用完后用无盐流动相冲洗。含卤族元素的化合物可能腐蚀不锈钢管道，不可以长期与色谱柱接触。

（4）检测系统

检测系统中的检测器是高效液相色谱仪的关键部件。检测器要求灵敏度高，噪声低，线性范围宽，重复性高。最常用的检测器是紫外检测器（SPD），其清洗要点如下：将检测池中的零件（压环、密封垫、池玻璃、池板）拆出，并进行清洗，一般先用硝酸溶液（1+4）进行超声清洗，然后分别用纯水和甲醇溶液清洗，再重新组装（密封垫、池玻璃一定要放正，以免压碎池玻璃，造成检测池漏液），并将检测池池体推入池腔内，拧紧固定螺杆。

（5）数据处理系统

数据处理系统一般采用计算机系统，在系统平台上安装色谱工作站软件，记录和处理色谱分析的数据。该计算机应该专用，做好系统备份，并按计算机系统维护的步骤进行维护。

2. 高效液相色谱仪的进阶维护

（1）更换氘灯

关机，拔掉电源线（不可带电操作），打开机壳，待氘灯冷却后，用十字旋具将氘灯的3条连线从固定架上取下（记住红线的位置），将固定灯的两个螺钉从灯座上取下，轻轻将旧灯拉出。戴上手套，用酒精擦去新灯上的灰尘及油渍，将新灯轻轻放入灯座（红线位置和旧灯一致），将固定灯的螺钉拧紧，使其固定在固定架上。检查连线是否正确，是否与固定架上的引线连接（红—红），合上机壳。

（2）更换钨灯

关机，拔掉电源线（不可带电操作），打开机壳。从钨灯端拔掉灯连线，旋松钨灯固定压帽，将旧灯从灯座上取下。将新灯轻轻插入灯座（操作时要戴上干净手套，以免手上汗渍污染钨灯石英玻璃壳；若灯已被污染，应使用乙醇清洗并用擦镜纸擦净后再安装），拧紧压帽，灯连线插入灯连接点（带红色套管的引线为高压线，切不可接错，否则极易烧毁钨灯），合上机壳。

3. 仪器常见故障现象及其原因、排除方法

高效液相色谱仪常见故障现象原因及排除方法见表5-10。

表5-10　高效液相色谱仪常见故障现象原因及排除方法

常见故障	原因	排除方法
柱压过高	流路堵塞	分段检查，排除堵塞
柱压过低	系统泄漏	对接口、管路及泵进行检漏
基线漂移	柱温波动	控制好柱温箱和流动相的温度，避免窗户或空调对着柱温箱
	流通池被污染或有气体	用甲醇或其他强极性溶剂冲洗流通池
	紫外线灯能量不足	更换紫外线灯
	流动相污染、变质或由低品质溶剂配制	检查流动相的组成，使用高品质的化学试剂
	样品中有强保留的物质被洗脱出	使用保护柱
	检测器没有设定在最大吸收波长处	将波长调整至最大吸收波长处
	流动相的pH值调节有误	加适量的酸或碱调至最佳pH值
保留时间漂移	温控不当	调好柱温，避免窗户或空调对着柱温箱
	色谱柱未平衡	每次运行之前给予足够的时间平衡色谱柱
	流速变化	重新设定流速
	泵中有气泡	除去泵中的气泡

续表

常见故障	原因	排除方法
色谱图中未出峰	系统未进样或样品分解	检查进样系统是否正常
	泵未输液	检查泵是否正常运行
	检测器设置不正确	重新设置检测器
色谱图中出现负峰	流动相吸收本底高	更换流动相
	进样过程中进入空气	重新进样
	样品组分的吸收低于流动相	增大样品的浓度

三、任务实施

1. 确认设备状态

1）检查溶剂过滤器及高压输液泵是否运转正常，检查超声波清洗仪是否正常。

2）检查确认液相色谱仪无异响，检查确认工作站软件无异常提示。

2. 维护与保养高效液相色谱仪

1）进样系统维护与保养。清洗进样系统管路，必要时进行超声清洗。

2）分离系统维护与保养。每次分析完成，需要分别用流动相、甲醇水、甲醇进行冲洗。

3）检测系统维护与保养。注意及时关闭检测器，延长使用寿命。

四、任务测评

对维护与保养高效液相色谱仪任务进行评价，完成表 5-11。

表 5-11　　维护与保养高效液相色谱仪任务评价

评价指标		评价要素	配分	得分
专业能力	仪器主要故障判断	能够判断仪器是否存在故障	10	
		能够分析仪器故障（问题）原因	10	
		能够确定故障（问题）排除方法	10	
	仪器维护与保养措施	仪器维护与保养措施选择得当	10	
		仪器维护与保养操作规范，没有造成仪器二次损坏	10	
		溶剂过滤器正常	10	
		系统管路正常，无泄漏	10	
		色谱柱正常	10	

续表

评价指标	评价要素	配分	得分
通用能力和职业素养	不迟到，不早退，不旷课，不偷懒	2	
	主动与他人合作，通过讨论发现问题、分析问题、解决问题	3	
	能查阅资料进行自主学习	2	
	按时、按质完成工作任务	2	
	原始记录书写规范，如实填写，无涂改	2	
	实验中穿戴工作服、电绝缘鞋、安全帽等劳动防护用品，严格遵循电气安全操作规程	3	
	实验场所始终保持整洁，仪器设备摆放有序，不乱扔、乱倒固体废弃物	3	
	实验结束后关闭电源，罩好仪器防尘罩，正确填写仪器使用记录	3	
合计		100	

思考与练习

简答题

1. 简述高效液相色谱法中溶剂在使用前必须脱气的原因。

2. 简述高效液相色谱法中流动相必须过滤的原因。

3. 简述六通阀进样器的特点。

5.5 高效液相色谱仪的应用
——水中萘酚的测定

学习目标

1. 了解相关质量标准的内容。
2. 熟悉仪器和试剂的选择方法。
3. 能根据国家标准制定检测方案。
4. 在实验过程中养成严谨细致的职业态度，提高实验室安全意识。
5. 健全水质安全的法治意识。

思政小课堂-25

以身许国 奉献科学

陈俊武，男，中国科学院院士，是我国著名炼油工程技术专家、煤化工技术专家、催化裂化工程技术奠基人。

他心有大我、至诚报国，新中国成立之初就投身到党和人民的事业，与共和国同成长、共奋进。他敢为人先、勇于登攀，推动我国催化裂化技术从无到有、从弱到强，为我国炼油工业进步做出开创性的贡献。进入耄耋之年，他仍然奋战在科研一线。他淡泊名利、甘为人梯，为国家培养一大批高水平石化专家，资助多名贫困学生和优秀青年。

陈俊武荣获全国优秀共产党员、全国劳动模范、全国五一劳动奖章、全国优秀科技工作者等称号，获得国家科技进步奖一等奖、国家技术发明奖一等奖，2019 年

10 月被中宣部授予“时代楷模”荣誉称号。

思政目标： 培养学生的爱国奉献精神。

思考： 陈俊武是如何践行爱国奉献精神的？

一、任务引入

某镇政府委托某检测技术有限公司检测村民自挖的水井中萘酚的含量，确认其萘酚含量是否合格。该检测技术有限公司检测部门根据业务部所提需求，将该检测任务分解，要求工作过程符合“7S”规范，检测过程符合《水质 萘酚的测定 高效液相色谱法》（HJ 1073—2019）的规定。

分析检验业务委托单见表 5-12。

表 5-12　　分析检验业务委托单

客户签章：　　　　委托单编号：

<table>
<tr><td>*委托单位
（中文/英文）</td><td colspan="5"></td></tr>
<tr><td>*委托地址
（中文/英文）</td><td colspan="5"></td></tr>
<tr><td>*联系人</td><td></td><td>电话</td><td></td><td>手机</td><td></td></tr>
<tr><td colspan="3">电子邮箱（默认由电子邮箱收取电子版报告）</td><td></td><td>传真</td><td></td></tr>
<tr><td>*商品/样品名称
（中文/英文）</td><td colspan="3">取样自水井的地下水</td><td>型号/规格</td><td>500 mL/瓶</td></tr>
<tr><td>*样品数/质量</td><td colspan="3">500 mL，5 瓶</td><td>制造商/产地</td><td></td></tr>
<tr><td>样品描述
（如外观、包装、储存等）</td><td colspan="5">包装完整，常温阴凉处保存</td></tr>
<tr><td rowspan="2">*委托检验项目和要求采用的检验方法</td><td colspan="5">地下水中萘酚含量，参照国家标准检测</td></tr>
<tr><td colspan="5">委托人保障样品资料的真实性，同意支付所需费用。
□委托人同意采用本公司使用的检验方法
□委托人要求采用其指定的检验方法（请注明）
如有项目需分包，委托人是否同意分包：□是　□否　*委托人签字：</td></tr>
<tr><td>检验目的</td><td colspan="5">□强制性检验　□监督抽查　□委托检验（非强制性）</td></tr>
</table>

续表

检验报告要求	□中文　□英文　□中英对照　□一中一英　□结果评定 □自取　□邮寄 说明：如需英文报告，请务必详细填写英文单位全称、地址、样品名称及制造商		
备注			
以下由本公司受理人员填写：			
要求完成时间	年　月　日　时	受理时间	年　月　日
收费/元	检验费：	其他：	计费人：
备注			

说明：以□标记的栏目用“√”选择，标记 * 的为必填内容。

二、任务分析

本任务的目标是检测自挖水井中地下水的萘酚含量。需要理解分析检验业务委托单，查阅并读懂有关国家标准，确定相关检测仪器，并懂得按照标准要求准备相应的试剂。

需要注意的是，实验中使用的有机溶剂和标准物质为有毒有害物质，标准溶液配制及样品前处理过程应在通风橱中进行；操作时应按要求佩戴劳动防护用品，避免直接接触皮肤和衣物。

《生活饮用水卫生标准》（GB 5749—2022）规定，饮用水中挥发性酚类不得超过 0.002 mg · L^{-1}；《工业企业设计卫生标准》（GBZ 1—2010）规定，地面水中挥发性酚类的最高容许质量浓度为 0.01 mg · L^{-1}，居住区大气中酚的一次最高容许质量浓度为 0.02 mg · L^{-1}，含挥发性酚废水最高容许排放质量浓度为 0.5 mg · L^{-1}。

1. 任务流程的确定

高效液相色谱仪的应用任务流程如图 5-23 所示。

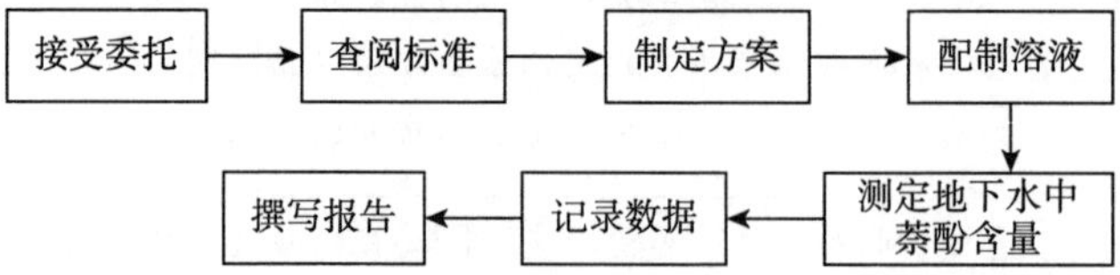

图 5-23　高效液相色谱仪的应用任务流程

2. 任务实施的准备

（1）相关国家标准

《水质　萘酚的测定　高效液相色谱法》（HJ 1073—2019）。

（2）仪器相关文件

对应品牌的高效液相色谱仪使用说明书或者操作规程。

（3）仪器

1）高效液相色谱仪、FLD、C_{18} 色谱柱［250 mm（长）×4.6 mm（内径）×5 μm（粒径），填料为十八烷基键合硅胶，或选用其他等效液相色谱柱］。

2）C_{18} 固相萃取柱：填料为十八烷基键合硅胶。

3）微孔滤膜：孔径≤0.45 μm，聚四氟乙烯材质。

4）采样瓶：250 mL 或 500 mL 带聚四氟乙烯衬垫的螺旋盖棕色玻璃瓶或磨口瓶。

5）样品瓶：2 mL、10 mL 或 50 mL 带聚四氟乙烯衬垫的螺旋盖棕色玻璃瓶。

6）一般实验室常用仪器和设备。

（4）试剂

1）乙腈（CH_3CN）：色谱纯，CAS 为 14149-40-7。

2）甲醇（CH_3OH）：色谱纯，CAS 为 67-56-1。

3）氢氧化钠（NaOH）。

4）超纯水：符合《分析实验室用水规格和试验方法》（GB/T 6682—2008）中关于实验室用水的规定。

5）1-萘酚：标准物质，CAS 为 90-15-3。

6）2-萘酚：标准物质，CAS 为 135-19-3。

7）抗坏血酸（$C_6H_8O_6$）：CAS 为 50-81-7。

8）盐酸：$\rho_{HCl}=1.18\ g\cdot mL^{-1}$。

9）盐酸溶液：1+1。

10）盐酸溶液：$c_{HCl}=0.01\ mol\cdot L^{-1}$。量取 1.8 mL 盐酸（$\rho_{HCl}=1.18\ g\cdot mL^{-1}$），用水稀释至 1 000 mL。

11）氢氧化钠溶液：$c_{NaOH}=5\ mol\cdot L^{-1}$。称取 20 g 氢氧化钠，加 100 mL 水溶解。

12）甲醇溶液：$w_{CH_3OH}=0.2\%$。取 20 mL 甲醇，用水稀释至 1 000 mL。

13）标准溶液。

3. 任务重点、难点的分析

任务重点：萘酚的测定、外标法定量分析。

任务难点：高效液相色谱仪的操作规范、分析方法的建立和优化。

三、相关知识

1. 萘酚的高效液相色谱法测定原理

取一定量酸化后的样品（pH 值为 1~2），用 C_{18} 固相萃取柱萃取，再用甲醇洗脱，洗脱液中的萘酚经液相色谱分离后，用荧光检测器检测。根据保留时间定性，利用外标法定量。

2. 样品的制备和处理

（1）样品采集与保存

采样点位的布设和样品的采集执行《地表水环境质量监测技术规范》（HJ 91.2—2022）、《污水监测技术规范》（HJ 91.1—2019）或《地下水环境监测技术规范》（HJ 164—2020）、《海洋监测规范　第 3 部分：样品采集、贮存与运输》（GB 17378.3—2007）中的相关规定。将样品采集到采样瓶中，于每升样品中加入 0.5 g 抗坏血酸，待完全溶解后，用盐酸溶液或氢氧化钠溶液调节样品的 pH 值至 1~2，密封。于 4 ℃以下避光冷藏运输和保存，14 d 内完成分析。

（2）试样的制备

将 C_{18} 固相萃取柱固定在固相萃取装置上，依次用 9 mL 甲醇和 9 mL 盐酸溶液（c_{HCL}=0.01 moL·L^{-1}）活化，始终保持柱头浸润。将样品平衡至室温，摇匀。

根据样品中目标化合物含量，量取 10.0~50.0 mL 样品于样品瓶中，然后使样品以 3~4 mL·min^{-1} 的流量通过萃取柱。在柱填料刚好暴露于空气之前，用 5 mL 水，分 2 次冲洗样品瓶。将洗涤液一并转移至柱上，弃去流出液。加压挤出或抽干萃取柱中的溶液后，用 10 mL 甲醇洗脱，接收洗脱液于 10 mL 样品瓶中，待初始洗脱液流出后，关闭活塞，浸泡固相萃取柱至少 5 min。打开活塞，收集全部洗脱液，用甲醇定容至 10 mL，混匀，用微孔滤膜过滤，待测。

（3）空白试样的制备

用纯水代替样品，按照与试样制备相同的步骤进行空白试样的制备。

3. 样品含量的计算

记录各被测组分色谱峰的峰高或峰面积，从校准曲线上查得或由回归方程计算出各被测组分的含量，同时以水为空白进行空白试验。

当试样中目标化合物的响应值超过校准曲线的上限（10 mg·L^{-1}）时，应将样品适当稀释或减小取样体积后再进行试样的制备。

当需要计算样品中 1-萘酚和 2-萘酚的总量时，未检出的目标化合物不参与计算。若两个目标化合物均未检出，则报各自的方法检出限。

四、任务实施

1. 接受委托

按照委托方要求，填写业务委托单和样品接收单。

2. 查阅标准

1）仔细阅读《水质　萘酚的测定　高效液相色谱法》（HJ 1073—2019），检查所需的各种仪器是否齐全，试剂种类、纯度、数量是否满足要求，实验室提供的纯水等级是否满足要求。

2）查找任务实施过程中可能存在的事故隐患，并提出预防与防护措施。解读检测标准原始记录见表 5-13。

表 5-13　　解读检测标准原始记录

<table>
<tr><th>项目</th><th colspan="4">项目内容</th></tr>
<tr><td colspan="5">一、委托内容分析</td></tr>
<tr><td>样品名称</td><td colspan="4"></td></tr>
<tr><td>检测项目</td><td colspan="4"></td></tr>
<tr><td>检验标准</td><td colspan="4"></td></tr>
<tr><td>样品存放条件</td><td colspan="4"></td></tr>
<tr><td>完成时间</td><td colspan="4"></td></tr>
<tr><td colspan="5">二、质量标准内容</td></tr>
<tr><td>记录标准编号</td><td colspan="4"></td></tr>
<tr><td>方法工作原理</td><td colspan="4"></td></tr>
<tr><td>方法检出限</td><td></td><td>定量限</td><td colspan="2"></td></tr>
<tr><td>适用范围</td><td colspan="4"></td></tr>
<tr><td>检测对象名称</td><td></td><td>检测对象结构式</td><td colspan="2"></td></tr>
<tr><td>样品处理方法</td><td colspan="4"></td></tr>
<tr><td colspan="5">三、仪器确认清单</td></tr>
<tr><td>仪器全称</td><td colspan="4"></td></tr>
<tr><td>仪器配置</td><td colspan="4"></td></tr>
<tr><td>仪器检定/校准日期</td><td colspan="4"></td></tr>
<tr><td colspan="5">四、实验试剂确认清单</td></tr>
<tr><td>试剂名称</td><td>CAS 号</td><td>纯度/规格</td><td>生产厂家</td><td>有效期</td></tr>
<tr><td></td><td></td><td></td><td></td><td></td></tr>
<tr><td></td><td></td><td></td><td></td><td></td></tr>
</table>

3. 制定方案

小组合作，制定地下水中萘酚含量的测定方案，讨论后填写表 5-14。

表 5-14　　地下水萘酚含量的测定方案

方案编码		方案制定时间	
负责部门		方案制定人	
小组成员			
分析项目		任务依据	
分析方法		定量方法	
完成工时		测定地点	
一、绘制地下水中萘酚含量测定实验操作流程图			
二、确定分工合作计划			
方案制定人		复核人	

4. 配制溶液

（1）标准溶液的配制

1）萘酚混合标准储备溶液：$\rho \approx 1\ 000\ mg \cdot L^{-1}$。

分别称取 0.10 g（准确至 0.000 1 g）1-萘酚和 2-萘酚于 100 mL 烧杯中，加入 100 mg 抗坏血酸，用少量甲醇溶解，转移至 100 mL 容量瓶中，用甲醇稀释定容至刻度，混匀。分装于棕色样品瓶中，密封，4 ℃以下避光冷藏，可保存 3 个月。

2）萘酚混合标准使用溶液Ⅰ：$\rho \approx 100\ mg \cdot L^{-1}$。

量取适量萘酚混合标准储备溶液于 10 mL 容量瓶中，用甲醇稀释定容至刻度，混匀。分装于棕色样品瓶中，密封，4 ℃以下避光冷藏，可保存 3 个月。

3）萘酚混合标准使用溶液Ⅱ：$\rho \approx 10.0\ mg \cdot L^{-1}$。

量取 1.00 mL 萘酚混合标准使用溶液Ⅰ于 10 mL 容量瓶中，用甲醇定容，混匀。保存于棕色样品瓶中，密封，4 ℃以下避光冷藏，可保存 3 个月。

分别取适量萘酚混合标准使用溶液Ⅱ 0.50 μL、2.00 μL、10.00 μL、100 μL、250 μL、500 μL 于 10 mL 棕色容量瓶中，质量浓度分别为 $0.50\ \mu g \cdot L^{-1}$、$2.00\ \mu g \cdot L^{-1}$、$10.00\ \mu g \cdot L^{-1}$、$100\ \mu g \cdot L^{-1}$、$250\ \mu g \cdot L^{-1}$、$500\ \mu g \cdot L^{-1}$，用甲醇定容，配制 5 个浓度点的标准系列溶液。

（2）样品溶液的配制

上述经过制备的样品溶液可以直接过滤后进样。

5. 测定地下水中萘酚含量

（1）分析方法

1）流动相 A 为乙腈，流动相 B 为甲醇溶液。洗脱程序：流动相 A 与流动相 B 的体积比为 47∶53，流量为 1.2 $mL \cdot min^{-1}$，进样体积为 10.0 μL，柱温为 35 ℃。

2）检测器：荧光检测器；激发波长为 228 nm。同时测定 1-萘酚和 2-萘酚时，选择 425 nm 作为定量检测波长，435 nm 作为辅助定性波长；只测定 2-萘酚或在 425 nm 处测定 2-萘酚有干扰时，选择 360 nm 作为定量检测波长，350 nm 作为辅助定性波长。

（2）绘制校准曲线

用微量注射器分别取 10.00 μL 标准系列溶液，由低浓度到高浓度对标准系列溶液依次进样，分离、检测目标化合物，记录保留时间和峰高或峰面积。以各标准系列溶液中目标化合物的质量浓度（$\mu g \cdot L^{-1}$）为横坐标，以其对应的峰高或峰面积为纵坐标，绘制校准曲线。

（3）水样的测定

按照与绘制校准曲线相同的仪器条件进行试样的测定，按照与试样测定相同的仪器条件进行空白试样的测定。

6. 记录数据、撰写报告

样品中目标化合物的质量浓度按照式（5-5）计算。

$$\rho_i = \frac{\rho_{si} V_2}{V_1} \times D \qquad (5-5)$$

式中 ρ_i——样品中目标化合物 i 的质量浓度，$\mu g \cdot L^{-1}$；

ρ_{si}——由标准曲线得到的试样中目标化合物 i 的质量浓度，$\mu g \cdot L^{-1}$；

V_1——取样体积，mL；

V_2——试样（洗脱液）定容体积，mL；

D——样品稀释倍数。

数据记录与处理见表 5-15。

表 5-15 数据记录与处理

项目	项目内容		
一、样品信息			
样品名称		样品编号	
检测项目		检测日期	

续表

项目		项目内容			
检验标准					
实验室温度/℃			实验室相对湿度/%		
样品存放条件					
检验设备编号					
标准物质编号					
完成时间					
二、分析方法					
流动相			流动相比例		
流量/($mL \cdot min^{-1}$)			进样体积/μL		
柱温/℃					
激发波长/nm			定性波长/nm		
三、标准溶液配制					
溶液配制方法					
四、定性分析					
测定结果		t_M/min	t_R/min	t'_R/min	定性结论
标准溶液	萘酚				
样品溶液	色谱峰 1				
	色谱峰 2				
	色谱峰 3				
五、定量分析					
组分名称		空白试样	1-萘酚	2-萘酚	
峰面积 A/($\mu V \cdot s$)	1				
	2				
	3				
质量浓度/($\mu g \cdot L^{-1}$)	1				
	2				
	3				
平均质量浓度/($\mu g \cdot L^{-1}$)					
相对标准偏差/%					
质控样					
检测人（签字）			复核人（签字）		

根据计算结果，依据相关标准，撰写地下水中萘酚含量测定报告。

五、任务测评

对高效液相色谱仪的应用任务进行评价，完成表 5-16。

表 5-16　高效液相色谱仪的应用任务评价

评价指标		评价要素	配分	得分
专业能力	查阅标准	正确写出标准名称	1	
		正确说出检验原理	1	
		正确查找适用范围	1	
		正确查找激发波长	1	
		正确确认所需的试剂	1	
		正确确认所需的仪器	1	
		正确画出任务实施流程图	1	
		明确实验的相关系数要求	1	
		明确测定结果小数点保留位数要求	1	
		明确安全注意事项及防护措施	1	
	制定方案	正确写出步骤名称	2	
		步骤顺序正确	3	
		流程图设计美观大方	2	
		能够进行合理分工，并规划时间	3	
	配制溶液	定容过头或不到，每次扣 2 分，扣完为止	10	
		重新配制溶液一次，扣 3 分，扣完为止		
		损坏仪器，每件扣 5 分，扣完为止		
	绘制校准曲线	仪器测定参数设置错误，每处扣 3 分，扣完为止	10	
		开关机操作顺序错误，每处扣 5 分，扣完为止		
	数据处理	计算错误，每处扣 2 分，扣完为止	10	
		有效数字位数修约错误，每处扣 1 分，扣完为止		
	校准曲线线性判断	相关系数≥0.999 9，得 10 分	10	
		0.999 5≤相关系数<0.999 9，得 8 分		
		0.999 0≤相关系数<0.999 5，得 6 分		

续表

评价指标		评价要素	配分	得分
专业能力	校准曲线线性判断	0.995 0≤相关系数<0.999 0，得 4 分		
		相关系数<0.995 0，得 2 分		
	检测结果精密度判断	相对平均偏差≤2.0%，得 10 分	10	
		2.0%<相对平均偏差≤3.0%，得 8 分		
		3.0%<相对平均偏差≤4.0%，得 6 分		
		4.0%<相对平均偏差≤5.0%，得 4 分		
		5.0%<相对平均偏差≤6.0%，得 2 分		
		相对平均偏差>6.0%，得 0 分		
	检测结果准确度判断	与准确浓度相对偏差≤3.0%，得 10 分	10	
		3.0%<与准确浓度相对偏差≤4.0%，得 8 分		
		4.0%<与准确浓度相对偏差≤5.0%，得 6 分		
		5.0%<与准确浓度相对偏差≤6.0%，得 4 分		
		6.0%<与准确浓度相对偏差≤7.0%，得 2 分		
		与准确浓度相对偏差>7.0%，得 0 分		
通用能力和职业素养		不迟到，不早退，不旷课，不偷懒	2	
		主动与他人合作，能帮助他人共同完成组长分配的任务	2	
		通过有效沟通，及时发现问题、分析问题、解决问题	2	
		能查阅相关书籍，充分利用网络资源，有效获取学习信息	2	
		按时、按质完成工作任务	2	
		原始记录书写规范，如实填写，无涂改	2	
		实验中穿戴工作服、电绝缘鞋、安全帽等劳动防护用品，严格遵循电气安全操作规程	3	
		实验场所始终保持整洁，仪器设备摆放有序，不乱扔、乱倒固体废弃物或液体废弃物	3	
		实验结束后关闭电源和气源，罩好仪器防尘罩，正确填写仪器使用记录	2	
合计			100	

思考与练习

简答题

1. 联系实际简述萘酚的高效液相色谱法测定原理。

2. 查阅资料，简述水质中萘酚的危害。

3. 简述水质中萘酚检测时，样品的采集和保存方法。

6

气质联用分析技术

质谱法能进行有效的定性分析，但不能较好地分析复杂有机化合物；色谱法能有效地分离、分析有机化合物，特别适用于有机化合物的定量分析，但定性分析则比较困难。这两者的有效结合可进行复杂有机化合物的定性、定量分析。将两种或两种以上方法结合起来的技术称为联用技术，将气相色谱仪和质谱仪联合起来使用的仪器称为气质联用仪。

本模块通过 5 个项目开展活动，使学生掌握一定的理论知识，具备较高的操作技能和基本的气质联用仪安装、维护技能。

建议课时：24 课时。

6.1 认识气质联用仪

学习目标

1. 了解气质联用仪的结构。
2. 了解气质联用仪的工作原理。
3. 了解相关国家标准。
4. 熟悉气质联用仪各部件名称及功能。
5. 培养严谨细致的工匠精神。
6. 增强学生对环保行业和检测行业的职业认知，培养良好的职业道德。

思政小课堂-26

科技助力　保护环境

2009年1月8日，某市某厂外侧土壤发出不明恶臭气味，该市环境监测中心站利用便携式气质联用仪对不明恶臭气体进行分析，确定恶臭气体主要成分为四氢噻吩。便携式气质联用仪已成功应用于环境空气及水体中挥发性有机污染物的应急监测工作，进一步保障了人民群众的身体健康和环境权益不受伤害。

科技赋能，保护环境。生态环境没有替代品，用之不觉，失之难存。要深入实施创新驱动发展战略，强化科技创新对生态环境保护的支撑作用，不断推进生态环境科技创新，激发创新活力，提高生态文明建设的科技创新能力和水平，加快把科技创新优势转化为绿色发展优势。要借助科技赋能，全方位、全地域、全过程加强生态环境保护，加快推进人与自然和谐共生的现代化，绘就美丽中国的壮阔画卷。

思政目标：提高学生对环保专业的认同感。

思考：科技赋能，保护环境有什么意义？

一、任务分析

1. 任务流程的确定

认识气质联用仪任务流程如图6-1所示。

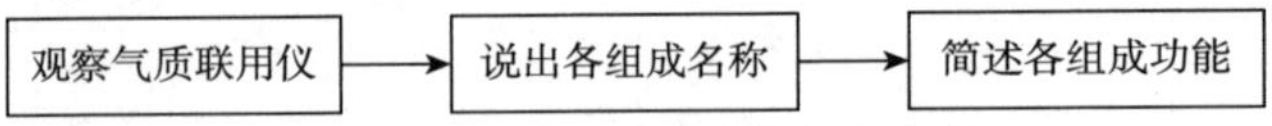

图6-1　认识气质联用仪任务流程

2. 任务实施的准备

（1）相关国家标准

1）《气相色谱仪测试用标准色谱柱》（GB/T 30430—2019）。

2）《气相色谱-单四极质谱仪性能测定方法》（GB/T 32264—2015）。

3）《质谱仪通用规范》（GB/T 33864—2017）。

（2）仪器相关文件

对应品牌的仪器使用说明书或者操作规程。

（3）仪器

气质联用仪（微量进样针、色谱柱等）及周边配套仪器（计算机、机械真空泵、针式过滤器等）。

（4）试剂

甲醇（色谱纯）。

3. 任务难点的分析

阅读并理解国家标准，记住仪器不同组成部分的名称。

二、相关知识

1. 气质联用仪

（1）气质联用仪的组成

气质联用仪的组成见表 6-1。

表 6-1　　气质联用仪的组成

系统名称	组成名称	部件	作用
气相色谱仪部分（常压）	载气系统	气源系统、净化系统、压力流量控制系统、仪器气路	提供纯净的载气（选用氦气）；保障气路密闭，流速稳定，流速测量准确
	进样系统	自动进样器或微量进样针、汽化室	精确定量地将样品注入色谱系统，有效汽化样品，用载气快速将汽化的样品送入分离系统
	分离系统	柱温箱、色谱柱（色谱仪的核心部件）	柱温箱保障精确地温度控制，色谱柱将多组分样品分离成单一组分
	温度控制系统	温度控制装置	控制柱温箱、汽化室的温度
气质接口	由 GC 出来的样品通过气质接口进入质谱仪，气质接口是气质联用仪的关键部件。气质接口的作用主要如下： ①保持 GC 色谱柱的温度，以防止样品在从色谱到质谱的流动过程中冷凝，从而导致拖尾。 ②压力匹配。质谱离子源的真空度在 1×10^{-3} Pa，而 GC 色谱柱出口压力高达 1×10^{5} Pa，气质接口的作用就是要使两者压力匹配。 ③组分浓缩。从 GC 色谱柱流出的气体中有大量载气，气质接口的作用是排除载气，使被测物浓缩后进入离子源。 气质接口的温度在工作站中设置或在 GC 控制面板中设置。最高温度可以维持在 350 ℃，最低温度则取决于 GC 柱温箱和离子源的温度。通常，气质接口温度不低于 30 ℃ 时不会导致不好的色谱效应（如保留时间的漂移及峰变宽）。样品流过传输线之后，就在离子源中被离子化		

续表

系统名称	组成名称	部件	作用
真空系统（外部设备）	—	前级真空泵（机械泵）、高真空泵（涡轮分子泵）	真空系统的作用：增大分子平均自由程，减少离子-分子反应，减小对系统调谐的影响，避免气体传导引起的高压发电，保护灯丝和电子倍增器，减小残气信号的本底干扰。 前级真空泵的主要作用是给高真空泵提供一个运行的环境，一般为旋片式机械泵。高真空泵主要有油扩散泵和涡轮分子泵，其中以涡轮分子泵为主
质谱仪部分（高真空）	离子源	电子电离（EI，为主要模式）源、化学电离（CI）源	离子源的作用是接受样品并产生离子。 待测样品由气质接口进入离子化室，灯丝发射的高能电子在磁场的作用下进入离子化室，当样品分子或原子的外层电子受到中等能量（10~250 eV，大于外层电子的激发能）的电子作用时，分子处于激发态，外层电子丢失并伴随分子化学键的断裂，形成带正电的离子和碎片离子。推斥电极上的阳极电压将正离子推入透镜组，透镜组将离子集中成密集的离子束，然后引入质量分析器
	质量分析器	预四极、四极质量分析器、扇形质量分析器、双聚焦质量分析器、离子阱检测器	离子源集成了可拆洗的预四极过滤装置，防止主四极杆污染。预四极加有随扫描质量变化的电压，可以改善边缘场，提高离子入射效率，从而获得更好的检测灵敏度。 作用是将离子化室中生成的离子按质荷比大小分开，进行质谱检测
	检测器	电子倍增器（能高倍放大微弱离子信号的检测器件）、打拿极、信号放大器	检测器的作用是将离子束转变成电信号，并将信号放大。 当离子撞击到检测器时，引起倍增器电极表面喷射出一些电子，被喷射出的电子由于电位差被加速射向第二个倍增器电极，喷射出更多的电子。由此连续作用，每个电子碰撞下一个电极时能喷射出 2~3 个电子，从而将信号放大，提高检测灵敏度。 打拿极将正离子引出四极杆，其所加电压是固定的

续表

系统名称	组成名称	部件	作用
数据处理系统	—	计算机系统、打印机	参与分析过程中色谱仪的操控，快速、准确地采集和处理数据，监控质谱及色谱各单元的工作状态，对化合物自动进行定性与定量分析，按用户要求自动生成分析报告。数据系统包括软件和硬件部分

（2）气质联用仪的工作原理

样品在气相色谱部分经毛细管柱进行分离，混合物样品在合适的色谱条件下被分离成单个组分。单个组分经过气质接口（气质接口是气相色谱到质谱的连接部件。最常见的连接方式是直接连接法，即毛细管柱直接导入质谱仪，使用石墨垫圈密封，接口必须加热，防止分离的组分冷凝，接口温度一般设置为气相色谱程序升温最高值）进入质谱仪部分。

在质谱部分，采用电子电离样品分子，形成离子和碎片离子，在推斥极等的作用下将正离子送入四极杆系统。四极杆在高频电压与正负电压联合作用下形成高频电场，在扫描电压作用下，只有符合四极场运动方程的离子才能通过四极杆对称中心到达离子检测器，再经离子流放大器放大，产生质谱信号。获得依质荷比顺序排列的质谱图，通过解释谱图或进行谱库检索以识别未知样品的组成。

气质联用仪工作原理如图 6-2 所示。

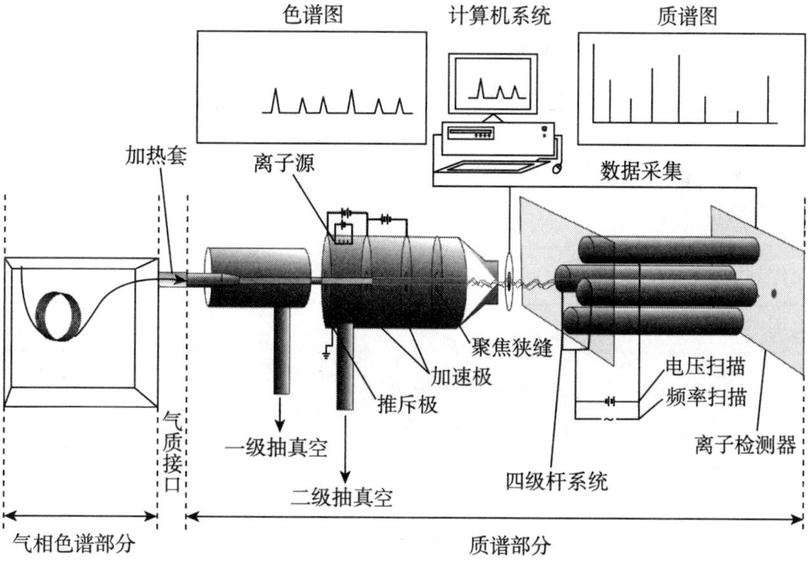

图 6-2　气质联用仪工作原理

质谱仪部分最终检测的是不同质量的离子流信号。经过检测系统放大的电压随时间变化的模拟量，需要通过模数转换才能变成数字量，数字量经计算机进行数据采集和处理后才能获得以离子质量和强度表示的质谱数据，并以一定格式保存在原始数据文件中。气质联用仪工作流程如图 6-3 所示。

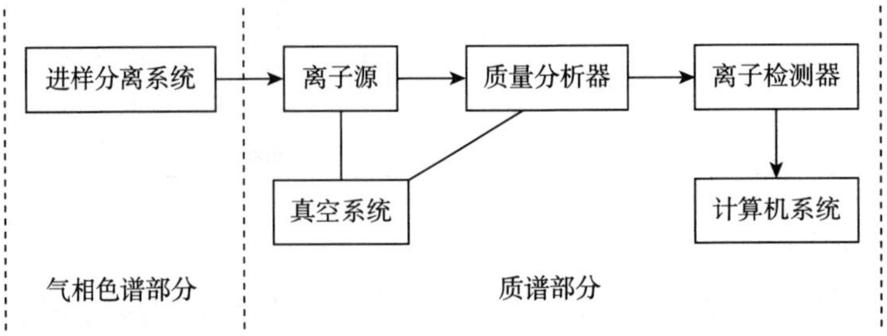

图 6-3　气质联用仪工作流程

(3) 气质接口的种类

气质接口种类见表 6-2。

表 6-2　气质接口种类

接口名称	应用范围	优缺点
分子分离器连接	主要用于填充柱	扩散型——扩散速率与物质相对分子质量的平方成反比，与其分压成正比。当色谱流出物经过分离器时，小分子的载气易从微孔中扩散出去，被真空泵抽除；而被测物相对分子质量大，不易扩散，则得到浓缩
直接连接	主要用于毛细管柱	在色谱柱和离子源之间用长约 50 cm、内径为 0.5 mm 的不锈钢毛细管连接，色谱流出物经过毛细管全部进入离子源，这种接口技术样品利用率高
开口分流连接	通用	该接口用于放空一部分色谱流出物，让另一部分进入质谱仪，通过不断流入清洗氦气，将多余流出物带走。此法样品利用率低

(4) 离子源的种类

离子源种类见表 6-3。

表 6-3　离子源种类

离子源名称	说明	优缺点
EI 源	EI 源是最常用的一种离子源，有机分子被一束电子流（能量一般为 70 eV）轰击，失去一个外层电子，形成带正电荷的分子离子（M^+），M^+进一步碎裂成各种碎片离子、中性离子或游离基，在电场作用下，正离子被加速、聚焦而进入质量分析器分析	①电离效率高，能量分散小，结构简单，操作方便。 ②图谱具有特征性，化合物分子碎裂大，能提供较多信息，对化合物的鉴别和结构解析十分有利。 ③所得分子离子峰不强，有时不能识别。只检测正离子。 ④该法不适用于高相对分子质量和热不稳定的化合物

续表

离子源名称	说明	优缺点
CI 源	将反应气（甲烷、异丁烷、氨气等）与样品按一定比例混合，然后进行电子轰击，甲烷分子先被电离，形成一次、二次离子，这些离子再与样品分子发生反应，形成比样品分子大一个质量数的 M^{+1} 离子，称为准分子离子。准分子离子也可能失去一个 H_2，形成 M^{-1} 离子	①不会发生像 EI 中那么强的能量交换，较少发生化学键断裂，谱形简单。 ②分子离子峰弱，但（M^{+1}）峰强，提供了相对分子质量信息
场致离子化	适用于易变分子的离子化，如碳水化合物、氨基酸、多肽、抗生素、苯丙胺类等	能产生较强的分子离子峰和准分子离子峰
场解吸离子化	用于极性大、难汽化、对热不稳定的化合物	能分析极性大、难汽化、对热不稳定的化合物
负离子化学离子化	是在正离子质谱的基础上发展起来的一种离子化方法，其给出特征的负离子峰	灵敏度高（1×10^{-15} g）

（5）质量分析器的种类

质量分析器种类见表 6-4。

表 6-4 质量分析器种类

名称	工作原理
四极质量分析器	由 4 根平行的圆柱形电极组成，电极分为 2 组，分别加上直流电压和一定频率的交流电压。样品离子沿电极间轴向进入电场后，在极性相反的电极间振荡，只有质荷比在某个范围的离子才能通过四极杆，到达检测器，其余离子因振幅过大与电极碰撞，放电中和后被抽走。改变电压或频率，可使不同质荷比的离子依次到达检测器，被分离检测。 四极质量分析器是气质联用仪中最通用的一种质量分析器，有长久的应用历史，性能稳定。 四极质量分析器有全扫描和选择离子监测 2 种不同的扫描模式。 扫描速度快，灵敏度高。尤其是选择离子监测模式，以最大的采集效率，有选择性地检测单个或几个离子，从而降低信噪比，提高灵敏度，适用于各种定量分析，满足高通量分析需求。 可同时配置 EI 源和正、负 CI 源，EI 源可获得丰富的结构信息，CI 源能提供 EI 源得不到的相对分子质量信息

续表

名称	工作原理
扇形质量分析器	被电场加速的离子进入磁场后，运动轨道变弯曲，当磁场强度和速度一定时，只有某一质荷比的离子能通过狭缝到达检测器。 特点：分辨率低，对质量相同、能量不同的离子分辨较困难
双聚焦质量分析器	由一个静电分析器和一个磁分析器组成，静电分析器允许有某个能量的离子通过，并按不同能量聚焦，先后进入磁分析器，经过两次聚焦，大大提高了分辨率
离子阱检测器	原理类似于四极质量分析器，但让离子储存于阱中，改变电极电压，使离子向上、下两端运动，通过底端小孔进入检测器。 检测器的作用是将离子束转变成电信号，并将信号放大，常用检测器是电子倍增器。当离子撞击检测器时，引起倍增器电极表面喷射出一些电子，被喷射出的电子由于电位差被加速射向第二个倍增器电极，喷射出更多的电子。由此连续作用，每个电子碰撞下一个电极时能喷射出 2~3 个电子。通常，电子倍增器有 14 级倍增器电极，可大大提高检测灵敏度

（6）单四级杆和三重四级杆的对比

质谱仪通常包括 3 个部分：离子源、质量分析器和检测器。质量分析器是质谱仪的核心元件，决定着质谱仪的灵敏度、分辨率、质量准确度和生成大量信息的碎片离子谱图的能力。

单四级杆质量分析器是由 4 根严格平行并与中心轴等间隔的圆柱形或双曲面柱状电极构成的正、负两组电极，加上直流电压（DC）和射频电压（RF）而产生动态电场。四级杆利用磁场、磁场和电场的组合，将来自离子源的离子束中不同质荷比的离子按照空间位置、时间先后顺序等形式进行分离。

单四极杆质谱仪依靠选择离子监测（SIM）方式完成定量分析，但是单四极杆不能进行真正意义上的串级质谱分析（MS/MS），只能通过源内裂解模式得到部分碎片离子而实现类似 MS/MS 的功能。

三重四级杆结构如图 6-4 所示。

三重四级杆是将 3 组四级杆串联起来的质量分析器，第一组和第三组四级杆是质量分析器，中间一组四级杆是碰撞室。三重四极杆是目前普遍使用的四极杆质谱，第一重四极杆选母离子，第二重四极杆作为碰撞室对母离子进行碰撞解离，第三重四极杆作为质量分析器完成离子分析。三重四极杆实现所有的 MS/MS 扫描方式，包括子离子扫描、母离子扫描、中性丢失扫描等，采集到的 MS/MS 质谱图信息量大，并且较少发生重排反应。

三重四级杆工作过程如图 6-5 所示。

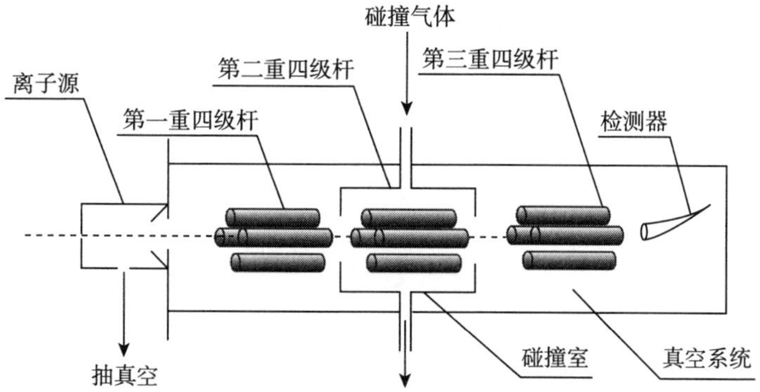

图 6-4 三重四级杆结构

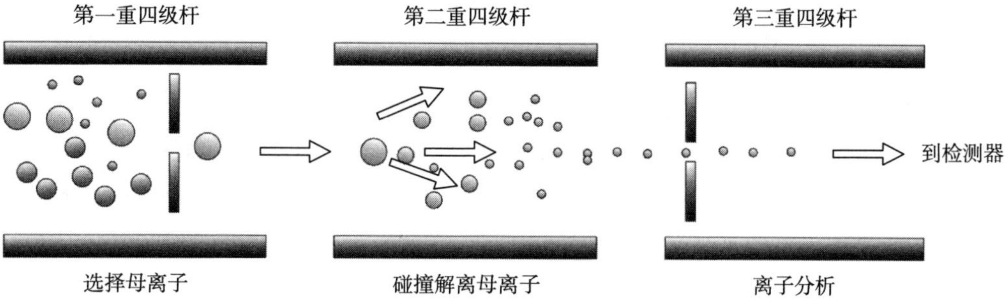

图 6-5 三重四级杆工作过程

2. 气质联用仪的周边设备

（1）机械真空泵

真空系统由两级真空组成，包括前级真空泵和高真空泵。前级真空泵的主要作用是给高真空泵提供运行的环境，一般为旋片式机械泵。

旋片式机械泵是一种油封式机械真空泵，其工作压强范围为 1.33×10^{-2} ~ 101 325 Pa，属于低真空泵。它可以单独使用，也可以作为其他高真空泵或超高真空泵的前级泵。

旋片式机械泵如图 6-6 所示。

旋片式机械泵已广泛地应用于冶金、机械、电子、化工、轻工、石油及医药等生产和科研部门。旋片式机械泵可以抽除密封容器中的干燥气体，若附有气镇装置，还可以抽除一定量的可凝性气体。但它不适于抽除含氧过高的、对金属有腐蚀性的、对泵油会起化学反应及含有颗粒尘埃的气体。

旋片式机械泵主要由泵体、转子、旋片、端盖、弹簧等组成。在旋片式机械泵的腔内偏心地安装一个转子，转子外圆与真空泵泵腔内表面相切，二者有很小的间隙，转子槽内装有带弹簧的两个旋片。旋转时，离心力和弹簧的张力使旋片顶端与泵腔的内壁保持接触，转子旋转带动旋片沿泵腔内壁滑动。

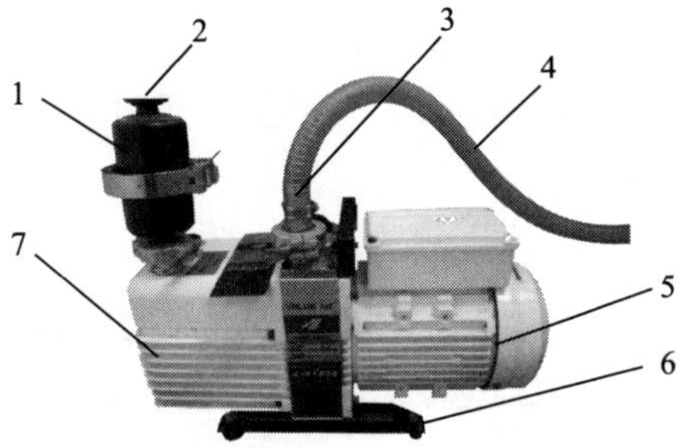

图 6-6　旋片式机械泵

1—油雾过滤器　2—气镇开关　3—进气口　4—进气管

5—电机　6—底座　7—油箱

（2）氦气气瓶

高纯氦气（He）是单原子稀有气体分子，是一种无色、无味、无毒、不燃烧、储存于气瓶中的高压气体。

1）使用前应用肥皂水检漏气体管道，确保气体管道不漏气。应确保工作场所保持通风，当氦气体积分数增大导致氧气体积分数低于 19.5%时，人先出现呼吸加快、注意力不集中、共济失调，继而出现疲倦无力、烦躁不安、恶心、呕吐、昏迷、抽搐，以致死亡。

2）使用时应注意气瓶上标注的使用年限，凡到期的气瓶，必须送往有关部门进行安全检验，检验合格后方能继续使用。

3）氦气气瓶余压不得低于 0.25 MPa。

4）瓶装氦气在运输、储存、使用时都应分类堆放，禁止靠近明火和热源，勿沾油蜡、暴晒、重抛、撞击，严禁在气瓶身上进行引弧或电弧操作，严禁野蛮装卸，短距离移动氦气气瓶应使用气瓶专用手推车，长距离移动应用危险品运输车辆运输。

（3）净化装置

净化装置一般由高容量脱氧管和载气净化器组成，或使用复合型载气净化管。载气进入色谱柱前都应经过净化，以除去载气中的残留烃类化合物、氧、水等杂质，提高载气的纯度，延长色谱柱的使用寿命，减少色谱柱固定相流失，并且最大限度地降低背景噪声，使基线更加稳定。

净化装置如图 6-7 所示。

净化装置应及时更换，脱氧管使用时间过长，吸附的氧气会随着载气进入仪器，导致 m/z 32 的谱线丰度过大。

需要注意的是，市售的脱氧管通常会用氮气进行饱和，安装时，先用氦气将脱氧管内和管线里的氮气吹扫干净，然后再接至仪器上。

图 6-7 净化装置

3. 气质联用仪的种类

1）气质联用仪按分析目的可分为化验室气质联用仪和工业气质联用仪。

2）气质联用仪按质量分析器的工作原理可分为四极杆气质联用仪、离子阱气质联用仪、飞行时间气质联用仪和傅里叶变换气质联用仪等。

3）气质联用仪按结构可分为台式气质联用仪和落地式气质联用仪。

4）气质联用仪按分析规模可分为小型气质联用仪和大型气质联用仪。

5）气质联用仪按用途可分为生物气质联用仪、制药气质联用仪、化工气质联用仪、食品气质联用仪、医用气质联用仪、蛋白质气质联用仪、多肽气质联用仪、氨基酸气质联用仪、酶气质联用仪、核酸气质联用仪、涂料气质联用仪和塑料制品气质联用仪等。

4. 气质联用法和气相色谱法的对比

气质联用法与气相色谱法对比见表 6-5。

表 6-5 气质联用法与气相色谱法对比

项目	气质联用法	气相色谱法
流动相	氦气	气体（氮气、氢气、氦气等）
固定相	固体、液体	固体、液体
检测器	MSD	TCD、FID、ECD、NPD
进样方式	液体	气体
检测对象	易挥发，热稳定，沸点一般不超过 500 ℃，相对分子质量小于 500 的化合物	热稳定、沸点低、小分子有机物
待测对象的状态	液态	气态或液态
运行成本	很高	低

气质联用分析技术的优缺点如下：

1）定性能力强。气质联用分析技术采用色谱保留时间结合化合物的指纹质谱图鉴定组分，大大优于仅靠色谱保留时间进行定性的方法。

2）可分离尚未分离的色谱峰。用提取离子、选择离子监测或选择反应监测法，以及结合某些数据处理方法，可分离总离子流色谱图上尚未分离或被化学噪声掩盖的色谱峰。

3）气质联用分析技术无法分辨异构体（尤其是位置异构）。

5. 气质联用法和液质联用法的对比

气质联用法与液质联用法对比见表 6-6。

表 6-6　　气质联用法与液质联用法对比

项目	气质联用法	液质联用法
流动相	高纯氦气	流动相组合
接口	无特殊接口，只需加热	特殊接口，去流动相
电离方式	电子电离（EI）和化学电离（CI）	电喷雾电离（ESI）、大气压化学电离（APCI）和大气压光电离（APPI）
谱库	NIST（美国国家标准与技术研究院）等标准谱库	无
真空系统	机械泵和涡轮分子泵各 1 台	1 台机械泵、2 台涡轮分子泵
离子碎片	离子碎片多，并有一定的断裂规律	碎片离子峰很少
应用范围	300 ℃可汽化的样品。复杂组分的分离与鉴定，生物样品中药物与代谢物定性、定量的有效工具	300 ℃不可汽化的样品。药物代谢及药物动力学研究、临床药理学研究、天然药物（中草药等）开发研究、蛋白质与肽类的鉴定、残留分析、毒物分析、环境分析——公安、环保、食品、自来水、卫生防疫等行业

6. 气质联用仪实验室工作条件

1）环境温度：15～25 ℃。

2）相对湿度：20%～85%。

3）交流供电电源：电压为 220 V±22 V，频率为 50 Hz±1 Hz。

4）室内应清洁无尘，排风良好，气质联用仪应平稳地放在工作台上，周围无强烈机械振动和电磁干扰源。

5）接地良好。

三、任务实施

任务实施部分以 M7 气质联用仪为例。

根据气质联用仪及周边设备实物说出各部件名称及功能，完成表 6-7。

表 6-7 气质联用仪及周边设备

组成名称	部件	功能
气路系统	氦气气瓶	
	输气管路	
	净化系统	
	气压表	
进样系统	自动进样器	
	微量进样针	
	汽化室	
分离系统	柱温箱	
	色谱柱	
温度控制系统	温度控制装置	
气质接口	接口及加热套	
真空系统	机械真空泵	
	涡轮分子泵	
电离源	EI 源或 CI 源	
质量分析器	四级杆质量分析器	
离子检测器	离子检测器	
数据处理系统	计算机	
	工作站	

四、任务测评

对认识气质联用仪任务进行评价，完成表 6-8。

表 6-8 认识气质联用仪任务评价

评价指标		评价要素	配分	得分
专业能力	确认实验室条件	正确检查实验室条件是否符合要求	10	
	认识气质联用仪	正确说出实验室现有仪器的类型	5	
		正确说出仪器的组成部分	5	
		正确写出仪器的部件名称	10	
		正确写出仪器各部件功能	10	
	使用机械真空泵	按照正确开停机顺序，安全使用机械真空泵	10	

续表

评价指标		评价要素	配分	得分
专业能力	使用氮气气瓶	正确打开气瓶阀门，规范使用氮气气瓶	10	
		根据减压阀表压判断气瓶内氮气使用情况	10	
		规范检查气瓶各连接部位漏气情况	10	
通用能力和职业素养		不迟到，不早退，不旷课，不偷懒	2	
		主动与他人合作，主动参与讨论	3	
		能查阅资料进行自主学习	3	
		按时、按质完成工作任务	3	
		实验过程穿戴工作服、电绝缘鞋、安全帽等劳动防护用品，严格遵循电气安全操作规程	3	
		实验场所始终保持整洁，仪器设备摆放有序，不乱扔、乱倒固体废弃物	3	
		实验结束后关闭电源，罩好仪器防尘罩，正确填写仪器使用记录	3	
合计			100	

思考与练习

简答题

1. 气质联用有什么特点？

2. 如何实现气相色谱和质谱的联用?

3. 如何利用质谱信息来判断化合物的相对分子质量和分子式?

4. 简述化学电离源的工作原理。

6.2 使用气质联用仪

学习目标

1. 了解气质联用分析专业术语及定义。
2. 掌握气质联用仪的使用方法。
3. 掌握气质联用仪的使用注意事项。
4. 培养精益求精的工匠精神。
5. 培养实事求是的职业素养。

思政小课堂-27

责任担当 追求卓越

徐立平，男，1968 年出生，江苏溧阳人，中国航天科技集团有限公司第四研究院 7416 厂班组长。徐立平荣获时代楷模、最美航天人、全国技术能手等荣誉称号，获全国五一劳动奖章、中华技能大奖。

徐立平心怀航天强国梦，坚守在极其危险的固体火箭发动机燃料药面整形岗位，为火箭上天、导弹发射、神舟遨游、嫦娥探月等重大任务“精雕细刻”，让一件件大国重器华丽绽放，被誉为雕刻火药的“大国工匠”。

徐立平完成的固体火箭发动机燃料药面整形产品始终保持着 100%的合格率、安全事故为零的纪录。0.5 mm 是固体发动机燃料药面精度允许的最大误差，而徐立平操作的精度达到 0.2 mm。数不清的极致精细和急难险重任务，将他一步步磨炼成为中国固体推进剂整形技术领域的领军人物之一。他设计、发明和改进了 30 多种刀具，获得 9 项国家专利，其中一种刀具被命名为“立平刀”。

思政目标：培养学生责任担当的职业素养。

思考：在徐立平的故事中，你最感动的是什么？

一、任务分析

1. 任务流程的确定

使用气质联用仪任务流程如图 6-8 所示。

图 6-8　使用气质联用仪任务流程

2. 任务实施的准备

（1）仪器相关文件

对应品牌的仪器使用说明书或者操作规程。

（2）仪器

气质联用仪（含毛细管柱等）及周边配套仪器（计算机、针式过滤器、机械真空泵、氦气气瓶及其净化装置等）。

（3）试剂

乙酸乙酯（色谱纯）。

3. 任务难点的分析

理解气质联用仪的工作原理，进行质谱仪的调谐。

二、相关知识

1. 气质联用分析专业术语

（1）质荷比（m/z）

质荷比是描述一个离子或者峰的质量与电荷比值的符号（m 为标准的质子质量，单位为 u 或 Da；z 为粒子所带电荷数，数值为离子所带电量与单位电荷量之间的比值）。在国际单位制下，其单位为 kg/C。

（2）质谱图

质谱图是由检测到的离子强度作为 m/z 函数绘制而成的图。在质谱图中，横坐标表示离子的质荷比（m/z）值，从左到右质荷比的值增大。对于带有单电荷的离子，横坐标表示的数值即为离子的质量。纵坐标表示离子流的强度，通常用相对强度来表示，即把最强的离子流强度定为 100%，其他离子流的强度以其与最强离子流强度比值的百分数表示，有时也以所有被记录离子的总离子流强度作为 100%，各离子以其所占的百分数来表示。

（3）质量精度

质量精度是指某种离子的测量质荷比与实际（理论）质荷比的偏离程度。质量精度常用 1×10^{-6} 来表示，通常用已知的单一同位素峰来衡量。

质量精度不是国际纯化学与应用化学联合会（IUPAC）认可的质谱专业术语，但是它是评价质谱定性能力的一个重要参数。

（4）分辨率

分辨率用于定义质谱仪分辨两个不同离子质荷比的能力，通常用 R 来表示。

1）10%峰谷定义。峰间距 Δm 的定义为当它们之间的谷底为其高度的10%时，两个相等高度的峰中心之间的距离。如果峰是对称的，那么理论上峰间距指对应于峰高5%处的峰宽。此时分辨率的定义（10%峰谷定义）为 $m/\Delta m$，这是真实峰分离的定义，但由于难以在质谱中找到适当分离的两个相等高度的峰，该定义方法的计算通常存在一些问题。

2）峰宽定义。对于由质谱中质量为 m 的单电荷离子组成的单峰，分辨率可表示为 $m/\Delta m$。其中，Δm 为指定峰高处的峰宽，一般使用50%、5%或0.5%3个值中的一个。

（5）信噪比（S/N 或 SNR）

信噪比是指质谱谱峰（信号响应强度）S 与噪声水平 N 的比值。如果某离子的信号响应强度值为 X，噪声水平为 Y，则信噪比 S/N 为 X/Y。

（6）总离子流色谱图及提取离子色谱图

1）总离子流色谱图（TIC）。经色谱分离流出的组分不断进入质谱，质谱连续扫描进行数据采集，每一次扫描得到一张质谱图，将每一张质谱图中所有离子强度相加，得到一个总的离子流强度。以离子强度为纵坐标，时间为横坐标绘制的图为总离子色谱图。

2）提取离子色谱图（EIC）。在一系列质谱数据中选择特定的一个或几个质荷比，绘制其信号强度随保留时间变化的色谱图，即提取离子色谱图。

（7）峰强度

峰强度指的是质谱中峰的高度或面积，它们用于判断质谱信号的强弱程度。

峰高度指待测组分从柱后洗脱出最大浓度时检测器输出的信号值，单位一般为mAU、AU或mV，也可代表相对含量，但不如峰面积准确。

峰面积指峰高与保留时间的积分值，单位一般相应为mAU · min、AU · min或mV · min，代表相对含量比较准确。

另外，强度还可表示为相对丰度。将每一张质谱图质谱归一化，这样有利于分析一个分析体系中物质之间相对量的差别，相对强度通常以百分数表示。

注意：峰高和峰面积不是可互换的数值。高度与面积的关系取决于质量分析器的分辨能力或检测器的响应时间。

（8）前体离子与产物离子

1）前体离子。前体离子也称母离子，是反应形成特定的产物离子的离子，反应可以是单分子解离、离子/分子反应、异构化或电荷状态的变化。

2）产物离子。产物离子也称碎片离子或子离子，是参与某特定前体离子反应形成的产物离子，反应可以是单分子解离、形成碎片离子、离子/分子反应或简单地涉及电荷数的变化。

（9）半峰宽（FWIIM）

半峰宽指质谱峰峰高一半处的宽度。

（10）扫描速度

扫描速度指单位时间内扫描的质荷比范围。

（11）线性范围

线性范围指响应值与待测物浓度呈线性关系的范围。

（12）面积重复性

面积重复性指在相同测量条件下，对同一浓度的待测物进行连续多次重复测量，响应值面积之间的一致性。

（13）定性重复性

定性重复性是指在相同测量条件下，对同一浓度的待测物进行连续和间隔多次重复测量，离子丰度比之间的一致性。

2. 用气质联用仪进行定性的方法

（1）利用纯物质定性的方法

利用保留值定性：通过对比试样中具有与纯物质相同保留值的色谱峰，来确定试样中是否含有该物质及在色谱图中的位置。该方法不适用于不同仪器上获得的数据之间的对比。

利用加入法定性：将纯物质加入试样，观察各组分色谱峰的相对变化。

（2）利用文献保留值定性

相对保留值 r_{21}（指组分 2 和组分 1 的调整保留值之比）仅与柱温和固定液性质有关。在色谱手册中列有各种物质在不同固定液上的保留数据，可以用来进行定性鉴定。

（3）利用保留指数定性

保留指数（IX）是一种重现性较好的定性参数。

测定方法：将正构烷烃作为标准，规定其保留指数为分子中碳原子个数乘以 100（如正己烷的保留指数为 600）。其他物质的保留指数是通过选定两个相邻的正构烷烃，

其分别具有 Z 和 $Z+1$ 个碳原子。被测物质的调整保留时间应在相邻两个正构烷烃的调整保留值之间。

（4）谱库检索

谱库检索是定性分析应用最广泛的辅助手段之一。质谱数据库收集的质谱图是采用正常（70 eV）EI 电离方式，在一定条件下获得的纯化合物的质谱图及其和化合物相关的信息。人们习惯上称数据库中的谱图为“标准谱图”，实际上称作“参考谱图”更确切，因为收集的谱图尽管都是纯化合物的正常 EI 谱图，经过一定评估和筛选，但不可避免会有疏漏，而且谱图的来源不同，所用仪器类型、操作条件也不可能完全相同。

1）PBM（概率匹配）检索。PBM 检索是一种谱库检索技术，它可以检索验证在未知化合物的质谱中是否存在参比质谱的主峰，以此来识别参比谱库中与未知化合物最相似的质谱。该算法称为反检索（反向匹配），即使样品质谱包含共流化合物①，算法也能在谱库中检索到相应质谱。质谱的相似性通过称为匹配质量的量来衡量。

2）NIST 谱库检索。NIST 谱库由美国国家标准技术研究院出版，其最新版本收集的标准质谱图有 6.4 万张。

3）使用谱库搜索需要注意以下问题：

①被检索的质谱图必须是 EI 源、70 eV 下轰击获得，否则检测结果不可靠。

②检索时必须扣除本底的干扰，主要是扣除色谱柱流失造成的本底。本底的选择完全凭经验，常用毛细管柱流失及污染物所造成的强度较大的离子碎片。

③当总离子流的峰很强时，不应在峰顶点进行检索，而应根据具体情况适当选择峰的前沿或后沿进行检索。当被检索的峰前沿干扰严重时，应选择峰的后沿进行检索；当峰后沿干扰严重时，则应选择峰的前沿进行检索，这样可减小其他物质对被检索物质的干扰。

④谱库检索时，将给出匹配度最高的 20 个质谱图的有关数据，包括化合物的名称、相对分子质量、分子式、可能的结构、匹配度等，供定性时参考。通常情况下，匹配度最高的化合物就是要检索的化合物，但也并非总是如此，还要考虑样品的来源、使用范围、稳定性、其他物理化学性质，以及被检索物质是否含有某些特殊元素，如卤素、硫、氮等，从给出的质谱图中选定被检索的化合物。

---

① 共流化合物是指保留时间相同的化合物，气相色谱无法完全分离，或因设备、分析条件等导致化合物一起出来，形成共流峰。共流峰是指在气质联用仪中，两个或多个化合物在气相色谱柱上发生相互重叠并形成一个峰的情况。共流峰的出现可能导致化合物之间的识别和定量变得困难，特别是当这些化合物具有相似的保留时间和质谱特征时。

3. 气质联用仪的操作规程①

（1）开机准备流程

在启动气质联用仪的质谱部分之前，应检查以下事项：

1）所有真空密封件和接头均已到位并正确紧固，确保密封性。

2）质谱仪和气相色谱仪的电源线和通信线都已正确连接。质谱仪的电源必须接地，否则会引发放电从而损伤仪器。

3）气质接口已正确安装。

4）气相色谱仪进样口和气质接口中安装了合适的毛细管柱。

5）前级真空泵废气必须正确排干净。前级真空泵的废气中包含所分析的溶剂、化学物质和微量泵油，可以安装软管（内径为 11 mm）以便将前级真空泵的废气排到室外或排入通风（废气）橱。

（2）气质联用仪开机流程

1）启动计算机。

2）打开载气的总阀，调节输出气压为 0.4 MPa，并检查和确认不漏气。

3）打开气相色谱仪电源开关，气相色谱仪自检后会提示“开机成功”等，说明仪器完成启动。若有自动进样器，则需要注意更换洗液和废液，以免污染样品。

4）打开机械泵电源开关，外部的机械泵开始抽初级真空，约 1 min 后，机械泵响声变小，再抽真空约 20 min。机械泵在启动后 10～20 s，会停止发出较大的“咯咯”声响。如果较大的“咯咯”声响不停止，则需要检查系统是否存在漏气。

5）打开质谱仪电源开关，涡轮分子泵将自动启动并开始抽真空。如果短时间关机（几小时）之后开机，至少抽 120 min 才能工作；如果初次安装及长时间关机之后开机，则必须抽真空过夜，以保证良好的真空状态，再进行分析工作。质谱仪必须在良好的真空条件下才能正常工作，标配的冷阴极真空规会通过工作站的控制对真空腔体内的压力进行监测。真空度应达到 5×10^{-3} Pa 以下，才能开始分析工作。

6）联机。双击电脑桌面的仪器图标，进入气质联用仪工作站，检查是否联机正常。

7）操作。执行自动调谐，调用或者编辑相应的操作方法。

（3）气质联用仪待机流程

仪器无须天天开关机，仅在长时间不操作仪器或检修维护时才需要关机，平时只需使仪器进入待机状态，持续抽真空。

1）气相色谱仪柱温箱设为 50 ℃以下。

2）气质联用仪接口温度设为 50 ℃以下。

① 参照具体的仪器操作规程。

3）质谱仪离子源温度设为 50 ℃以下。

4）气相色谱仪进样口温度设为 50 ℃以下。

5）气相色谱仪载气直接设置为“Gas Saver”（省气）模式，进入省气状态。

6）关闭质谱仪工作站，关闭计算机。

（4）气质联用仪关机流程

长时间不使用气质联用仪，可考虑完全关机。

1）关闭离子源加热，设置离子源温度为 50 ℃。关闭气质接口加热，设置接口温度为 50 ℃。关闭气相色谱仪的前进样口加热，设置进样口温度为 50 ℃。关闭柱温箱加热，设置柱温箱温度为 30 ℃。

2）待离子源和接口温度在 100 ℃以下后，通过软件关闭涡轮分子泵。约 30 min 后涡轮分子泵完全停止运行，等待进样口温度降至 50 ℃和柱温箱温度降至 30 ℃以下。

3）退出气质联用仪工作站软件和其他所有程序，关闭计算机和打印机电源。

4）关闭气相色谱仪和质谱仪电源，关闭载气总阀，确保涡轮分子泵完全停止后关闭机械泵电源。

5）放空。关机后仪器内呈负压状态，长时间不放空，机械泵油有倒吸的危险，所以应在完全关机后进行放空操作。卸下与机械泵相连的真空软管，使空气进入仪器。如果放空不正确，质谱仪会受到损坏。如果在涡轮分子泵以正常转速的 50%以上运转时进行放空，则会损坏涡轮分子泵。

6）拔下气相色谱仪和质谱仪电源线。

三、任务实施

任务实施部分以 M7 气质联用仪为例。

参考仪器的使用说明书，正确进行气质联用仪的开机操作、待机操作、关机操作，要求各步骤顺序正确，参数设置正确，并做好记录。

四、任务测评

对使用气质联用仪任务进行评价，完成表 6-9。

表 6-9　　使用气质联用仪任务评价

评价指标		评价要素	配分	得分
专业能力	查阅仪器使用说明书	正确归纳仪器使用方法	5	
		正确总结安全注意事项	5	
	开机检查	正确调节气瓶压力，调节输出气压为 0.4 MPa	5	
		正确判断气瓶气路各连接处的气密性情况	5	

续表

评价指标		评价要素	配分	得分
专业能力	开机检查	正确判断真空度情况	5	
		正确判断质谱仪情况	5	
	设置参数	正确进行仪器初始化操作	5	
		正确设置接口温度	5	
		正确执行自动调谐	5	
		正确调用或编辑相应的操作方法	5	
	测定	安全启动质谱仪	10	
		正确测量	10	
	关机	测量完毕通氦气空烧	5	
		关机操作顺序正确	5	
通用能力和职业素养		不迟到，不早退，不旷课，不偷懒	2	
		主动与他人合作，通过讨论发现问题、分析问题、解决问题	3	
		能查阅资料进行自主学习	2	
		按时、按质完成工作任务	2	
		原始记录书写规范，如实填写，无涂改	2	
		实验中穿戴工作服、电绝缘鞋、安全帽等劳动防护用品，严格遵循电气安全操作规程	3	
		实验场所始终保持整洁，仪器设备摆放有序，不乱扔、乱倒固体废弃物	3	
		实验结束后关闭电源，罩好仪器防尘罩，正确填写仪器使用记录	3	
合计			100	

思考与练习

简答题

1. 简述什么是质荷比。

2. 简述气质联用法中利用纯物质定性的方法。

3. 简述气质联用的开机准备流程。

6.3 调校气质联用仪

学习目标

1. 掌握气路检查方法。
2. 掌握气质联用仪的调谐方法。
3. 掌握气质联用仪的检漏方法。
4. 培养“绿水青山就是金山银山”的环保理念，探讨节约成本、耗材的多次使用，提高学生的环保意识。
5. 培养学生的爱国情怀。

思政小课堂－28

爱国奉献　光耀中华

黄鸣龙，江苏扬州人，有机化学家，中国甾族激素药物工业奠基人。黄鸣龙1924年从德国柏林大学毕业，并获得哲学博士学位，1955年当选为中国科学院学部委员（院士），1956—1979年任中国科学院上海有机化学研究所研究员。

黄鸣龙在有机化学领域辛勤耕耘，其关于变质山道年相对构型成圈互变的发现，是近代有机化合物立体化学中的经典工作；黄鸣龙还原法是首例以中国科学家命名的有机化学反应，已被写入多国有机化学教科书。

黄鸣龙既是一位勤奋、严谨、敏锐和有成就的科学家，也是一位正直、坚强、热情、豪爽的爱国者。“光明磊落、无私无畏、忠诚老实”是黄鸣龙对待科学事业的守则，也是他做人的准绳。黄鸣龙毕生致力于有机化学的研究，特别是甾体化合物的合成研究，为我国有机化学的发展和甾体药物工业的建立及科技人才的培养做出了突出贡献。

思政目标： 培养学生的爱国奉献精神。

思考： 请说说黄鸣龙的贡献。

一、任务描述

1. 任务流程的确定

调校气质联用仪任务流程如图 6-9 所示。

图 6-9 调校气质联用仪任务流程

2. 任务实施的准备

（1）仪器相关文件

对应品牌的仪器使用说明书或者操作规程。

（2）仪器

气质联用仪（质谱仪、气相色谱仪、计算机）及周边配套仪器（机械真空泵、氦气气瓶及净化装置）。

（3）试剂

丙酮（分析纯）、乙醇（分析纯）、皂液。

3. 任务难点的分析

正确进行质谱仪的调谐。

二、相关知识

1. 调谐

调谐就是调整离子源和四极杆参数等一系列质谱参数，来达到理想的信号强度和分辨率，使之符合特定的分析要求的过程。调谐包括设定离子源部件的参数（调离子化条件、传输效率），设定四极杆部件的参数（调质量轴及峰宽），设定电子倍增器电压（改变灵敏度）。

（1）调谐的目的

调谐的目的是调出质谱仪的最佳灵敏度。

（2）调谐的种类

调谐分为手动调谐和自动调谐。手动调谐需要操作者根据经验手动调整质谱参数，使质谱的灵敏度、峰宽、比例达到分析要求。自动调谐则不需要操作者参与，能够方便、快速对仪器参数进行调整，满足大多数分析要求。仪器自动调谐需要几分钟，并打出调谐报告（要求打印机联机）。选“快速调谐”按键后，仪器开始做快速调谐，但只调谐四极杆的参数及电子倍增器的电压。

2. 载气

采用氦气作为载气。氦气化学性质稳定，电离能为 24.6 eV，是所有气体中最高的，难以电离，不会因气流不稳影响色谱图基线。

3. 有关概念

（1）真空

真空指低于该地区大气压的稀薄气体状态。

（2）真空度

真空度指处于真空状态下的气体稀薄程度，通常用“真空度高”和“真空度低”来表示。

近年来，国际上取用帕（Pa）作为真空度的单位。

（3）流量

流量指单位时间内流过任意截面的气体量，符号用 Q 表示，单位为帕·升·秒$^{-1}$（$Pa \cdot L \cdot s^{-1}$）。

（4）流导

流导表示真空管道通过气体的能力，符号用 U 表示，单位为升·秒$^{-1}$（$L \cdot s^{-1}$）。在稳定状态下，管道流导等于管道流量除以管道两端压强差。

（5）极限真空

真空容器经充分抽气后，稳定在某一真空度，此真空度称为极限真空。

（6）抽气速率

在一定的压强和温度下，单位时间内由泵进气口处抽走的气体体积称为抽气速率，简称抽速，即 $S_p = Q/(p-p_0)$。

4. 气质联用仪的检漏

（1）确定漏气的方法

质谱真空可从压力和空气/水的背景图谱判断是否出现空气泄漏。一般情况下，仪器达到稳定状态，当柱流量为 1 mL·min^{-1} 时，真空规压力小于 1×10^{-3} Pa。若压力过大，则可能泄漏。*m/z* 18、*m/z* 28、*m/z* 32 和 *m/z* 44 是空气/水的特征峰。如果 *m/z* 28 的峰高远高于 *m/z* 18 的峰高，且与 *m/z* 32 峰高的比例符合空气中氮气和氧气的比例，则可以判断轻微泄漏；如果 *m/z* 28、*m/z* 32 两峰异常高，则漏气严重，此时要立即关闭灯丝电源，否则会造成灯丝烧断。

（2）检漏方法

1）气瓶及气体管线的检漏。以测漏液检查每个管线接点，特别注意气瓶头部分。每换一次气瓶，必须以测漏液全面检查气瓶及进气口接点，确保气瓶与进气管线没有漏气。

2）气相色谱部分的检查。气相色谱部分的空气泄漏通常发生在内部的载气管接头、隔垫定位螺母、柱螺母等位置。可用适量的丙酮涂抹上述位置，每次一个位置，依照离质谱仪部分由近及远的原则涂抹。在适当的时间后，观察背景图谱，若 *m/z* 58 和 *m/z* 43 处出现一个陡峭的、显著的攀升，说明在刚刚涂抹丙酮的位置存在空气泄漏。

3）质谱部分的检查。在质谱部分中查找空气泄漏的方法与气相色谱部分类似，在可能发生泄漏的位置涂抹丙酮，每次一个位置（从最近打开过的密封装置开始，这是最有可能发生泄漏的地方）。在涂抹完一个位置后，通过观察背景图谱的变化加以判断。

质谱部分比较容易出现空气泄漏的点在接口末端的色谱柱螺帽处，此处由于柱温箱温度反复变化，有可能松动。此外，在安装接口的毛细管柱时，螺帽不可以拧得太紧，否则容易把石墨垫圈压碎，造成漏气。一般情况下，用手拧紧，再用扳手拧 1/4 圈即可。

5. 气质联用仪的常用知识

（1）气质联用仪的数据表现形式

数据表现形式有总离子流色谱图（TIC）、质量色谱图（提取离子流色谱图）、质谱图。

（2）质量色谱图的用途

1）利用质量色谱法搜寻目标化合物，以快速鉴别化合物类型。

2）可以检查色谱峰的纯度，即利用化合物特征离子质量色谱保留时间的差异，分辨共流出的色谱峰。

3）质量色谱图比总离子流色谱图简洁，消除了背景干扰，而且信噪比更好。

（3）质谱的扫描技术

质谱有多种扫描模式，包括全扫描、正离子模式、负离子模式、子离子扫描、母离子扫描、中性丢失扫描、选择离子监测和多反应监测。

1）全扫描。全扫描可用于定性分析。全扫描是指对指定质量范围内的离子进行扫描并记录其质谱图，从而获得待测化合物的相对分子质量和结构信息，并通过谱库检索进行定性鉴别的方法。

对于未知物，全扫描可获得化合物的准分子离子，从而获得化合物的相对分子质量。对于二级质谱或多级质谱，全扫描可获得化合物的所有碎片离子。

2）正离子模式。正离子模式适用于分析碱性样品，以及含有仲胺和叔胺的样品。

3）负离子模式。负离子模式适用于分析酸性样品，以及含有强负电性基团的样品。

4）子离子扫描。子离子扫描是指 Q1① 锁定某一质量的母离子，输送到 Q2② 进行碰撞解离，产生的碎片用 Q3③ 进行全扫描，得到由母离子产生的子离子的质谱图。子离子扫描主要用于化合物的结构分析。

5）母离子扫描。母离子扫描是指扫描所有的母离子，进入碰撞室，发生碰撞解离，Q3 锁定某一特征子离子，得到母离子质谱图。母离子扫描主要用于筛选结构相似的化合物，常用于药物代谢研究。

6）中性丢失扫描。中性丢失扫描是指 Q1 扫描一定质量范围内的所有母离子，并输送到 Q2 进行诱导解离，Q3 对与 Q1 保持中性丢失碎片的恒定质量差子离子联动扫描，得到中性丢失所形成的子离子质谱图。中性丢失扫描主要用于鉴定和确认类型已知的化合物，也可帮助进行未知物架构的判定。

7）选择离子监测（SIM）。选择离子监测用作定量分析，只针对选定的单个离子或一系列单个离子进行监测。

选择离子监测只能对特定的离子进行检测，不能得到化合物全谱，因此不能用于未知物的定性分析，主要用于目标化合物和复杂混合物中杂质的定量分析。

8）多反应监测（MRM）。由 Q1 进行全扫描确定质量为 m_1 的母离子，在 Q2 碰撞发生诱导解离，在 Q3 做子离子扫描，从子离子谱中选择特征子离子 m_2，组成离子对实施多反应监测，只有同时满足 m_1 和 m_2 特征质量的离子才能被检测到。多反应监测主要用于目标化合物的定量分析，是灵敏度最高的质谱检测模式。

三、任务实施

任务实施部分以 M7 气质联用仪为例。

1. 确认设备状态

检查确认气质联用仪及其周边设备状态。

2. 调校气质联用仪

根据仪器使用说明书，完成仪器气路的检漏、毛细管柱的安装、微量注射器的操作及质谱系统的调谐。

四、任务测评

对调校气质联用仪任务进行评价，完成表 6-10。

---

① Q1 指第一重四极杆。
② Q2 指第二重四极杆。
③ Q3 指第三重四极杆。

表 6-10　　调校气质联用仪任务评价

<table>
<tr><th colspan="2">评价指标</th><th>评价要素</th><th>配分</th><th>得分</th></tr>
<tr><td rowspan="9">专业能力</td><td rowspan="3">调试</td><td>正确确认真空度</td><td>5</td><td></td></tr>
<tr><td>正确执行自动调谐和手动调谐</td><td>10</td><td></td></tr>
<tr><td>正确调节接口温度</td><td>10</td><td></td></tr>
<tr><td rowspan="4">分析条件选择</td><td>正确选择质谱线</td><td>10</td><td></td></tr>
<tr><td>正确选择毛细管柱温度及程序升温</td><td>10</td><td></td></tr>
<tr><td>正确选择质谱扫描方式</td><td>10</td><td></td></tr>
<tr><td>正确进行谱图识读</td><td>10</td><td></td></tr>
<tr><td rowspan="2">关机</td><td>测量完毕通氦气空烧</td><td>5</td><td></td></tr>
<tr><td>关机操作顺序正确，关机参数设置正确</td><td>10</td><td></td></tr>
<tr><td colspan="2" rowspan="8">通用能力和职业素养</td><td>不迟到，不早退，不旷课，不偷懒</td><td>2</td><td></td></tr>
<tr><td>主动与他人合作，通过讨论发现问题、分析问题、解决问题</td><td>3</td><td></td></tr>
<tr><td>能查阅资料进行自主学习</td><td>2</td><td></td></tr>
<tr><td>按时、按质完成工作任务</td><td>2</td><td></td></tr>
<tr><td>原始记录书写规范，如实填写，无涂改</td><td>2</td><td></td></tr>
<tr><td>实验过程穿戴工作服、电绝缘鞋、安全帽等劳动防护用品，严格遵循电气安全操作规程</td><td>3</td><td></td></tr>
<tr><td>实验场所始终保持整洁，仪器设备摆放有序，不乱扔、乱倒固体废弃物</td><td>3</td><td></td></tr>
<tr><td>实验结束后关闭电源，罩好仪器防尘罩，正确填写仪器使用记录</td><td>3</td><td></td></tr>
<tr><td colspan="3">合计</td><td>100</td><td></td></tr>
</table>

思考与练习

简答题

1. 质谱仪为什么要在分析前进行调谐操作？

2. 为什么采用氦气作为载气？

3. 气质联用仪如何进行检漏？

6.4 维护与保养气质联用仪

学习目标

1. 熟悉仪器常见故障、原因及排除方法。
2. 掌握气质联用仪的维护与保养。
3. 增强学生的环保意识。

思政小课堂-29

一生只做一事　为祖国献石油

王启民，男，1937年出生，浙江德清人，大庆油田原总经理助理、副总地质师。王启民是一代石油人的杰出代表，为“铁人精神”赋予了新的时代内涵，被誉为“新时期铁人”。

王启民凭着“宁肯把心血熬干，也要让油田稳产再高产”的韧劲，先后主持参与8项重大开发试验项目、40多项科研攻关课题和大庆油田“七五”“八五”“九五”开发规划编制研究等工作，获得国家科学技术进步奖特等奖等19项奖励，创造了巨大的经济效益，其中“表外储层”开发研究为大庆油田增加7.4亿吨地质储量，超高分子量聚合物驱新技术实现经济效益近3亿元。

王启民说：“我这辈子只做了一件事，就是研究怎么开发好大庆油田。”他获得李四光地质科学奖野外地质工作者奖、100位新中国成立以来感动中国人物、改革先锋、人民楷模荣誉称号。

思政目标：培养学生爱国奉献精神。

思考：你如何理解王启民“一生只做一事”？

一、任务分析

1. 任务流程的确定

维护与保养气质联用仪任务流程如图 6-10 所示。

图 6-10 维护与保养气质联用仪任务流程

2. 任务实施的准备

（1）仪器相关文件

对应品牌的仪器使用说明书、仪器维护与保养手册。

（2）仪器

1）气质联用仪。

2）石英毛细管柱。

3）微量注射器（10 μL）和注射器（5 mL）。

4）氦气气瓶及其净化装置。

5）切割工具。

6）电器维修设备及工具。

（3）试剂

肥皂水、乙醇（分析纯）、异丙醇（分析纯）、丙酮（分析纯）、超纯水。

3. 任务难点的分析

正确净化泵油。

二、相关知识

1. 维护与保养前的工作

1）确保气质联用仪完全关机。

2）确认所有加热区域回到室温或戴上保护手套后，才可以触摸加热区域，防止烫伤。

3）禁止触摸任何线路板，以免静电释放损坏气质联用仪的电子设备。如果必须触摸这些线路板，请做好接地操作（如佩戴接地腕带）以及采取防静电措施。

4）针对不同部件，做好相应的维护工作安排。气相色谱部分的维护可参考模块 4，质谱部分的维护如下：

①做好标准谱图调谐，保留报告，方便对照；检查真空泵泵油液位和状态，及时更换或添加；净化真空泵泵油，开启气镇阀。以上内容每周进行 1 次。

②每 6 个月更换真空泵泵油。

③按需清洁离子源、散热风扇、仪器外壳，按需添加标样瓶的标样，按需更换气

体净化装置和灯丝。

2. 清洁仪器外观

定期清洁仪器外壳以保持良好的外观。建议使用无尘纸，也可用湿的软布来清洁，必要时可蘸中性肥皂水擦拭。

无尘纸的优点：超低粉尘，质地纯净，高效吸水，不会刮花仪器外壳。

需要注意的是，不要使用乙醇等化学试剂清洁仪器表面。

3. 更换气体净化装置

气体净化装置应及时更换。若脱氧管使用时间过长，吸附的氧气会随着载气进入仪器，导致 m/z 32 的谱线丰度过大。脱氧管通常会用氮气进行饱和，安装时，必须用氦气将脱氧管内和管线里的氮气吹扫干净，再接至仪器上。

4. 更换气瓶

气质联用仪常用的载气为氦气，氦气比较轻，会从气瓶中先跑出来，导致余气中有较多杂质。当氦气气瓶余压在 2 MPa 左右时，应更换气瓶。

更换气瓶的步骤如下：

1）把气相色谱部分所有的温度包括进样口、柱温箱、接口温度设为“off”（关闭该流路的气路）。

2）待温度下降到 50 ℃以下后，关闭载气，避免在没有载气的条件下过高的温度将色谱柱烧坏。

3）关闭载气后，关闭气瓶上的总阀门，拧松减压阀。

4）换好气后，打开气瓶总阀门，顺时针拧紧减压阀至 0.4 MPa 左右。

5）把气相色谱仪面板上的载气打开，并保持约 10 min，升高气相的各项温度。

更换气瓶时的注意事项如下：

1）更换气瓶时最好先备好备用气，拆下后马上更换。应用纸巾擦拭干净气瓶头后，再安装。

2）确保减压阀低压输出阀门处于关闭状态后，再开启气瓶总阀门，调节减压阀低压输出压力至所需大小。使用气瓶时应保持气瓶直立，严防太阳直射。关闭气瓶时应先关闭气瓶总阀门，再关闭减压阀低压输出阀门。

5. 维护前级真空泵

应定期检查机械泵泵油的液位和油的状态。可以在机械泵运转时检查油位，油位应在玻璃油位指示最高位与最低位之间。如果低于最低水平，应添加泵油。

（1）添加泵油步骤

1）完全关闭气质联用仪，并断开机械泵与电源的连接。

2）取下加油口塞子。

3）加入附带的泵油到玻璃油位指示最高位与最低位之间一半处。建议用漏斗帮助加油。

4）如果加油超过了最高油位线，可以取下排油口塞子，从泵中排出过量的油。

5）重新装上加油口塞子。

6）接通气质联用仪电源。

7）气质联用仪开机。

需要注意的是，如果更换其他型号的泵，要使用匹配的泵油。

（2）净化泵油步骤

在日常运转过程中，油蒸气的冷凝物会在泵油中累积。这些冷凝物会使泵的效率下降并缩短泵油的使用寿命。每周对泵油进行一次净化处理，可以使泵油恢复一定活力。该净化过程不需要中断系统运行，但不要在质谱仪进行数据采集或在灯丝、电子倍增器打开时进行。

净化处理步骤如下：

1）接排风管道到泵的上方，另一端连接到实验室排风口处。

2）在机械泵运转的状况下，将泵上的气镇阀逆时针转动到打开位置，泵开始发出“咯咯”的声响，并排出气态油。

3）2 min 后，关闭气镇阀，移开排风管道。

（3）更换机械泵油

为保障仪器性能，延长机械泵的寿命，当油变黏稠、黑暗或者有燃烧味道时，就需要更换泵油。一般至少每 6 个月更换一次。更换泵油应当在泵油还处于温热状态时进行，但不要在泵停止运转时立即进行（等几分种），应使泵冷却到一定程度，并采取适当防范措施。

6. 气质联用仪的进阶维护

（1）质谱仪真空泄漏的判断

1）真空泄漏的症状分严重和轻微两种。

①泄漏情况严重：开机几分钟后机械泵排气的声音仍不消失；涡轮分子泵启动 5 min 后，真空系统关闭。

②泄漏情况轻微：机械泵和涡轮分子泵工作正常，可从“峰监控”窗口观察到；监控 m/z 18（H_2O）和 m/z 28（N_2）的情况，并比较 m/z 18 和 m/z 28 的峰高，若 m/z 18 峰高小于 m/z 28 峰高，则表示质谱仪发生不同程度的泄漏。

2）真空泄漏的检查。监控 m/z 18、m/z 28 和石油醚的特征离子 m/z 43。将石油醚涂在易泄漏的部位，监控特征离子 m/z 43 的强度。如果特征离子 m/z 43 的强度增加，说明该部位泄漏。

需要注意的是，石油醚禁止接触电路板。

（2）质谱仪标样用完后的处理

每 6 个月检查一次标样的液面。若标样用完，应将质谱仪拆开，添加全氟三丁胺（PFTBA）。

质谱仪的标样如图 6-11 所示。

图 6-11　质谱仪的标样

（3）离子源的清洗

1）需要清洗离子源的情况如下：

①分析结果重现性差。

②不能自动调谐。

③调谐报告出现灵敏度低、噪声大、高质量数（*m/z* 512、*m/z* 614）强度降低、检测器电压增高的情况。

2）清洗方法。将离子源从质谱仪上拆下，将离子源盒放在洁净的布或纸上，取下离子源杆，分开推斥极和离子源盒，拆开推斥极，分拆各个部件，用专用清洁布擦洗离子源盒和推斥极，将各部件放入洁净的烧杯中，加入丙酮（优级纯），将烧杯放入超声波清洗仪进行超声清洗；将离子源盒和推斥极放入马弗炉中，400 ℃加热 1 h，然后重新组装。

7. 仪器常见故障现象及其原因、排除方法

气质联用仪常见故障现象及其原因、排除方法见表 6-11。

表 6-11　气质联用仪常见故障现象及其原因、排除方法

常见故障	原因	排除方法
调谐参数改变时，仪器响应不明显	离子源短路或电路未接通	取下离子源，用万用表测量各部件间的电路连接是否正常

续表

常见故障	原因	排除方法
调谐参数改变时，调谐峰强度变化滞后	离子源被污染	依次用甲醇、丙酮超声清洗离子源 15 min
	预四级杆被污染	依次用甲醇、丙酮超声清洗预四级杆 15 min
	离子源部件未安装到位，电路未接通	将离子源拆下，重新安装
调谐质谱仪时，需要过高的离子能量和推斥电压	离子源、预四级杆、四级杆被污染	依次用甲醇、丙酮超声清洗离子源、预四级杆、四级杆 15 min
	质谱仪调谐未达到最佳状态	重新调谐质谱仪
调谐峰的形状不好	质谱仪调谐未达到最佳状态	重新调谐质谱仪
	离子源被污染	依次用甲醇、丙酮超声清洗离子源 15 min
	分析器有缺陷或损坏	检查分析器是否有缺陷或损坏

三、任务实施

任务实施部分以 M7 气相色谱仪为例。

1. 确认设备状态

检查确认气质联用仪及周边设备状态。

2. 维护与保养气质联用仪

（1）仪器表面的维护

根据实际情况，对仪器表面进行维护，保障仪器表面干净、无尘。

（2）气相色谱系统维护与保养

1）更换自动进样器的洗液，定期更换洗液瓶上的橡胶垫，避免垫片碎屑影响测试。

2）定期更换进样隔垫。

3）玻璃衬管的更换和维护与保养。干净的衬管可进样次数为 500 次，根据实际测试样品数量，应定期更换衬管。

4）色谱柱的老化。

5）氦气气瓶的更换。

6）气体净化装置的更换。

（3）机械真空泵的维护与保养

（4）质谱系统维护与保养

1）检测水峰、空气峰（确定仪器是否漏气）。

2）清洗离子源和透镜组（根据调谐电压及测试结果判断是否需要清洗离子源）。

3）机械泵泵油的更换（判断泵油是否需要更换）。

四、任务测评

对维护与保养气质联用仪任务进行评价，完成表6-12。

表6-12　　维护与保养气质联用仪任务评价

评价指标		评价要素	配分	得分
专业能力	仪器主要故障判断	能够判断仪器是否存在故障	10	
		能够分析仪器故障（问题）原因	10	
		能够确定故障（问题）排除方法	10	
	仪器维护与保养措施	仪器维护与保养措施选择得当	10	
		仪器维护与保养操作规范，没有造成仪器二次损坏	10	
		进样隔垫的更换	10	
		色谱柱的老化	10	
		机械泵泵油的更换	10	
通用能力和职业素养		不迟到，不早退，不旷课，不偷懒	2	
		主动与他人合作，通过讨论发现问题、分析问题、解决问题	3	
		能查阅资料进行自主学习	2	
		按时、按质完成工作任务	2	
		原始记录书写规范，如实填写，无涂改	2	
		实验中穿戴工作服、电绝缘鞋、安全帽等劳动防护用品，严格遵循电气安全操作规程	3	
		实验场所始终保持整洁，仪器设备摆放有序，不乱扔、乱倒固体废弃物	3	
		实验结束后关闭电源，罩好仪器防尘罩，正确填写仪器使用记录	3	
合计			100	

思考与练习

简答题

1. 为何禁止触摸任何线路板？

2. 简述如何清洁仪器外观。

3. 简述真空泄漏的症状。

4. 简述如何进行真空检漏。

5. 简述如何清洗离子源。

6.5 气质联用仪的应用

——水中硝基酚类化合物的测定

学习目标

1. 了解相关检测标准的内容。
2. 熟悉所需的仪器和试剂。
3. 能根据国家标准制定检测方案。
4. 掌握快速查找检测项目的国家标准的技能。
5. 掌握实验室“7S”管理操作。
6. 培养精益求精的工匠精神。
7. 健全水质安全的法治意识。

思政小课堂-30

追求真理　实践检验

梁树权（1912 年 9 月 17 日—2006 年 12 月 9 日），中国第一批科学院院士、著名分析化学家和教育家。20 世纪 30 年代，梁树权以化学法测定铁的相对原子质量，所测得的数值被国际原子量委员会采纳，并得到长期沿用。自 1938 年起，梁树权从事科研与教育工作，曾系统研究稀土与稀有元素的分析化学，为包头钢铁厂的设计提供了分析数据。他还热心于审定化学名词与编辑化学刊物等工作，并培养了大批专业人才。

梁树权重视实践多于理论。他认为，没有实践证明，理论总归是空的。当然理论也不可少，但应来自实践。他孜孜以求、精益求精，致力于分析化学领域，不断开拓创新，以实际行动来证明实践是检验真理的唯一标准。

梁树权几十年如一日地从事科学研究，运用马克思主义世界观和方法论，为我国科学与教育事业的发展和振兴，尤其是我国分析化学的开拓和发展做出了重大贡献。他著、译、校订书籍10余种，在国内外刊物上发表学术论文130余篇。

思政目标：学生初步掌握马克思主义世界观和方法论。

思考：梁树权如何看待理论与实践的关系？

一、任务引入

某自来水厂委托检测技术有限公司检测河水中硝基酚含量是否合格。检测技术有限公司检测部门根据业务部所提需求，将该检测任务分解，要求工作过程符合“7S”规范，检测过程符合环境标准《水质　硝基酚类化合物的测定　气相色谱-质谱法》（HJ 1150—2020）。

检测委托服务登记见表6-13。

表6-13　　检测技术有限公司检测委托服务登记

<table>
<tr><td rowspan="5">委托方信息</td><td>委托方</td><td colspan="7">自来水厂</td></tr>
<tr><td>*报告抬头</td><td colspan="7">□与委托方相同　□其他________</td></tr>
<tr><td>联系电话</td><td colspan="2"></td><td>电子邮箱</td><td colspan="2"></td><td>联系人</td><td></td></tr>
<tr><td>联系地址</td><td colspan="2"></td><td>传真</td><td colspan="2"></td><td>邮政编码</td><td></td></tr>
<tr><td>快递地址</td><td colspan="7">□与联系地址相同　□其他________</td></tr>
<tr><td rowspan="5">样品信息</td><td>*样品名称</td><td>河水</td><td>*样品批号</td><td>01</td><td>样品个数</td><td>1</td><td>样品量</td><td>1 000 mL</td></tr>
<tr><td>样品类别</td><td colspan="7">□食品　□保健品　□环境类　□医药及相关产品　□饮用水
□饲料及相关产品　□化工产品　□化学试剂　□肥料类　□农药类
□日化产品　□金属材料　□其他________</td></tr>
<tr><td>样品性状</td><td colspan="5">□颗粒　□粉末　□块状　□片状　□棒状
□液体　□乳状液　□黏稠液　□气体　□胶囊
□其他__________</td><td>样品来源</td><td>□送检
□委托采样</td></tr>
<tr><td>样品保存</td><td colspan="3">□常规　□避光　□低温（　　℃）</td><td>余样处理</td><td colspan="3">□由委托方取回（寄回）
□由服务方处理</td></tr>
<tr><td>危险性</td><td colspan="7">□无　□未知　□易燃　□易爆　□刺激性气味
□氧化性　□毒性　□感染性　□放射性　□腐蚀性　□磁性　□其他</td></tr>
<tr><td>委托要求</td><td colspan="8">按《水质　硝基酚类化合物的测定　气相色谱-质谱法》（HJ 1150—2020）的测试方法</td></tr>
</table>

续表

服务要求	测试方法	□服务方决定 □委托方指定（请在委托要求栏详细列出）
	判定标准	□不判定 □判定（委托方指定） □判定（产品）标准：________
	服务时限	□标准时间（5 个工作日） □协议时间（ 个工作日） □3 个工作日（加收 50%） □2 个工作日（加收 80%） □1 个工作日（加收 100%）
	报告格式	□中文 □英文（加收 50 元） □中英文对照（加收 50 元） □附照片（每张加收 50 元） □副本（每份 20 元）
	报告类别	□非认证认可报告 □认证认可报告 □认证报告 □认可报告（含非认可项目）
	报告发送	□纸质版报告（□委托方自取 □快递） □电子版报告
	其他	
服务费用		□测试费______元 □其他费用______元
付费方式		□现场付费（现金、支票、刷卡） □银行汇款 □定期结算 □从预付款中抵扣 □预交费________元
备注		①委托方提供的样品及信息的准确性、真实性和完整性由委托方确认，本公司不承担证实的责任。 ②非认证报告不具有社会证明作用，仅供委托方内部使用

二、任务分析

1. 任务流程的确定

气质联用仪的应用任务流程如图 6-12 所示。

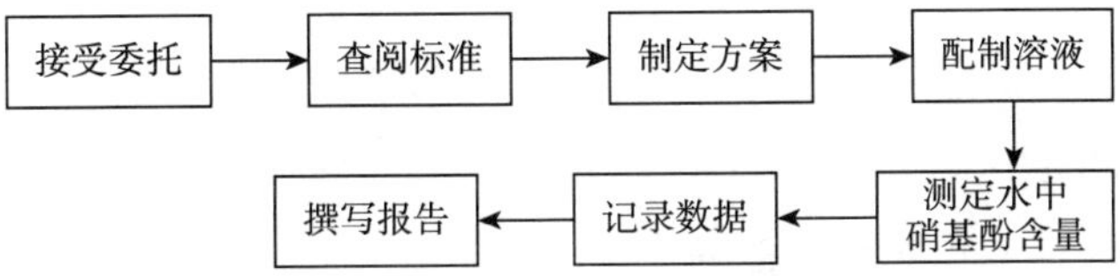

图 6-12 气质联用仪的应用任务流程

2. 任务实施的准备

（1）相关国家标准

《水质 硝基酚类化合物的测定 气相色谱-质谱法》（HJ 1150—2020）。

（2）仪器相关文件

对应品牌气质联用仪的使用说明书或者操作规程。

（3）仪器

1）气质联用仪。气相色谱具有分流/不分流进样口，柱温箱可程序升温。色谱柱长 30 m，内径为 0.25 mm，膜厚为 0.25 μm，固定相为 5%苯基-95%甲基聚硅氧烷的毛细管柱，或其他等效毛细管柱。质谱具有 70 eV 的 EI 源。

2）固相萃取装置：柱固相萃取装置、圆盘固相萃取装置。

3）浓缩装置：氮吹浓缩仪、旋转蒸发仪或其他同等性能的设备。

（4）试剂

非特别指定时，均使用符合国家标准的分析纯试剂，实验用水为不含目标化合物的蒸馏水或通过纯水设备制备的水。

1）二氯甲烷（CH_2Cl_2）：农残级。

2）丙酮（CH_3COCH_3）：农残级。

3）甲醇（CH_3OH）：农残级。

4）盐酸（HCl）：$\rho(HCl) = 1.18\ g \cdot mL^{-1}$。

5）氢氧化钠（NaOH）。

6）无水硫酸钠（Na_2SO_4）。

7）氯化钠（NaCl）。

8）标准物质：2-硝基酚、3-甲基-2-硝基酚、4-甲基-2-硝基酚、5-甲基-2-硝基酚、2，5-二硝基酚、3-硝基酚、2，4-二硝基酚、4-硝基酚、2，6-二硝基酚、3-甲基-4-硝基酚、6-甲基-2，4-二硝基酚和 2，6-二甲基-4-硝基酚，纯度≥99%。

9）滤膜：0.45 μm 聚四氟乙烯滤膜。

10）载气：氦气（纯度≥99.999%）、氮气（纯度≥99.99%）。

3. 任务重点、难点的分析

任务重点：硝基酚的测定及定量分析。

任务难点：气质联用仪规范操作、分析方法的建立和优化。

三、相关知识

1. 硝基酚的气质联用法测定原理

样品经酸碱分配净化后，在酸性条件下（pH 值为 1~2），采用液液萃取法或者固相萃取法提取硝基酚类化合物，萃取液经脱水、浓缩、定容后用气相色谱分离，质谱检测。根据保留时间、碎片离子质荷比及丰度比定性，内标法定量。

安全提示如下：

1）该方法所使用的强酸具有腐蚀性，使用时避免吸入或接触皮肤，溅到身上应立即用大量水冲洗，严重时应立即就医。

2）实验中使用的有机试剂具有强挥发性和毒性，对人体健康有害且易燃，操作时应在通风橱中进行，防止与明火接触，并按规定要求佩戴劳动防护用品。不慎吸入有机试剂后，应迅速撤离现场至空气新鲜处，严重时应立即就医。

3）实验中使用的标准物质为有毒有害物质，试剂配制和样品前处理过程应在通风橱内进行；操作时应按要求佩戴劳动防护用品，避免接触皮肤和衣物。

2. 样品的制备和处理

（1）样品采集和保存

按照《水质　湖泊和水库采样技术指导》（GB/T 14581—1993）、《污水监测技术规范》（HJ 91. 1—2019）、《地表水环境质量监测技术规范》（HJ 91. 2—2022）、《地下水环境监测技术规范》（HJ 164—2020）的相关规定进行样品的采集。采集样品时，不能用样品预洗样品瓶。样品采集后，加入盐酸溶液调节 pH 值≤2。样品应充满样品瓶并加盖密封，4 ℃以下冷藏避光保存。样品采集完毕后应尽快分析。

（2）样品的酸碱分配净化

将样品摇匀，量取 1 000 mL，用氢氧化钠溶液调节 pH 值≥12，置于分液漏斗中，加入 60 mL 二氯甲烷，振摇萃取 10 min，待静置分层后，弃去有机相。用盐酸溶液调节 pH 值至 1～2，待萃取。

（3）样品的柱固相萃取

将固相萃取柱固定在固相萃取装置上，依次用 5 mL 二氯甲烷、5 mL 甲醇和 10 mL 盐酸溶液活化固相萃取柱，保持柱头湿润。将酸碱分配净化后的样品以 3～5 mL · min^{-1} 的流量通过固相萃取柱富集后，继续真空抽吸直至小柱完全干燥。用 10 mL 二氯甲烷以 1～2 mL · min^{-1} 的流量洗脱，用浓缩管接收洗脱液。

（4）浓缩

在室温条件下，将萃取液用氮吹浓缩仪浓缩至 0. 5～0. 8 mL，加入 10 μL 内标标准使用溶液，用二氯甲烷定容至 1. 0 mL，转移至进样瓶中，待测。

（5）空白试样的制备

用纯水代替样品，按照与样品的制备相同的步骤进行实验室空白试样的制备。

3. 仪器性能检查

在样品分析之前，使用十氟三苯基膦使用溶液进行仪器性能检查。进样量：1. 0 μL；数据采集方式：全扫描，扫描范围为 45～500 amu。其他分析条件参考仪器分析条件。所得质量离子的丰度应满足表 6-14 的要求。十氟三苯基膦（DFTPP）关键离子及离子丰度标准见表 6-14。

表 6-14　十氟三苯基膦（DFTPP）关键离子及离子丰度标准表

质荷比（m/z）	丰度标准	质荷比（m/z）	丰度标准
51	198 峰（基峰）的 30%～60%	199	198 峰的 5%～9%
68	小于 69 峰的 2%	275	198 峰的 10%～30%
70	小于 69 峰的 2%	365	大于 198 峰的 1%
127	198 峰的 40%～60%	441	存在且小于 443 峰
197	小于 198 峰的 1%	442	基峰或大于 198 峰的 40%
198	基峰，丰度 100%	443	442 峰的 17%～23%

4. 萃取法的种类

萃取法是利用化合物在两种互不相溶（或微溶）的溶剂中溶解度或分配系数不同，使化合物从一种溶剂内转移到另外一种溶剂中。

（1）液液萃取法

液液萃取法是分离均相液体混合物的单元操作之一，利用液体混合物中各组分在某溶剂中溶解度的差异，达到混合物分离的目的。

例如，采用苯为溶剂，从煤焦油中分离酚。实验室中，常用分液漏斗等玻璃仪器进行液液萃取。

梨形分液漏斗如图 6-13 所示。

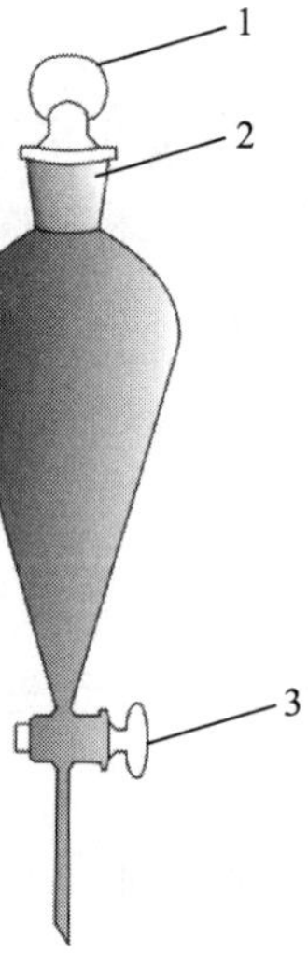

图 6-13　梨形分液漏斗

1—顶塞　2—磨砂瓶口　3—活塞

（2）固相萃取法

固相萃取（简称 SPE）是一种样品前处理技术。它通过固体吸附剂的选择性吸附和洗脱将液体样品（固体样品也可制成液体样品）中的目标化合物与干扰化合物分离，以达到富集、分离净化样品的目的。

在固相萃取过程中，吸附剂对目标化合物的吸附力大于样品母液，当样品通过固相萃取柱时，目标化合物被吸附在固相萃取柱的固体表面，其他组分则随样品母液通过固相萃取柱，之后再用合适的溶剂将目标化合物洗脱并收集，最后送入仪器进行色谱分析。

常见的固相萃取柱大多是以聚丙烯（PP）为材料的注射针筒型装置，该装置内装有 2 片以聚乙烯（PE）或玻璃纤维为材料的塞片，2 个塞片中间装填有一定量的色谱吸附剂（填料）。固相萃取柱上端敞开，下端为出液口，液体经过吸附剂后从出口排出。

固相萃取装置如图 6-14 所示。

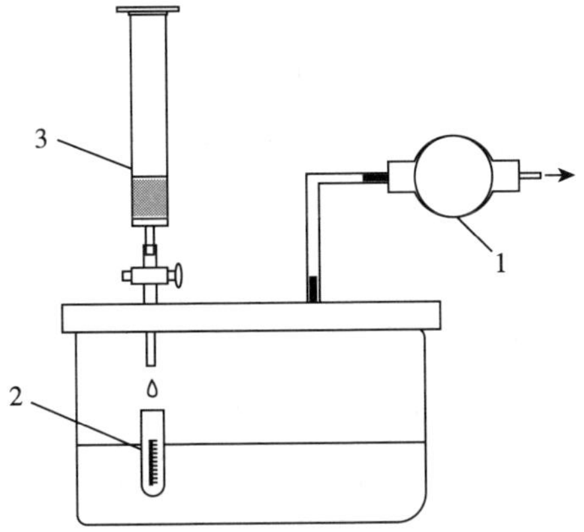

图 6-14　固相萃取装置

1—真空泵　2—盛液管　3—固相萃取柱

5. 氮吹仪

（1）应用范围

氮吹仪广泛应用于农残分析、食品、环境、制药、生物制品等行业。

（2）工作原理

氮吹仪的原理是将氮气吹入加热样品的表面进行样品浓缩。将氮气吹入样品，加强周围的空气流动，氮气的快速流动打破液体上空的气液平衡，从而使液体挥发速度加快，通过干式加热或水浴加热方式升高温度（目标物的沸点一般比溶剂的要高一些），以达到样品无氧浓缩的目的，保持样品更纯净。

氮气是化学性质稳定的气体，能起到隔绝空气的作用，防止样品被氧化。氮吹仪可代替旋转蒸发仪进行浓缩，能同时浓缩几十个样品，使样品制备时间大为缩短，并且具有省时、易操作、快捷的特点。

氮吹仪如图 6-15 所示。

（3）氮吹仪与旋转蒸发仪的对比

旋转蒸发仪在溶剂沸腾时可能会造成样品损失，而氮吹仪在浓缩时准确、灵敏并可避免样品损失；氮吹仪可以一次性处理多个样品，在多水平以及多因素的重复试验中更可凸显其优势；氮吹仪在实验中无须长时间的维护，可节省人力；实验操作简捷、灵活，可以随时随地调节浓缩的进程。

图 6-15　氮吹仪

四、任务实施

1. 接受委托

按照委托方要求，填写委托单和样品接收单。

2. 查阅标准

1）仔细阅读《水质　硝基酚类化合物的测定　气相色谱-质谱法》（HJ 1150—2020），检查所需的各种仪器是否齐全，试剂种类、纯度、数量是否满足要求，实验室提供的纯水等级是否满足要求。

2）查找该任务实施过程中可能存在的事故隐患，并提出预防与防护措施。

解读检测标准原始记录见表 6-15。

表 6-15　解读检测标准原始记录

项目	项目内容		
一、委托内容分析			
样品名称			
检测项目			
检验标准			
样品存放条件			
完成时间			
二、质量标准内容			
记录标准编号			
方法工作原理			
检出限		定量限	
适用范围			
检测对象名称		检测对象结构式	
样品处理方法			

续表

项目	项目内容			
三、仪器确认清单				
仪器全称				
仪器配置				
仪器检定日期				
四、实验试剂确认清单				
试剂名称	CAS号	纯度/规格	生产厂家	有效期

3. 制定方案

小组合作制定河水中硝基酚含量的测定方案，讨论后填写表6-16。

表6-16　　河水中硝基酚含量的测定方案

方案编码		方案制定时间	
负责部门		方案制定人	
小组成员			
分析项目		任务依据	
分析方法		定量方法	
完成工时		测定地点	
一、绘制河水中硝基酚含量测定实验操作流程图			
二、确定分工合作计划			
方案制定人		复核人	

4. 配制溶液

（1）标准溶液的配制

1）标准储备溶液：$\rho = 1\ 000\ \mathrm{mg \cdot L^{-1}}$。

分别称取硝基酚类化合物标准物质各50 mg（精确至0.1 mg），用少量甲醇溶解，转移至50 mL棕色容量瓶中，用二氯甲烷稀释定容至刻度，混匀。该标准溶液在-10 ℃以下冷冻避光，可保存半年。

2）标准使用溶液：$\rho=200\ mg\cdot L^{-1}$。

用二氯甲烷稀释标准储备溶液，4 ℃下避光密闭冷藏，可保存 2 个月。

3）内标储备溶液：$\rho=2\ 000\ mg\cdot L^{-1}$。

选用萘-d_8、苊-d_{10} 作为硝基酚类化合物内标。

4）内标使用溶液：$\rho=500\ mg\cdot L^{-1}$。

用二氯甲烷稀释内标储备溶液。

5）十氟三苯基膦溶液（用于进行质谱仪性能检查）：$\rho=1\ 000\ mg\cdot L^{-1}$。

6）十氟三苯基膦使用溶液：$\rho=50\ mg\cdot L^{-1}$。

用二氯甲烷稀释十氟三苯基膦溶液。

7）标准系列溶液。分别取适量的硝基酚类化合物标准使用溶液于进样瓶中，加入 10 μL 内标使用溶液，用二氯甲烷定容至 1.0 mL。

配制至少 5 个浓度点的标准系列，硝基酚类化合物的质量浓度分别为 $2.0\ mg\cdot L^{-1}$、$5.0\ mg\cdot L^{-1}$、$10.0\ mg\cdot L^{-1}$、$20.0\ mg\cdot L^{-1}$、$50.0\ mg\cdot L^{-1}$、$80.0\ mg\cdot L^{-1}$（此为参考浓度），内标浓度均为 5.0 mg/L。

（2）样品溶液的配制

上述经过制备的样品溶液可以直接过滤后进样。

5. 测定水中硝基酚含量

（1）分析方法

1）色谱参考条件。进样口温度：220 ℃，不分流进样。柱流量：$1.0\ mL\cdot min^{-1}$。程序升温：50 ℃（保持 5 min），以 $8\ ℃\cdot min^{-1}$ 升至 250 ℃（保持 4 min）。

2）质谱参考条件。离子源温度：230 ℃。接口温度：260 ℃。电压：70 eV。其他条件参照仪器使用说明书要求。数据采集方式：选择离子扫描（SIM）。溶剂延迟时间：4 min。

3）关机及“7S”管理如下：

①在气质联用仪工作站软件中，设置关机方法（设置柱温箱温度为 30 ℃，汽化室温度为 50 ℃，接口温度为 50 ℃，离子源温度为 50 ℃）并下载运行。

②待离子源和接口温度降至 100 ℃以下后，通过软件关闭涡轮分子泵，约 30 min 后涡轮分子泵完全停止运行；等待进样口温度降至 50 ℃和柱温箱温度降至 30 ℃以下。

③退出气质联用仪工作站软件，关闭气相色谱仪；关闭气相色谱仪和质谱仪电源；关闭载气总阀；确保涡轮分子泵完全停止后，关闭泵电源；拨下气相色谱仪和质谱仪电源线。

④放空：卸下与泵相连的真空软管，使空气进入仪器。

⑤按照实验室“7S”管理要求，填写仪器使用记录。

（2）绘制校准曲线

按照仪器参考分析条件，从低浓度到高浓度依次对标准系列溶液进样分析。记录各目标化合物的保留时间和定量离子质谱峰的峰面积。

以目标化合物的质量浓度（$mg \cdot L^{-1}$）为横坐标，以其对应的峰面积与内标物峰面积的比值和内标浓度的乘积为纵坐标，绘制校准曲线，曲线相关系数应≥0. 995 0。

（3）水样的测定

按照与绘制校准曲线相同的仪器条件进行样品的测定。按照与样品测定相同的仪器条件进行空白试样的测定。

6. 分析结果的计算

（1）考虑相对响应因子

若用平均相对响应因子计算样品中目标化合物的质量浓度 ρ_x，按照式（6-1）进行计算：

$$\rho_x = \frac{V_2 \times A_x \times \rho_{is}}{V_1 \times A_{is} \times f} \tag{6-1}$$

式中 ρ_x——样品中目标化合物 x 的质量浓度，$\mu g \cdot L^{-1}$；

V_2——样品定容体积，mL；

A_x——目标化合物 x 定量离子的峰面积；

ρ_{is}——内标化合物质量浓度，$\mu g \cdot L^{-1}$；

V_1——取样体积，mL；

A_{is}——内标化合物定量离子的峰面积；

f——目标化合物的平均相对响应因子，无量纲。

（2）用校准曲线计算

样品中目标化合物的质量浓度 ρ_x，按照式（6-2）进行计算：

$$\rho_x = \frac{\rho_{ix} \times V_2 \times 1\ 000}{V_1} \times D \tag{6-2}$$

式中 ρ_x——样品中目标化合物 x 的质量浓度，$\mu g \cdot L^{-1}$；

ρ_{ix}——由标准曲线得到的试样中目标化合物 x 的质量浓度，$mg \cdot L^{-1}$；

V_2——试样定容体积，mL；

V_1——取样体积，mL；

D——稀释倍数。

需要注意的是，测定结果小数位数的保留与方法检出限一致，最多保留 3 位有效数字。

（3）质保与质控

1）空白试验。每 20 个样品或每批次（≤20 个/批）至少做 1 个空白试验，测定结果应低于方法检出限。

2）校准。标准系列至少需 5 个浓度，目标化合物相对响应因子的相对标准偏差应≤20%，或校准曲线相关系数≥0.995 0。每 20 个样品或每批次（≤20 个/批）应测定一个标准系列中间浓度点，其测定结果与标准系列该点浓度的相对误差应在±20%以内。

3）平行样测定。每 20 个样品或每批次（≤20 个/批）应至少测定 1 个平行样，平行样测定结果的相对偏差应≤25%。

4）基体加标回收率测定。每 20 个样品或每批次（≤20 个/批）应至少测定 1 个基体加标样品，基体加标回收率应在 65%~110%。

5）废物处理。实验中产生的废液和废物应分类收集，统一保管，并做好相应标识，依法委托有资质的单位进行处理。

数据记录与处理见表 6-17。

表 6-17 数据记录与处理

项目	项目内容		
一、样品信息			
样品名称		样品编号	
检测项目		检测日期	
检验标准		判定依据	
实验室相对温度/℃		实验室相对湿度/%	
样品存放条件			
检验设备编号			
标准物质编号			
完成时间			
二、分析方法			
载气流量/（mL·min^{-1}）		分流比	
尾吹气流量/（mL·min^{-1}）		进样口温度/℃	
程序升温/℃			
接口温度/℃		离子源温度/℃	
电压/V		数据采集方式	
溶剂延迟时间/min			

续表

<table>
<tr><th colspan="2">项目</th><th colspan="12">项目内容</th></tr>
<tr><td colspan="14">三、标准溶液配制</td></tr>
<tr><td colspan="2">溶液配制方法</td><td colspan="12"></td></tr>
<tr><td colspan="14">四、定性分析</td></tr>
<tr><td colspan="2">测定结果</td><td colspan="3">t_M/min</td><td colspan="3">t_R/min</td><td colspan="3">t'_R/min</td><td colspan="3">定性结论</td></tr>
<tr><td rowspan="3">标准溶液</td><td>2-硝基酚</td><td colspan="3"></td><td colspan="3"></td><td colspan="3"></td><td colspan="3"></td></tr>
<tr><td>萘-d_8（内标 1）</td><td colspan="3"></td><td colspan="3"></td><td colspan="3"></td><td colspan="3"></td></tr>
<tr><td>5-甲基-2-硝基酚</td><td colspan="3"></td><td colspan="3"></td><td colspan="3"></td><td colspan="3"></td></tr>
<tr><td rowspan="3">样品溶液</td><td>色谱峰 1</td><td colspan="3"></td><td colspan="3"></td><td colspan="3"></td><td colspan="3"></td></tr>
<tr><td>色谱峰 2</td><td colspan="3"></td><td colspan="3"></td><td colspan="3"></td><td colspan="3"></td></tr>
<tr><td>色谱峰 3</td><td colspan="3"></td><td colspan="3"></td><td colspan="3"></td><td colspan="3"></td></tr>
<tr><td colspan="14">五、定量分析</td></tr>
<tr><td colspan="2">组分名称</td><td colspan="4">2-硝基酚</td><td colspan="4">萘-d_8（内标 1）</td><td colspan="4">5-甲基-2-硝基酚</td></tr>
<tr><td rowspan="3">峰面积 A/（μV·s）</td><td>1</td><td colspan="4"></td><td colspan="4"></td><td colspan="4"></td></tr>
<tr><td>2</td><td colspan="4"></td><td colspan="4"></td><td colspan="4"></td></tr>
<tr><td>3</td><td colspan="4"></td><td colspan="4"></td><td colspan="4"></td></tr>
<tr><td rowspan="3">质量浓度（$\mu g \cdot L^{-1}$）</td><td>1</td><td colspan="4"></td><td colspan="4"></td><td colspan="4"></td></tr>
<tr><td>2</td><td colspan="4"></td><td colspan="4"></td><td colspan="4"></td></tr>
<tr><td>3</td><td colspan="4"></td><td colspan="4"></td><td colspan="4"></td></tr>
<tr><td colspan="2">平均质量浓度（$\mu g \cdot L^{-1}$）</td><td colspan="4"></td><td colspan="4"></td><td colspan="4"></td></tr>
<tr><td colspan="2">相对标准偏差/%</td><td colspan="4"></td><td colspan="4"></td><td colspan="4"></td></tr>
<tr><td colspan="2">质控样</td><td colspan="4"></td><td colspan="4"></td><td colspan="4"></td></tr>
<tr><td colspan="2">检验人（签字）</td><td colspan="4"></td><td colspan="4">复核人（签字）</td><td colspan="4"></td></tr>
</table>

五、任务测评

对气质联用仪的应用任务进行评价，完成表 6-18。

表 6-18　　　　气质联用仪的应用任务评价

评价指标		评价要素	配分	得分
专业能力	查阅标准	正确写出标准名称	1	
		正确说出检验原理	1	
		正确查找适用范围	1	
		正确查找质谱谱图	1	
		正确确认所需的试剂	1	
		正确确认所需的仪器	1	
		正确画出检测主要步骤流程图	1	
		明确实验的相关系数要求	1	
		明确测定结果小数点保留位数要求	1	
		明确安全注意事项及防护措施	1	
	制定方案	正确写出步骤名称	2	
		步骤顺序正确	3	
		流程图设计美观大方	2	
		能够进行合理分工，并规划时间	3	
	配制溶液	定容过头或不到，每次扣 2 分，扣完为止	10	
		重新配制溶液，每次扣 3 分，扣完为止		
		损坏仪器，每件扣 5 分，扣完为止		
	绘制校准曲线	仪器测定参数设置错误一处扣 3 分，扣完为止	10	
		开关机操作顺序错误，每处扣 5 分，扣完为止		
	数据处理	计算错误，每处扣 2 分，扣完为止	10	
		有效数字位数修约错误，每处扣 1 分，扣完为止		
	校准曲线线性判断	相关系数≥0.999 9，得 10 分	10	
		0.999 5≤相关系数<0.999 9，得 8 分		
		0.999 0≤相关系数<0.999 5，得 6 分		

续表

评价指标		评价要素	配分	得分
专业能力	校准曲线线性判断	0.995 0≤相关系数<0.999 0，得 4 分		
		相关系数<0.995 0，得 2 分		
	检测结果精密度判断	相对平均偏差≤2.0%，得 10 分	10	
		2.0%<相对平均偏差≤3.0%，得 8 分		
		3.0%<相对平均偏差≤4.0%，得 6 分		
		4.0%<相对平均偏差≤5.0%，得 4 分		
		5.0%<相对平均偏差≤6.0%，得 2 分		
		相对平均偏差>6.0%，得 0 分		
	检测结果准确度判断	与准确浓度相对偏差≤3.0%，得 10 分	10	
		3.0%<与准确浓度相对偏差≤4.0%，得 8 分		
		4.0%<与准确浓度相对偏差≤5.0%，得 6 分		
		5.0%<与准确浓度相对偏差≤6.0%，得 4 分		
		6.0%<与准确浓度相对偏差≤7.0%，得 2 分		
		与准确浓度相对偏差>7.0%，得 0 分		
通用能力和职业素养		不迟到，不早退，不旷课，不偷懒	2	
		主动与他人合作，能帮助他人共同完成组长分配的任务	2	
		通过有效沟通，及时发现问题、分析问题、解决问题	2	
		能查阅相关书籍，充分利用网络资源，有效获取学习信息	2	
		按时、按质完成工作任务	2	
		原始记录书写规范，如实填写，无涂改	2	
		实验中穿戴工作服、电绝缘鞋、安全帽等劳动防护用品，严格遵循电气安全操作规程	3	
		实验场所始终保持整洁，仪器设备摆放有序，不乱扔、乱倒固体废弃物或液体废弃物	3	
		实验结束后关闭电源和气源，罩好仪器防尘罩，正确填写仪器使用记录	2	
合计			100	

思考与练习

1. 简述硝基酚的气质联用法测定原理。

2. 简述氮吹仪的工作原理及其与旋转蒸发仪的对比。

参考文献

[1] 龚锋，孙建华，李平. 仪器分析技术[M]. 重庆：西南师范大学出版社，2018.

[2] 谷雪贤，黎春怡，柳滢春. 仪器分析实用技术[M]. 北京：化学工业出版社，2011.

[3] 李椿芳. 水中重金属元素指标分析工作页[M]. 北京：化学工业出版社，2016.

[4] 李昌厚. 高效液相色谱仪器及其应用[M]. 北京：科学出版社，2014.

[5] 曹国庆. 仪器分析技术[M]. 北京：化学工业出版社，2018.

[6] 黄一石. 分析仪器操作技术与维护[M]. 2版. 北京：化学工业出版社，2013.